미국의 핵전략

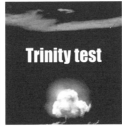

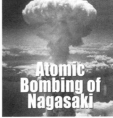

Manhattan Project

Trinity test

Fat Man

Atomic Bombing of Nagasaki

Massive Retaliation

Flexible Response

Mutual Assured Destruction

Nuclear Triad

SALT

DETERRENCE

PEACE

START

INF

AMERICAN NUCLEAR STRATEGY

KODEF 안보총서 122

미국의 핵전략

전략적 억제와 안정의 딜레마

이만석 · 함형필 공저

Nuclear Posture Review

SORT

NEW START

Tailored Deterrence Strategy

Nuclear Modernization

Integrated Deterrence

플래닛미디어
Planet Media

프롤로그

"지금까지 군사력의 주된 목적은 전쟁에서 승리하는 것이었다.
앞으로는 그 목적이 전쟁을 억제하는 것이 될 것이다.
그것이 거의 유일한 유용한 목적일 수 있다."
– 버나드 브로디[1] –

핵무기의 출현은 인류 역사상 전례 없는 군사혁명이자, 인류 종말의 공포를 현실로 만든 재앙이라는 양면성을 지니고 있다. 핵무기가 등장하면서 군사력의 목적은 근본적으로 바뀌었다. 과거에는 군사력이 '전쟁을 일으키고 현상을 변경하는 수단'이었지만, 핵시대에는 군사력이 '전쟁의 발생 자체를 방지하는 수단'으로 바뀐 것이다.

이러한 변화는 핵무기가 단순한 파괴 수단을 넘어, 전략적 안정과 국제질서 유지에 중요한 역할을 하게 되었다는 것을 시사한다. 즉, 핵무기는 군사적 무기일 뿐만 아니라 전략적·정치적 의미를 가진 무기다. 따라서 핵무기가 탄생한 이래 지난 80년간 핵무기 보유국들은 핵무기를 전략적으로 어떻게 사용할 것인가에 대해 많은 고민을 하고 자국의 핵전략을 발전시켜왔다. 어떤 국가는 핵무기를 통해 힘의 균형을 유지하려고 하는가 하면, 다른 국가는 핵무기를 통해 국제적 위상과 영향력을 높이고자 했고, 또 다른 국가는 상대방을 군사적으로 압도하기 위해 핵무기를 얻고자 했다.

이 책은 이러한 핵무기의 전략적 활용 방법, 핵전략에 초점을 맞추고 있다. 핵전략은 목표 달성을 위한 수단의 활용, 즉 핵무기의 개발, 보유량 결정, 배치 및 사용 방법에 관한 총체적인 접근을 말한다. 이는 핵군비통제, 핵비확산과 같은 국제적 아젠다와도 밀접하게 연결되어 있다. 국제적 협력과 통제가 핵무기를 사용하는 방식에 영향을 미칠 수 있기 때문이다. 따라서 필자들은 핵전략이 단순히 핵무기 사용의 기술적 측면을 넘어서, 국제정치와 안보의 복잡한 맥락 속에서 이해되어야 한다고 생각하고 접근했다. 독자들은 이 책을 통해 핵무기와 관련된 전략적 사고를 깊이 이해하고, 현대 국제정치에서 핵무기가 어떤 역할을 하는지에 대한 통찰을 얻을 수 있을 것이다.

●

우리는 왜
미국의 핵전략에 대해 알아야 하는가?

현재 전 세계에는 총 9개의 국가가 핵무기를 보유 중이다. 여기에는 핵확산금지조약NPT, Nuclear Nonproliferation Treaty에서 인정한 핵보유국인 미국, 러시아, 영국, 프랑스, 중국과 NPT에 가입하지 않은 사실상의de-facto 핵보유국인 이스라엘, 인도, 파키스탄, 그리고 NPT에 가입했지만 중도에 탈퇴를 선언하고 불법적으로 핵무기를 개발한 북한이 포함된다.

이 책은 이들 국가 중에서도 미국의 핵전략에 초점을 맞추고 있다. 즉, 미국이 핵무기를 얻는 과정부터 이를 전략적으로 어떻게 사용할 것인가를 고민하며 발전시켜온 핵전략을 집중적으로 다루고 있다. 그렇다면 미국 핵전략의 발전 과정을 아는 것이 왜 중요할까? 그것은 핵무장한 북한과 대치하는 우리의 엄중한 안보 현실 때문이다. 북한은 1950년대 초부터 핵무기 개발 프로그램을 운영해오고 있으며, 오늘날에는 실제 사용이 가능한 수준에 올라섰다. 지난 여섯 차례의 핵실험을 통해 수소폭탄을 포함한 핵탄두를 개발했고, 얼마 전 미국까지 타격할 수 있는 대륙간탄도미사일도 시험 발사했다. 최근에는 탄도미사일, 순항미사일, 핵어뢰, 대형 로켓탄 등 다양한 종류의 발사 수단을 개발 및 시험 중에 있다. 또한, 북한은 여차하면 우리나라에 핵공격을 가할 수 있다고 위협하고 있다. 이러한 안보 상황에서 우리는 북한의 핵공격을 억제하기 위해 미국의 핵무기에 의존하고 있다.

현시점에서 북한의 핵무기 위협에 대응하는 가장 확실한 방법은 무엇일까? 아마도 북한과 마찬가지로 한국이 스스로 핵무장을 하는 것이 최선이라고 생각할 수도 있지만, 이것이 과연 한국이 선택할 수 있는 가장 좋은 선택인지는 따져보아야 한다. 한국은 1975년 NPT에 가입한 이래 책임 있는 국제사회의 일원으로서 성실히 약속을 지키고 있다. 만약 한국이 이 약속을 일방적으로 깨고 북한처럼 핵무기를 개발한다면, 한국도 예외 없이 우라늄 공급 제한, 수출입 제한과 금융자산 동결 등과 같은 국제사회의 엄격한 제재에 직면할 가능성이 크다. 이는 국가 간 무역이 GDP의 약 80%에 해당하는 한국의 경제에 상상할 수 없는 큰 충격을 안겨줄 것이다.

조금 더 현실적인 대안은 우리의 동맹이자 세계 최강대국인 미국의 핵우산nuclear umbrella을 강화하는 것이다. 이것은 소위 미국의 '핵확장억제' 또는 '확장핵억제Extended Nuclear Deterrence'라고 불린다. 만약 김정은이 자신의 핵공격에 대해 미국이 핵무기로 보복할 것이라는 의심이 든다면, 함부로 핵무기를 사용할 생각을 하지 못할 것이다. 북한보다 훨씬 강력한 핵무기를 가진 미국이 보복을 가한다면, 북한은 회복할 수 없는 피해를 당할 것이기 때문이다. 따라서 미국의 확장억제 강화를 통해 북한의 핵위협을 억제하는 것은 효과적이면서도 한국이 직접 핵무기를 만드는 것보다 부담이 적은 전략이 될 수 있다.

이러한 배경에서 미국의 핵전략이 발전해온 역사적 맥락과 치열한 논쟁의 내막을 아는 것이 필요하다. 이를 통해 미국의 핵전략을 둘러싼 사고방식ways of thinking에 대한 정확하고 균형 잡힌 이해를 할 수 있다. 미국의 핵전략 사고방식은 미국이 핵무기의 개발·배치·사용에 관해 생각하고, 판단하며, 행동하는 방식을 결정한다. 따라서 미국의 핵전략 사고방식과 그에 따른 핵전략 발전 과정을 이해하는 것은 북한 핵 위협에 처한 오늘날의 현실에서 우리의 동맹인 미국의 핵전략에 대한 IQ를 높이기 위한 시대적 과제이자 소명이다.

미국의 핵전략 사고방식과 그에 따른 핵전략 발전 과정에 대한 이해는 우리에게 구체적으로 어떤 도움이 되는가? 첫째, 우리의 동맹인 초강대국 미국이 북핵이라는 지역적 도전을 어떻게 받아들이고 대처해 나갈지를 가늠할 수 있는 혜안慧眼을 제공한다. 미국의 핵전략은 핵무기가 가져온 혁명적 변화를 바탕으로 미국 중심의 질서를 구축하기 위해 안보 환경의 변화에 따라 지속해서 발전해왔다. 따라서 미국이 과거에 새로운 핵위협의 등장과 변화하는 지역의 안보 환경에 어떻게 대응해 왔는지를 아는 것은 북핵 문제에 대한 한미동맹 차원의 올바른 해법을 찾는 데 유용할 것이다.

둘째, 미국의 확장억제 정책 결정과 이에 영향을 미치는 요인들을 더 잘 파악할 수 있게 된다. 핵확장억제는 미국이 동맹국을 보호하기 위해 자국의 핵무기 사용 가능성을 내보이는 정책이다. 특히, 한국이 미국의 핵확장억제에 의존하기 때문에, 미국 정책의 기반이 되는 원칙과 개념을 이해해야 한다. 따라서 미국의 확장억제 정책 결정과 이에 영향을 미치는 요인들에 대한 이해는 우리가 더욱 발전적인 동맹관계 구축과 확장억제 협력을 증진해나갈 수 있도록 만들어줄 것이다.

셋째, 한미동맹의 목표를 조율하는 과정에서 미국과 더욱 효율적으로 소통하고 정책을 강화하는 데 도움이 된다. 예를 들어, 미국의 핵전략과 그 역사적 발전의 맥락을 이해함으로써, 북한에 대한 억제력을 효과적으로 구축하는 데 필요한 핵심 요소들을 쉽게 파악할 수 있다. 이는 우리가 한미동맹 기반의 안보전략을 수립하는 데 있어 중요한 토대가 될 것이다. 따라서 한국은 미국의 핵전략 변화와 발전 과정에서 얻은 교훈을 바탕으로 동맹의 공동 목표를 수립하고 이를 달성하기 위한 구체적 방안을 조율하는 과정에서 미국과 원활하게 소통할 수 있을 것이다.

●

미국 핵전략의 변화와 연속성

미국의 핵전략을 한마디로 설명할 수 있다면 좋겠지만, 필자들은 미국의 핵전략을 연구하면서 단 하나의 용어나 개념으로 간단하게 설명할 수 없다는 결론에 도달했다. 그렇다면 미국의 핵전략을 어떻게 이해하는 것이 좋을까? 필자들은 미국의 핵전략 발전 과정에 변화와 연속성이 함께 존재한다는 점에 주목했다.

가장 중요한 사실은 미국 핵전략이 지난 70년 동안, 그리고 지금도 변함없이 '억제'를 목표로 하고 있다는 점이다. 이는 미국의 핵무기가 전쟁을 일으키고 현상을 변경하기 위한 수단이 아니라, 미국의 국가안보에 대한 위협을 억제하는 수단이었다는 것을 의미한다. 1954년 당시 존 포스터 덜레스John Foster Dulles 국무장관이 핵무기가 전쟁을 억제하는 목적으로 사용되어야 한다고 강조한 이래, 미국 핵전략의 목표는 '억제'라는 기본 원칙이 변함없이 이어져 내려오고 있다. 이렇듯 핵전략의 목표가 변하지 않은 것은 지도자들과 전략가들이 "핵전쟁이 일어나면 승자는 없고 오로지 파괴만 있을 뿐이다"라는 생각을 가지고 있었기 때문이다.[2]

이처럼 미국 핵전략의 목표는 변함없이 이어져 내려온 반면, 전략적 억제와 안정을 달성하기 위한 수단과 방법은 시대에 따라 변화해왔다. 냉전 초기에 미국은 경쟁자였던 소련의 도발에 대해 비대칭적이고 압도적인 핵보복으로 대응하는 전략 개념이 억제와 안정을 달성하는 데 최선이라고 생각했다. 그러나 시간이 지남에 따라 좀 더 유연하고 탄력적인 대응을 강조했고, 핵무기를 무한정 증가시키기보다는 적절한 수준에서 핵무기의 규모와 질을 통제하는 것이 더 유리하다고 생각했다. 소련이 몰락하고 냉전이 종식된 이후에는 핵확산을 방지하고 다양한 지역 국가들의 대량살상무기 위협에 맞춤형 억제로 대응하는 것이 중요하다는 결론에 도달하게 되었다.

과연 무엇이 이러한 전략의 변화를 만들어내는 것일까? 필자들은 위협 환경의 변화, 과학기술의 발전, 경제적 자원의 제한이라는 세 가지 요인이 만드는 가능성과 제약에 주목했다.

첫째, 위협 환경의 변화는 경쟁국들의 군사력과 공격 성향과 관련된 '위협 양상의 변화'를 의미한다. 냉전 시기에는 소련과 같은 대규모 핵무기 보유국의 존재가 주요 위협으로 여겨졌다. 이에 미국은 강력한 핵전력을 구축하고 핵 보복을 바탕으로 한 억제전략을 구상했다. 그러나 냉전 종식 후, 중소 국가들의 대량살상무기 확산과 테러리스트와 같은 비국가 행위자들의 핵무기 획득 가능성이 새로운 안보 위협으로 부상하면서, 미국은 핵비확산 전략에 관심과 주의를 집중했으며, 새로운 맞춤형 전략을 개발해야 했다.

둘째, 핵탄두와 투발 수단의 정밀도, 신뢰성, 사거리, 그리고 효율성을 결정짓는 '핵무기 과학기술의 발전'은 핵전략의 변화에 영향을 미쳤다. 예를 들어, 미국과 소련의 장거리 폭격기와 대륙간탄도미사일ICBM, Intercontinental Ballistic Missile, 잠수함발사탄도미사일SLBM, Submarine-Launched Ballistic Missile의 개발은 미국과 소련 모두가 "상대방이 기습적인 선제 핵공격을 감행하면 자신도 남아 있는 핵무기를 사용해 상대방에게 막대한 피해를 입히겠다"는 보복 전략을 추구하게 함으로써 상호확증파괴MAD, Mutual Assured Destruction 상태에 도달하게 만들었다. 핵무기의 선제적 사용이 쌍방 모두가 파괴되는 상호파괴를 확증하는 사태를 야기하므로 선제적인 핵공격은 단념할 수밖에 없게 된다. 이는 지나치게 큰 규모의 핵무기를 만들려는 노력을 더 이상 쓸모없게 만들었으며, 군비통제로 나아가는 계기를 마련했다. 또한, 현대에 들어와서 초정밀 유도무기와 저위력 핵탄두가 발전하면서 핵무기는 피해를 최소화하면서 적의 핵심 시설을 효과적으로 무력화할 수 있는 수단으로 다시 한 번 주목을 받게 되었다.

셋째, 경제적 자원의 제한은 국방 예산과 관련하여 핵무기 프로그램을 유지하고 발전시키는 데 있어서 '재정적 제약'을 의미한다. 냉전 초기에는 국방비가 거의 무제한적으로 투여되던 시기도 있었다. 그러나 핵무기의 질적 향상이 이루어지면서 개발 비용도 급격히 증가하기 시작했다. 이와 동시에 미국은 베트남 전쟁과 해외 군사원조로 인해 지나치게 많은 국방비를 지출하여 경제가 악화되자, 국방 예산을 국가의 경제적 한계 내에서 관리해야 했다. 이로 인해 미국은 비용 대 효과 측면에서 효율적인 방식으로 핵 억제력을 유지하고, 과도한 군비경쟁으로 인한 경제적 부담을 최소화하는 전략을 모색하게 되었다. 따라서 핵무기의 전체 규모과 종류를 합리적으로 조절하고, 다른 안보 수단과의 균형을 추구하는 전략이 중요해졌다.

결과적으로 이 세 가지 요인은 미국 핵전략의 변화에 핵심적인 영향을 미쳤다. 냉전 시기의 핵보복전략에서 냉전 종식 후 다양한 위협에 대응하기 위한 맞춤형 억제전략으로의 전환은 위협 환경의 변화에 따른 필연적인 반응이었다. 과학기술의 발전은 이러한 전략적인 유연성을 실현할 수 있는 검증된 수단을 제공했으며, 경제적 자원의 제한은 핵무기 프로그램의 규모와 범위, 속도를 결정하는 데 결정적인 요소가 되었다. 이러한 요인들은 미국이 신뢰성 있는 핵 억제력을 유지하면서도 국제적 안보 환경의 변화에 효율적으로 맞춰진 핵전략을 발전시키는 데 결정적인 요소로 작용했다.

●

이 책의 구성

이 책은 1940년대부터 오늘날까지 미국 핵전략의 변화 과정을 시간의 순서대로 추적한다. 제1장에서는 맨해튼 프로젝트^{Manhattan Project}로 상징되는 핵무기의 초기 개발 과정을 다루며, 이를 통해 전쟁의 패러다임이 근본적으로 변화한 계기를 살펴본다. 유럽에서 시작된 핵과학의 발전 과정은 핵무기 기술의 원천이 미국에 있지 않았음을 보여준다. 반면, 인적·물적 자원이 풍부한 미국은 어느 나라보다 앞서 핵무기를 만들 잠재력을 가진 나라였다. 이러한 배경에서 유럽에서 미국으로 건너온 과학자들은 맨해튼 프로젝트의 핵심적인 동력이 되었으며, 미국이 성공적으로 핵무기를 개발할 수 있었던 지식의 밑바탕이 되었다. 제1장은 과학적 발견이 어떻게 군사적 무기로 연결되는지, 그리고 이러한 기술적 진보가 어떻게 새로운 전략 형성에 영향을 미치는지를 보여줄 것이다.

제2장에서는 냉전의 시작과 함께 발전한 핵전략의 초기 단계를 살펴본다. 예상보다 빨랐던 소련의 핵개발은 트루먼^{Harry S. Truman} 대통령의 수소폭탄 개발 결정에 결정적인 영향을 미쳤으며, 위협 환경의 변화가 미국의 핵전략에 어떤 영향을 미쳤는지를 보여준다. 한편, 아이젠하워^{Dwight D. Eisenhower} 대통령의 대량보복전략 채택은 당시 미국의 재정적 상황을 고려한 결정이었으며, 경제적 제한이 전략에 큰 영향을 끼쳤던 사례였다. 전반적으로 제2장은 핵전략이 어떻게 초기 냉전 시기의 국제정세와 기술적·경제적 조건에 맞물려 형성되고 변화했는지를 이야기한다.

제3장은 미국 전략가들의 대량보복전략에 대한 비판과 케네디^{John F. Kennedy} 대통령에 의한 대량보복전략의 수정, 그리고 유럽의 유연반응전략 채택 과정을 통해 핵전략의 신뢰성을 둘러싼 격렬한 논쟁을 다룬다.

이어서 제4장은 과학기술의 발전이 전략적 사고에 어떻게 영향을 미쳤으며, 이러한 전략적 변화가 외부 위협의 변화와 어떻게 상호작용했는지를 보여준다. 예를 들어 전략폭격기, 대륙간탄도미사일, 잠수함발사탄도미사일로 대표되는 전략핵 3축 체계의 구축은 적의 핵공격에 대한 핵전력의 생존성을 높였고, 막대한 보복을 보장하는 확증파괴전략을 현실적으로 가능하게 했다. 미국과 소련이 함께 전략핵 3축 체계를 구축한 상황에서는 어느 편도 상대방의 본토를 핵무기로 직접 공격할 수 없는 '교착상태^{stalemate}', 즉 상호확증파괴^{MAD} 상태에 이르게 되었다.

제5장에서는 쿠바 미사일 사태 이후 상호 공멸의 위기에 대한 인식이 확산하면서 핵군비통제의 필요성이 대두되는 과정에 관해 이야기한다. 핵군비통제가 가능했던 이유는 앞에서 언급했던 상호확증파괴의

상태가 만들어졌기 때문이다. 누구도 핵전쟁에서 승리할 수 없는 상태라면, 과도한 핵군비경쟁은 비용 낭비이며 우발적인 핵전쟁의 위험만 증가시킬 뿐이었다. 동시에 미국과 소련은 군비통제를 통해 상대방의 기술적 강점을 제약하고, 자국이 '핵 우위nuclear superiority'를 차지하기 위한 노력을 가속했다. 이러한 배경에서 필자들은 핵군비통제가 핵전쟁 위험의 감소, 경제적 절약, 핵 우위 달성 등을 추구하기 위한 고도의 전략이었음을 강조한다.

제6장에서는 소련이 몰락하고 탈냉전기로 전환되는 국제안보 상황에서 미국이 억제와 안정이라는 전략적 목표를 달성하기 위해 선택한 전략들에 관해 이야기할 것이다. 소련이 몰락하면서 소련에 속해 있던 국가들이 핵무기를 물려받은 상황은 미국에 새로운 위협이었다. 당시 미국의 핵심적인 과제는 핵무기에 대한 의존을 낮춰 우발적 핵전쟁의 위험을 감소시키고, 안정적인 핵물질 관리를 통해 추가로 핵보유국이 늘어나는 것을 방지하며, 불안정한 국가들이 핵을 확산시키는 것을 차단하는 것이었다. 이러한 배경에서 일방적 핵군축 구상과 협력적 위협 감소 프로그램이 추진되었으며 막대한 예산이 투입되었다. 제6장에서는 이러한 내용과 함께 미국이 지역 국가들의 대량살상무기 사용 위협에 대응하는 전략을 모색하는 과정도 자세하게 다루었다.

제7장은 미국이 21세기에 들어서면서 국제안보환경을 이전과 달리 인식한 결과와 그에 대응하기 위해 정립한 새로운 핵전략 개념의 발전 과정을 살펴본다. 단일 행위자를 상정했던 냉전기와 달리, 21세기에는 다양한 행위자들이 등장하면서 위협 환경은 훨씬 복잡해졌다. 이러한 상황에서 미국의 핵억제전략은 이전과는 전혀 다른 방식의 접근이어야만 했다. 이에 미국은 냉전 시기의 천편일률적 억제 방식에서 벗어나 각 적대국의 전략 문화와 의사결정 방식을 고려한 '맞춤형 억제전략'으

로 전환한다. 이러한 전략적 전환은 조지 W. 부시George W. Bush 행정부부터 현재에 이르기까지 미국의 핵정책에 대해 심대한 영향을 미쳤다. 이러한 맥락에서 제7장은 지난 20여 년 동안 미국의 다양한 행정부에서 진행된 핵전략의 변화와 연속성을 추적한다.

그리고 마지막 제8장은 현재의 위협에 대응하고 나아가 미래의 다가오는 도전에 대비하기 위해 치열하게 진행되고 있는 미국의 주요한 핵전략 쟁점들을 고찰한다. 이러한 전략 논쟁은 외부 변수(위협 환경 변화, 과학기술 발전, 경제적 자원의 제약)에 더해 핵전략의 변화에 영향을 주는 내부적 요인이다. 또한 미국이 직면하고 있는 다자간 패권경쟁과 이에 따른 미국, 중국, 러시아 간 3각 억제 등 전략 환경 변화와 관련한 미국의 전략적 고민을 다룬다. 마지막으로 미국 억제력의 중추인 상호확증파괴MAD와 제2공격력, 핵전력의 전반적 운용 및 지휘통제체계NC2, Nuclear Command and Control 등에 직간접적으로 영향을 미칠 수 있는 극초음속 무기, 정찰감시 기술, 사이버 기술, 인공지능 등 신기술의 발전 요인을 다루었다.

CONT

AMERICAN
NUCLEAR
STRATEGY

**미국의
핵전략**

ENTS

CONT

AMERICAN NUCLEAR STRATEGY

미국의 핵전략

ENTS

CHAPTER 1

핵무기,
새로운 전쟁 패러다임으로

미국은 세계에서 처음으로 핵무기 개발에 성공했다. 오늘날에도 러시아와 함께 세계에서 가장 강력한 핵무기 보유국이다. 그렇기 때문에 원자핵의 과학적 발견 또한 미국에서 시작되었다고 생각하기 쉽다. 그러나 이는 사실과 다르다. 물론 미국이 방대한 자금과 인력을 투입해 핵무기 개발을 단기간에 성공한 것은 사실이다. 그러나 핵무기 제작에 필수적인 핵물리학과 기초과학의 발전은 사실상 유럽이 중심 무대였다.

그렇다면 당시 과학 발전의 변방에 머물렀던 미국이 어떻게 세계 최초로 핵무기 개발에 성공하게 되었을까? 이는 이민국가라는 미국의 정체성과 잠자는 거인을 깨운 제2차 세계대전이 빚어낸 결과였다. 제2차 세계대전 당시 피의 순수성을 부르짖었던 독일의 나치Nazi가 유대인 과학자들을 탄압하자, 유대인 과학자들은 유럽을 떠나 대거 미국으로 이주하여 미국의 핵무기 개발 프로그램에 참여했다. 나치의 유대인 탄압 정책과 제2차 세계대전이라는 극단적 상황이 미국을 핵 개발로 떠민 것이다.

이제 핵무기에 관한 기나긴 여정을 떠나보자. 우선 이 장에서는 유럽에서 발전한 핵물리학이 미국으로 넘어오게 되는 과정과 미국에서 최초로 핵무기를 만들게 된 과정을 살펴보고자 한다. 특히, 과학자들이 원자의 구조를 밝히고, 원자핵 분열 현상에 대한 지식을 쌓아가면서 맨해튼 프로젝트를 수행한 일련의 과정들을 짚어보고, 이와 동시에 핵물리학의 기본 개념들을 탐색할 것이다. 이는 앞으로 소개할 핵전략을 이해하는 데 꼭 필요한 밑거름이 될 것이다.

유럽에서 핵 과학이 시작되다

핵무기에 관한 모든 이야기의 중심에는 우라늄uranium이 등장한다. 우라늄은 15세기부터 체코의 보헤미아 지방에서 은silver 채굴 중에 종종 발견되는 광물이었다. 체코의 광부들은 별로 쓸모가 없는 이 돌을 작업장 옆에 쌓아두었는데, 나중에 이 돌을 자주 만진 사람들이 종종 이름 모를 질병에 걸려 피를 토했다. 그래서 사람들은 이 돌을 '재수 없는 돌'이라고 불렀다.[3]

이 '재수 없는 돌'에 들어 있던 것이 우라늄 원소라는 것은 18세기 말이 되어서야 알려졌다. 당시 최고의 화학자 중 한 명이었던 독일의 마르틴 하인리히 클라프로트Martin Heinrich Klaproth는 우라늄이 포함된 광석을 강한 산에 녹여 새로운 원소를 찾는 연구를 수행했다. 연구 결과, 노란색의 용액과 회색의 침전물을 얻게 되었고, 클라프로트는 이것이 지금까지 발견된 적이 없는 새로운 원소라는 것을 알게 되었다. 그는 1781년에 새롭게 발견된 행성인 우라노스Uranus, 즉 천왕성에서 이름을 가져와 이 원소의 이름을 '우라늄'이라고 지었다. 그러나 여전히 우라늄은 크게 쓸모 있는 원소는 아니었다. 사람들은 노란색을 띠는 산화우라늄의 독특한 색깔 때문에, 이를 유리제품에 색을 내기 위한 용도로 사용했을 뿐이었다.

한편, 몇몇 과학자들은 자체적으로 빛을 발하는 우라늄의 성질에 주목하기도 했다. 일례로 프랑스의 화학자인 앙투안 앙리 베크렐Antoine Henri Becquerel은 황산우라닐칼륨(우라늄염)이 방사선을 방출한다는 사실을 발견하고 이것이 빌헬름 콘라트 뢴트겐Wilhelm Conrad Rontgen이 발견한 X-선일 것으로 생각했다. 그러나 후에 이 방사선이 X-선이 아니라 새

핵방사선과 X-선

핵방사선과 X-선 모두 에너지를 가진 입자나 파동의 형태를 띠며, 그 차이는 주로 생성되는 방식과 에너지의 수준에 있다. 핵방사선은 원자핵이 불안정해져서 더 안정적인 상태로 변화하려고 할 때 발생하며, 여기에는 알파 입자가 방출되는 알파 방사선, 베타 입자가 방출되는 베타 방사선, 감마선, 중성자 등이 있다. 이때 알파 입자는 두 개의 양성자와 두 개의 중성자로 구성되어 있어서 헬륨의 원자핵과 같으며, 베타 입자는 전자의 흐름이고, 감마선은 강력한 에너지 파동을 의미한다. 반면에 X-선은 원자 주위를 돌고 있는 전자의 에너지 상태가 변화할 때, 즉 전자가 높은 에너지 상태에서 낮은 에너지 상태로 떨어질 때 발생한다.

로운 종류의 핵방사선임을 알게 되었다.

핵방사선은 원자핵, 즉 원자^{Atom}의 가장 중심 부분이 안정화(에너지 붕괴)되는 과정에서 방출되는 매우 강력한 에너지파다. 만약 이렇게 높은 에너지를 가진 방사선이 사람의 몸에 직접 닿게 되면 매우 위험하다. 그렇다면 이렇게 큰 에너지는 어떻게 만들어지는 것일까?

이 질문에 대한 답변은 의외로 스위스 베른^{Bern}의 특허청에서 일하던 한 남자에게서 찾을 수 있었다. 그가 바로 알베르트 아인슈타인^{Albert} ^{Einstein}이다. 아인슈타인은 특허청에서 일하면서도 놀라운 과학적 통찰력을 가지고 있었다. 그중 하나는 "물체의 관성은 그 에너지에 따라 달라지는가?"라는 논문에서 밝혀진 것이었다.[4] 그는 이 논문에서 우리가 잘 알고 있는 $E=mc^2$ 방정식을 처음으로 세상에 소개했다(여기서 E는 에너지, m은 질량, c는 빛의 속도를 말한다). 아인슈타인이 제시한 아이디어는 물체의 에너지가 그 물체의 질량과 빛의 속도의 제곱과 같다는 것이었다. 이는 우리가 일상에서 보는 물체의 무게, 즉 질량 속에는 엄청나게 많은 에너지가 담겨 있다는 사실을 의미했다.

●

원자핵 그리고 핵분열을 둘러싼
숨 막히는 경쟁

원자의 신비한 구조가 알려진 것은 지금으로부터 한 세기 전의 일이다. 그 이전에는 원자가 과학자들에게 상상의 대상이었기 때문에 과학자들은 원자의 구조가 칼로 자른 수박의 단면처럼 생겼을 것이라고 생각했다. 이러한 관념을 깨고 원자의 구조를 과학적으로 설명하는 데 가장 큰 공헌을 한 사람은 영국 물리학자 어니스트 러더퍼드Ernest Rutherford였다. 러더퍼드는 알파 입자, 즉 헬륨의 원자핵으로 아주 얇은 금gold 박막을 때리는 실험을 수행했다. 만약 원자 구조가 앞선 과학자들이 상상한 것처럼 자른 수박 면과 같이 빈틈없이 채워져 있는 형태라면, 알파 입자가 제대로 통과하지 못할 것이고, 반면에 원자핵이 원자의 중앙에만 존재한다면 대부분의 알파 입자는 통과하고 극히 일부만 원자핵과 충돌해서 튕겨나올 것으로 추정했다. 실험 결과, 대부분의 알파 입자는 금 박막을 그대로 통과했는데, 일부 알파 입자는 튕겨나오는 것(산란)을 발견했다. 이 알파 입자 산란 실험을 통해 원자의 중심부에 원자 크기보다 훨씬 작고 알파 입자보다 무거운 원자핵이 있고, 대부분의 알파 입자가 금 박막을 그대로 통과할 정도로 원자는 대개 텅 비어 있으며, 원자핵 주변에 매우 작은 전자들이 퍼져 있다는 것을 입증한 것이다.

실제로 원자의 중심부에 존재하는 원자핵은 전체 원자 질량의 99.9999%를 차지하고, 원자핵 주변에 존재하는 전자의 질량은 0.0001%에 불과하다. 러더퍼드의 알파 입자 산란 실험으로 원자는 원

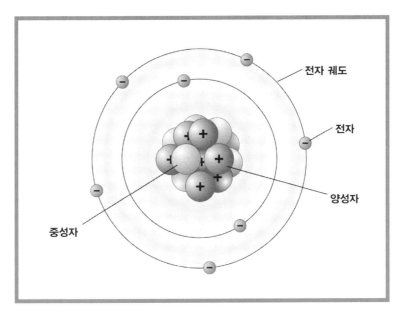

〈그림 1-1〉 닐스 보어의 원자 모형

자핵을 제외하면 대개 텅 비어 있는 공간으로 이루어졌다는 것이 밝혀졌다. 그 비어 있는 공간에 드문드문 전자가 존재하는 것이다. 예를 들어, 원자핵을 테니스공이라고 한다면 원자핵 주변의 전자들은 구슬 정도의 크기이고 원자핵으로부터 약 4킬로미터 떨어져 있다.

러더퍼드의 실험 결과를 이론적으로 완전히 설명하는 데에는 닐스 보어Niels Bohr나 베르너 하이젠베르크Werner Heisenberg와 같은 다른 과학자들의 도움이 필요했다. 덴마크의 물리학자 보어는 전자가 원자핵 주변에 안정적인 궤도를 그리며 회전하지만, 궤도 사이를 이동할 수 있다는 이론을 제안했다. 이후 독일의 물리학자인 하이젠베르크는 원자핵 주위를 돌고 있는 전자 궤도가 정해져 있는 것이 아니고 불확실성을 가진다는 새로운 이론을 발표한다. 하이젠베르크는 이 공로로 1932년 노벨물리학상을 받았다.

한편, 러더퍼드는 원자의 구조를 밝혔을 뿐만 아니라 원자핵이 양(+)전하를 가진 '양성자proton'로 이루어졌음을 최초로 밝혀냈다. 그런데 여기서 문제가 발생했다. 원자는 중성을 띠고 있어서 양성자의 숫자만큼 전자electron가 반드시 있어야 한다. 헬륨 원소의 예를 들면, 양성자가 2개면 전자도 2개가 있어야 하는 것이다. 그런데 헬륨 원소의 질량을 측정해보니 4개의 양성자가 있는 것처럼 무거웠다. 즉, 무엇인가 전하는 없지만 무거운 입자가 존재할 것이라는 추측을 할 수 있었다. 이러한 러더퍼드의 직감은 그의 제자 제임스 채드윅James Chadwick이 1932년 '중성자neutron'의 존재를 밝혀내면서 입증될 수 있었다. 중성자는 양성자와 무게가 거의 같으며, 양성자와 함께 원자핵에 존재하는 입자다. 그러나 이것은 전하를 띠고 있지 않은 중성 상태여서 존재를 입증하기 어려웠다. 그래서 양성자를 발견한 지 18년이 지나고 나서야 비로소 알려지게 되었다.

러더퍼드와 채드윅에 의해 원자핵의 구성요소인 양성자와 중성자의 존재가 밝혀지자 핵물리학 분야에서는 새로운 발견이 폭발적으로 나오기 시작했다. 특히, 주목할 만한 인물은 이탈리아의 과학자 엔리코 페르미Enrico Fermi였다. 페르미는 항상 기발한 생각을 하는 과학자였다. 1934년, 그는 중성자가 우라늄의 원자핵과 충돌하면 중성자가 튕겨나오지 않고 원자핵 안으로 들어가 자리 잡게 되지 않을까 생각했다. 이 경우, 통상 베타 입자(전자)를 방출하기 때문에 원자번호가 하나 늘어난 새로운 원소가 만들어질 수도 있겠다고 생각했다. 페르미는 즉시 이 아이디어를 바탕으로 많은 새로운 방사성 핵종의 가능성을 제시했지만, 직접 수행한 실험 결과는 그다지 만족스럽지 못했다.

페르미의 아이디어와 연구 결과가 세상에 알려지자, 독일과 프랑스의 과학자들도 흥미를 갖고 동일한 실험을 수행해보기 시작했다. 이 중에서도 가장 주목할 만한 과학자는 단연코 오스트리아 출신 유대인 과학자인 리제 마이트너Lise Meitner였다. 마이트너는 당시 가장 저명한 물리학자였던 루트비히 볼츠만Ludwig Boltzmann 교수 밑에서 공부를 마치고 여성으로는 역사상 두 번째로 오스트리아 빈 대학교에서 박사학위를 받았다. 이후 그녀는 막스 플랑크Max Planck의 연구조교가 되었고, 거기에서 화학자인 오토 한Otto Hahn을 만난다. 1912년에 마이트너와 한은 새로이 설립된 카이저 빌헬름 연구소Kaiser Wilhelm Institut(현재의 막스 플랑크 연구소Max Planck Institut)로 자리를 옮겼다. 1920년대에 이르자 마이트너는 드디어 이론물리학 부서의 책임자로 승진한다.

1937년에 마이트너와 한은 페르미의 실험을 다시 시도해보기로 했다. 이들은 원자핵이 보어가 제시한 모형처럼 단단하게 합쳐져 있는 게 아니라 물방울과 같은 액체 상태라고 가정했다. 즉, 양성자와 중성자가 표면장력과 같은 강력한 힘에 의해 흩어지지 않고 뭉쳐 있다고 보았다. 그래서 아슬아슬하게 붙어 있는 물방울을 바늘로 살짝 건드리면 물방울이 터지는 것처럼, 원자핵을 중성자로 빠르게 때리면 원자핵이 두 개로 나누어질 수도 있을 것이라고 생각했다. 다행히 실험 결과는 그들이 생각한 것과 일치했다. 우라늄에 중성자가 충돌하자, 이내 중성자는 우라늄에 흡수되었고, 이후 다시 바륨(Ba)과 크립톤(Kr)으로 나뉘었다.

동시에 전체 질량의 약 0.1%만큼의 질량이 줄어드는 것도 관찰했다. 즉, 1,000g의 우라늄이 둘로 쪼개어지면서 약 1g의 질량이 사라진 것이다. 아인슈타인의 $E=mc^2$ 이론이 맞다면 사라진 질량이 전부 에너지로 바뀐다고 가정할 때 2억 전자볼트eV가 방출되어야 했다. 측정한 결과 한 개의 우라늄 원소가 쪼개질 때 정확히 2억 전자볼트가 방출되었고, 이는 아인슈타인의 예측과 일치했다. 그간 잠자고 있던 아인슈타인의 이론이 처음으로 현실 세계에서 입증된 순간이었다. 이렇게 '핵분열

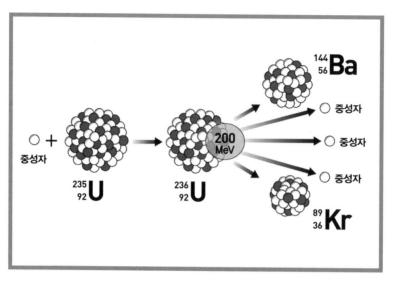

〈그림 1-2〉 중성자가 우라늄과 충돌한 경우 핵분열 개념도

nuclear fission' 반응은 마이트너와 한에 의해 최초로 발견되었다.

이후 헝가리 출신 유대인 물리학자였던 레오 실라르드Leo Szilard는 원자핵을 쪼개는 중성자가 우라늄과 충돌한 후, 다시 몇 개의 중성자가 튀어나올 수 있으며, 이들은 인접한 우라늄 원자핵과 또다시 충돌해서 더 많은 중성자를 만들어내고 이렇게 만들어진 중성자들이 연속적으로 우라늄 원자핵과 충돌하는 '연쇄반응chain reaction'을 일으킬 수 있다고 제안했다. 그렇다면 허버트 조지 웰스Herbert George Wells가 1913년에 쓴 소설 『해방된 세계The World Set Free』에 나오는 "영원히 폭발하는 폭탄"도 만들어낼 수 있다고 생각했다. 1936년 실라르드는 이러한 아이디어를 영국에 특허로 등록했고, 1938년 나치를 피해 미국으로 건너간 뒤에는 페르미와 함께 연쇄반응을 이용한 원자로 개념을 미국 특허로 등록한다.

이처럼 원자의 구조, 양성자와 중성자, 그리고 핵분열 등 핵물리학의 주요 발전은 주로 유럽의 과학자들에 의해 이루어졌다. 이들은 나름의 공로를 인정받아 노벨 물리학상을 받았고, 핵무기와 원자력 에너지의 이론적인 기틀을 마련했다.

반면, 미국은 1930년대까지만 하더라도 핵물리학의 변방이었으며, 오펜하이머Robert Oppenheimer를 비롯한 미국의 주요 과학자들은 매번 유럽에서 교육받고 미국에 돌아와야만 했다. 그러다가 핵물리학의 중심이 미국으로 이동하는 결정적인 계기가 되는 사건이 발생했다. 그것은 바로 나치 독일의 유대인 탄압이었다.

●

미국으로 건너간 유럽의 과학자들

1930년대 독일은 또 다른 대규모 전쟁을 준비하고 있었다. 제1차 세계대전 이후 베르사유 조약Treaty of Versailles에 따라 패전국 독일에 부과된 가혹한 징벌과 전 세계 대공황으로 인한 경제 위기는 1932년에 히틀러가 이끄는 전체주의 정당이 의회를 장악하는 결과를 낳게 된다. 이에 따라 1933년 1월 파울 폰 힌덴부르크Paul von Hindenburg 대통령은 어쩔 수 없이 나치당의 지도자인 아돌프 히틀러Adolf Hitler를 독일 총리로 임명한다. 힌덴부르크는 히틀러를 통제할 수 있다고 생각했고, 나치의 열성 지지자들이 진정되기를 기대했다.

그러나 결과는 반대였다. 히틀러는 신속하게 권력을 잡았고, 1936년에 베르사유 조약을 무력화하고 라인란트Rhineland를 재무장했다. 1938년에는 오스트리아를 점령하고 독일의 영토로 편입시켰다. 그러고는 뮌헨München에서 영국 총리인 네빌 체임벌린Neville Chamberlain을 만나 체코의 주데텐란트Sudetenland를 합병하는 데 동의를 얻어낸다. 체임벌린은 히틀러의 영토 요구가 마지막이 되기를 바랐지만, 결과는 또다시 정반대로 흘러갔다.

이에 더해 히틀러는 1930년대부터 유대인에 대한 반유대주의 조치를 계속해서 강화해나갔다. 1940년대부터는 '홀로코스트Holocaust'로 알려진 유대인 대량학살을 자행했고, 수백만 명의 유대인뿐만 아니라 반체제 성향의 사람들, 소수자들을 수용소에 가뒀다. 제2차 세계대전이 끝날 때까지, 600만 명 이상의 유대인이 나치에 의해 잔혹하게 학살당했다.

1939년 9월 1일 독일이 폴란드를 침공하자, 유럽은 전쟁의 불길에 휩싸였다. 이 시기에 많은 물리학자와 수학자, 특히 유대인 과학자들이 나치의 권력 독점과 반유대주의 정책의 확산을 두려워한 나머지 독일과 유럽을 떠나 미국이나 영국으로 피신했다. 그들 중 알베르트 아인슈타인(1921년 노벨 물리학상), 레오 실라르드(원자로 발명), 에드워드 텔러Edward Teller(수소폭탄 발명), 유진 위그너Eugene Wigner(1963년 노벨 물리학상), 존 폰 노이만John von Neumann(컴퓨터 구조 발명), 엔리코 페르미(1938년 노벨 물리학상), 닐스 보어(1922년 노벨 물리학상) 등이 대표적이다. 이러한 과학자들이 독일에 계속 남아 있었다면 아마 독일의 원자폭탄 개발에 참여했을 것이다. 그러나 아이러니하게도, 이들은 독일 대신 미국의 핵무기 개발 과정에서 결정적인 역할을 하게 되었다.

한편 나치 독일에서도 핵분열 연구에 관한 과학적 성과들이 나오기 시작했다. 리제 마이트너와 함께 일했던 오토 한과 프리츠 슈트라스만Fritz Strassmann은 1938년 12월에 우라늄 핵분열을 발견하고 그 결과를 1939년 1월에 발표했다. 이에 레오 실라르드는 매우 큰 충격을 받았다. 그는 독일이 핵 연쇄반응에 성공했다면 원자폭탄 제조는 시간문제라고 보았다. 만약 독일이 먼저 핵무기 개발에 성공한다면 전쟁에서 압

독일이 우라늄 핵분열에 성공하자, 레오 실라르드는 독일의 핵무기 개발은 시간문제라고 생각했다. 이에 실라르드는 아인슈타인에게 루스벨트 대통령에게 이러한 사실을 알리고 미국도 핵무기 개발을 시작해야 한다고 설득하는 편지를 쓰자고 제안한다. 실라르드, 텔러, 그리고 위그너가 함께 작성하고 아인슈타인이 서명한 편지는 1939년 8월 2일 루스벨트 대통령에게 전해졌다. 위 사진은 실제 아인슈타인이 서명한 편지이다. 〈출처: WIKIMEDIA COMMONS | Public Domain〉

도적인 우위를 점할 것이고 그러면 전 세계가 나치의 손아귀에 놓이게 되리라고 생각했다. 이에 실라르드는 당시 가장 저명한 과학자인 아인슈타인에게 독일이 핵 개발을 하고 있다는 사실을 프랭클린 루스벨트 Franklin Roosvelt 대통령에게 알리고 미국이 핵무기 개발에 참여해야 한다고 설득하는 편지를 쓰자고 제안했다. 이 편지의 초안은 실라르드, 텔러, 그리고 위그너가 함께 작성했다. 1939년 8월 2일, 실라르드와 텔러는 미국의 롱아일랜드Long Island에서 휴가를 보내고 있는 아인슈타인을 찾아가서 편지를 보여준 뒤, 아인슈타인의 서명을 받아서 루스벨트 대통령에게 보냈다. 그 편지는 다음과 같이 시작했다.

"지난 4개월 동안 프랑스의 졸리오, 미국의 페르미와 실라르드가

연구한 결과 우라늄을 활용해 핵 연쇄반응을 일으킬 수 있는 것이 거의 확실해졌습니다. 이 방법을 통해 방대한 에너지와 새로운 라듐 같은 방사성 원소들을 생성할 수 있을 것으로 예상됩니다. 이제 가까운 미래에 이를 실현할 가능성이 커 보입니다.

이러한 새로운 현상은 무기 제작에도 활용될 수 있을 것입니다. 이를 통해 새로운 유형의 매우 강력한 폭탄을 만들 수 있을 것이라는 가설은 상상력을 자극하지만, 아직 확실하지 않습니다. 이런 유형의 폭탄이 배에 실려 항구에서 폭발하게 되면, 그 항구 전체와 주변 일부 지역을 파괴할 수 있을 것입니다. 그러나 이런 폭탄들은 아마도 항공 수송을 하기에는 너무 무거울 수 있습니다."[5]

이 편지의 마지막에는 독일의 카이저빌헬름 연구소에서 이미 우라늄 연구를 시작했다는 정보도 담았다. 루스벨트 대통령은 다음과 같이 회신했다.

"이 내용을 매우 진중하게 생각하며, 국립표준국장과 육군, 해군으로 구성된 위원회를 소집하여 우라늄 연구에 대한 당신의 제안을 철저히 조사하겠습니다."[6]

루스벨트 대통령은 국립표준국장인 라이먼 브릭스Lyman Briggs에게 우라늄 연구의 타당성을 검토하라는 지시를 내렸다. 그 결과, 1939년 10월 브릭스 주도의 우라늄 자문위원회가 설립되었지만 크게 진전되지는 않았고, 루스벨트 대통령의 결정도 계속 미뤄졌다. 많은 예산이 들어가는 우라늄 무기 프로젝트의 성공 가능성에 대한 확신이 없었기 때문이었다. 그 사이 독일에서는 하이젠베르크가 핵무기 개발팀을 이끌

우라늄 동위원소와 농축

우라늄에는 주로 두 가지 동위원소, 우라늄-238과 우라늄-235가 있다. 이 두 동위원소 중 핵무기 제작에 사용되는 것은 우라늄-235인데, 이는 우라늄-235가 중성자와 충돌했을 때 핵분열하는 특성을 가진 원소이기 때문이다. 그러나 자연에서 채굴되는 우라늄에는 우라늄-238이 대부분을 차지하며, 우라늄-235는 약 0.7%뿐이다. 따라서 우라늄-235의 비율을 높이기 위해서는 이를 '농축'하는 과정이 필요하다. 우라늄-235 농축이란 자연 우라늄에서 우라늄-235 비율을 증가시키는 과정을 말한다. 이 과정을 통해 핵무기 제작에 필요한 '무기급' 우라늄, 즉 우라늄-235 비율이 94% 이상인 우라늄을 얻을 수 있다.

따라서 우라늄의 동위원소 분리 및 우라늄-235 농축 방법은 핵무기 제작에서 굉장히 중요한 과정이 된다. 여기에는 크게 네 가지 방법, 즉 우라늄을 가스 상태로 만들어($UF6$) 매우 작은 천공막 투과를 통해 분리하는 '가스확산법', 우라늄 가스를 원심분리기에 넣고 고속으로 회전시켜 분리하는 '가스원심분리법', 우라늄 가스를 열로 가열하여 더 빨리 상승하는 우라늄-235를 분리하는 '열확산법', 그리고 이온화된 우라늄을 전자기장을 이용해 분리하는 '전자기분리법' 등이 있다.

고 있었는데, 이 소식을 듣게 된 아인슈타인은 다시 한 번 루스벨트 대통령에게 편지를 보냈다.

핵무기 개발에 대한 정책적 결정은 계속 미뤄졌지만, 미국과 영국에서는 각자의 핵물리 연구가 성과를 보이기 시작했다. 1940년 6월, 미국의 필립 에이벌슨Philip Abelson과 에드윈 맥밀런Edwin Mcmillan은 UC버클리의 사이클로트론cyclotron을 이용해 중성자가 우라늄-238에 흡수되면 93번 및 94번 원소가 차례대로 생성된다는 것을 입증했다(우라늄은 92번 원소). 이어서 맥밀런이 MIT로 자리를 옮긴 후 그의 연구를 이어받은 UC버클리의 글렌 시보그Glenn Seaborg는 94번 원소를 분리하고 이를 '플루토늄plutonium'이라 명명했다. 한 달 후, 미국 물리학자들은 플루토늄의 한 동위원소인 플루토늄-239가 핵분열 가능성이 있으므로 실제 핵무기의 재료로 사용될 수 있음을 확인했다.

한편, 영국에서도 우라늄 연구의 중요한 발전이 이루어졌다. 나치를 피해 영국으로 온 마이트너의 조카 오토 프리슈Otto Frisch와 독일 출신 과학자 루돌프 페이얼스Rudolf Peierls는 1940년에 우라늄의 동위원소인 우라늄-238과 우라늄-235를 분리하는 연구를 진행했다. 또한, 이들은 핵분열이 연쇄적으로 일어나기 위해서는 특정 질량 이상의 우라늄-235가 필요하다는 사실을 발견했는데, 이를 '임계질량critical mass'이라고 명명했다. 이들의 연구 결과가 즉시 영국 국방과학위원회에 제시되자, 국방과학위원회는 이를 검증하기 위해 채드윅을 포함한 저명한 학자 6인을 중심으로 MAUD 위원회MAUD Committee를 구성했다. 1940년 MAUD 위원회는 마침내 우라늄-235로 강력한 핵폭탄을 만들 수 있다는 결론에 도달한다.

그 다음으로 해결해야 할 문제는 우라늄-235를 대량으로 생산하는 방법이었다. MAUD 위원회는 우라늄-235를 농축하는 방법으로 대규모 '가스확산법'을 권장했다. 그러나 독일과의 전쟁을 치르고 있던 영국은 핵무기 개발을 위한 자금이나 인력이 부족했다. 이에 영국은 핵무기 연구를 완성할 국가는 미국밖에 없다고 판단하고, MAUD 위원회의 보고서를 MIT 출신 과학자인 버니바 부시Vannevar Bush에게 전달한다. 당시 미국의 군사연구 및 개발을 총괄하는 과학연구개발국OSRD, Office of Scientific Research & Development의 수장이었던 부시는 MAUD 위원회의 보고서와 미국 과학자들의 의견을 참고하여 루스벨트 대통령에게 우라늄 개발을 제안한다. 또한, 그는 지지부진하던 우라늄 위원회Uranium Committee를 자신이 이끄는 과학연구개발국의 산하로 옮겨 'S-1 위원회'로 바꾸는 작업을 주도했다. 이렇게 MAUD 위원회의 보고서는 소극적이었던 미국의 태도를 바꾸는 데 결정적인 역할을 했다.

1941년 10월 9일, 마침내 루스벨트 대통령은 핵무기 개발 프로그램을 공식적으로 승인했다. 이는 일본이 진주만을 공격하여 미국을 전쟁으로 끌어들이기 불과 2개월 전이었다. 루스벨트 대통령은 이 프로그램을 감독하기 위한 정책 그룹을 구성했고, 이 그룹에는 루스벨트 대통령(회의에 참석하지는 않았다), 부통령 헨리 월러스Henry A. Wallace, 과학연구개발국장 버니바 부시, 전쟁장관 헨리 스팀슨Henry L. Stimson, 그리고 육군참모총장 조지 마셜George Marshall 등이 포함되었다. 루스벨트 대통령은 우라늄 핵무기 개발이 거대한 과학기술 사업이 될 것을 예상하여, 대규모 건설 프로젝트를 수행한 경험이 많은 육군을 관리부서로 선정했다.

한편 S-1 위원회는 우라늄-235를 우라늄-238(자연 우라늄에서 99.3% 비율을 차지)로부터 분리하는 기술 연구를 주도했다. UC버클리의 어니스트 로렌스Ernest Lawrence는 전자기적 분리를 조사하는 팀을 이끌었다. 컬럼비아 대학의 해럴드 유리Harold Urey는 '가스확산법'을 연구했다. 마지막으로 아서 콤프턴Arthur Compton은 워싱턴 D. C.의 카네기 연구소Carnegie Institution of Washington에서 '열확산농축법'을 연구했다. 이에 더해 원자로 기술은 컬럼비아 대학과 시카고 대학에서 연구했다. 특히 시카고 대학에서는 흑연을 쌓아올린 원자로(CP-1: 우라늄 6톤, 산화우라늄 50톤, 흑연벽돌 400톤을 쌓아올려 제조)를 만들어 핵분열 연쇄반응을 실현하고 이에 대한 제어 방법을 연구했다. 이후 1942년 6월에 루스벨트 대통령은 미 육군 공병대의 핵무기 연구시설 건설에 5,400만 달러를 지원하고, 핵무기 연구에 3,100만 달러를 투입하는 방안을 승인했다. 비록 나치 독일보다는 뒤처졌지만, 유럽에서 망명해온 우수한 과학자들과 막대한 자원을 토대로 이제 미국이 본격적으로 핵무기 개발에 뛰어든 것이었다.

드디어 맨해튼 프로젝트의 서막이 오르다

1941년 12월 일본이 하와이 진주만을 기습공격하고, 독일과 이탈리아가 미국에 선전포고했다. 이에 불가불 미국이 전쟁에 참여하게 되었고, S-1 위원회 활동은 마침내 탄력을 받게 되었다. 미 육군은 뉴욕에 '맨해튼 엔지니어 구역MED, Chief Engineer of the Manhattan District'를 설치하고, 소위 '맨해튼 프로젝트Manhattan Project'라고 불리는 극비 핵무기 개발 프로젝트를 이끌 적임자로 미 육군의 레슬리 그로브스Leslie Groves 소장을 임명한다. 그는 MIT에서 수학하고 미 육군사관학교 공학부를 4등으로 졸업한 수재였다. 또한, 한때 펜타곤 건설을 지휘했을 정도로 추진력이 탁월한 인물로 정평이 나 있었다.

그로브스 장군이 부임하자, 지지부진하던 핵무기 프로젝트는 급속도로 진행되었다. 이는 그로브스의 추진력에 더해 거의 무한정의 자금을 쓸 수 있는 막강한 권한이 주어졌기 때문이었다. 실제로 그가 사용한 자금은 당시 20억 달러에 달했다. 이는 오늘날의 가치로 환산하면 약 54조 원에 이르는 어마어마한 액수다.

맨해튼 프로젝트 팀은 미국 내의 연구소들을 골고루 활용하면서도 추가로 두 군데의 비밀기지를 건설했다. 이 중 하나는 고농축 우라늄 생산을 위한 테네시주 오크리지 국립연구소Oak Ridge National Laboratory(사이트 X)였고, 나머지 하나는 핵폭탄 설계 연구를 위한 뉴멕시코주 로스앨러모스 국립연구소Los Alamos National Laboratory(사이트 Y)였다.

오크리지 국립연구소(이하 오크리지 연구소로 표기)의 경우, 1943년 부터 전자기분리법을 활용한 우라늄 농축 공장인 Y-12와 가스확산법을 이용한 우라늄 농축 공장 K-25의 건설이 시작되었다. 이 우라늄 농

맨해튼 프로젝트 팀은 핵무기 개발을 위해 두 군데의 비밀기지를 건설했다. 그중 하나는 고농축 우라늄 생산을 위한 테네시주 오크리지 국립연구소(사이트 X)였고, 나머지 하나는 핵폭탄 설계 연구를 위한 뉴멕시코주 로스앨러모스 연구소(사이트 Y)였다. 위 사진은 오크리지 국립연구소의 K-25 우라늄 농축 공장 전경이다. 〈출처: WIKIMEDIA COMMONS | Public Domain〉

축 공장들은 운영 초기에 겪은 여러 가지 공학적인 문제들을 극복하고 1944년부터는 농축 우라늄을 생산하기 시작하여 로스앨러모스 핵무기 설계팀에 공급하기 시작했다. 문제는 이 우라늄 농축 공장들이 엄청난 전기를 소모한다는 것이었다. 실제로 오크리지 공장에서 사용한 전력소비량은 당시 미국 전체 전력소비량의 약 15%를 차지할 정도로 막대했다. 이러한 이유로 사이트 X는 테네시^{Tennessee}강의 풍부한 수력 발전을 이용할 수 있도록 로스앨러모스에서 다소 거리가 있는 오크리지에 세워진 것이었다. 이 시설은 지금도 운영 중이며 현재는 'Y-12 국가안보단지'라고 부른다.

한편, 그로브스에게 더 어려운 일은 핵무기 설계를 위한 연구소를 세우는 것이었다. 무엇보다도 실라르드, 텔러, 위그너, 페르미, 로렌스, 콤프턴, 파인만, 시보그 등 당대 최고의 물리학자, 화학자, 수학자들을 모아서 거대한 연구 프로젝트를 진행하는 것은 그의 추진력만으로는 해결할 수 없는 문제였다. 실제로 이들은 대부분 노벨상을 받았거나 제2차 세계대전 이후 노벨상을 받은 인물들이었다. 그중 일부는 결과 지향적이며 보수적인 성향의 그로브스와 종종 충돌했다. 일례로 그의 보좌관이었던 케네스 니콜스Kenneth Nichols는 다음과 같이 묘사한다.

"그로브스 장군은 나와 함께 일한 사람 중에서 가장 무례한 사람이다. … 그는 항상 압박하고, 칭찬하는 법을 모른다. 그는 거칠고 빈정거린다. … 그는 내가 알고 있는 사람 중에서 가장 자기중심적이다. … 나는 그를 싫어했고, 다른 사람들도 마찬가지였다."[7]

따라서 그로브스 장군은 이들의 연구를 총괄할 연구소 책임자로 학문적으로 뛰어난 동료 과학자를 물색했고, 이에 따라 적임자로서 로버트 오펜하이머Robert Oppenheimer를 낙점했다. 오펜하이머는 매우 섬세한 성격의 소유자로, 하버드 대학교 물리학부를 졸업하고 케임브리지 대학교의 캐번디쉬 연구소Cavendish Laboratory에서 공부한 뒤, 독일의 괴팅엔 대학교에서 박사학위를 받은 당대 최고의 물리학자였다. 그로브스는 오펜하이머의 탁월한 지능뿐 아니라 그의 전략적 사고능력에 대해서도 깊은 인상을 받았다. 그로브스는 오펜하이머에 대해 다음과 같이 말했다.

로버트 오펜하이머(1904~1967년)는 미국의 이론물리학자이다. 하버드 대학교를 졸업한 후 영국
과 독일에서 유학하고 미국에 돌아와서 오랫동안 UC 버클리에서 재직했고, 제2차 세계대전 중에
로스앨러모스에서 여러 과학자들과 함께 원자폭탄을 만들기 위한 맨해튼 프로젝트를 수행했다. 위
사진은 당시 맨해튼 프로젝트를 이끈 미 육군의 레슬리 그로브스 소장(왼쪽)과 당대 최고의 물리학
자 로버트 오펜하이머(오른쪽)의 모습이다. 〈출처: WIKIMEDIA COMMONS | Public Domain〉

"그는 천재다. … 진정한 천재다. (어니스트) 로렌스도 매우 똑똑하지만, 그는 천재가 아니다. 그냥 열심히 일하는 사람일 뿐이다. 왜냐하면 오펜하이머는 거의 모든 것을 알기 때문이다. 어떤 주제를 꺼내더라도 그와 이야기 나눌 수 있다. 그러나 정확히 말하면 그는 스포츠에 대해서는 아무것도 모른다."[8]

오펜하이머는 비밀스러운 핵무기 연구를 진행하기에 뉴멕시코의 로스앨러모스가 최적의 장소라고 생각했다. 뉴멕시코 북부 지역의 산골짜기에 위치한 로스앨러모스가 외부와 고립되어 있어 보안을 유지하기에 적합했기 때문이다. 그는 이곳으로 과학자들을 불러 모아 핵무기 설계 연구를 시작했다.

핵무기 개발 프로젝트의 성공 가능성을 높이기 위해 과학자들은 두 가지 방법을 동시에 추진하는 전략을 썼다. 하나는 우라늄-235를 이용한 폭탄을 만드는 것이었고, 다른 하나는 플루토늄-239를 이용한 폭탄을 만드는 것이었다. 이렇게 두 가지 방법을 동시에 추진할 수 있었던 것은 거의 무제한의 자금이 지원되었기 때문이다. 컴퓨터가 없던 시기였기 때문에 과학자들은 손 계산으로 핵물리 공식을 풀어내는 등 연구에 매진했다.

이제 남아 있는 가장 어려운 일은 신속히 핵물질을 생산해내는 것이었다. 다행히 로스앨러모스 국립연구소(이하 로스앨러모스 연구소로 표기)가 세워진 직후 페르미가 이끄는 시카고 대학 연구팀이 CP-1 흑연 원자로에서 핵분열 연쇄반응을 제어하는 데 성공했다. 이로써 플루토늄을 대량 생산할 수 있는 길이 열렸다. 이에 따라 플루토늄 대량 생산을 위한 시설을 워싱턴주 핸퍼드Hanford에 건설했으며, 원자로에서 생산한 플루토늄을 분리하기 위한 재처리시설도 건설했다. 이 재처리시설

플루토늄 대량 생산 시설과 원자로에서 생산한 플루토늄을 분리하기 위한 재처리시설이 건설된 워싱턴주의 핸퍼드 사이트. 핸퍼드 사이트는 1943년부터 1989년까지 운영되었다. 〈출처: WIKIMEDIA COMMONS | Public Domain〉

은 길이가 240미터나 되는 거대한 콘크리트 건물이었는데, 사람들은 이 건물이 세계에서 가장 큰 유람선인 퀸메리Queen Mary호와 닮았다고 하여 '퀸메리'라는 별칭을 붙이기도 했다. 이윽고 1944년 2월 핸퍼드 원자로에서 생산된 플루토늄이 재처리 과정을 거쳐 로스앨러모스 연구소에 처음 전달되었다. 핸퍼드 시설은 제2차 세계대전 이후에도 약 40년간 계속해서 원자로를 가동하여 플루토늄을 생산했으며, 총누적 생산량은 57톤에 이른다.

플루토늄과 재처리

플루토늄Plutonium(Pu)은 원자번호가 94인 원소로서, 주로 핵반응에 의해 생성되는 원소다. 플루토늄은 여러 동위원소를 가지고 있는데, 그중 가장 흔한 것은 플루토늄-238과 플루토늄-239이며, 후자는 핵분열 시 많은 에너지를 발생시키는 원소로 핵무기 제작에 사용된다. 문제는 우라늄-235와 달리 플루토늄-239는 자연적으로 존재하지 않는다. 따라서 플루토늄-239는 원자로에서 우라늄-238에 중성자를 충돌시켜 인위적으로 생산하는 과정을 거쳐야 한다. 즉, 우라늄 연료를 원자로에 장전하고 원자로를 상당 기간 가동해야만 한다.

맨해튼 프로젝트에서 플루토늄 생산을 담당했던 핸퍼드 시설의 경우, 자체 원자로를 활용하여 플루토늄을 생산했다. 이때 생성된 플루토늄을 핵연료봉에서 추출한 뒤, 사용한 금속 핵연료봉을 가열하여 액체 형태로 만들고, 화학적 용매를 통해 플루토늄을 다른 원소와 분리하는 방법으로 플루토늄-239를 추출했다. 이렇게 플루토늄을 핵연료봉으로부터 분리 추출하는 과정을 '재처리reprocessing'라고 부른다.

●

로스앨러모스 연구소

로버트 서버Robert Serber는 맨해튼 프로젝트에 참여한 미국의 물리학자였다. 그는 프로젝트에서 가장 핵심적인 역할을 했는데, 바로 이 비밀 프로젝트의 원칙과 목표를 새로 참여하는 과학자에게 설명하는 일이었다. 이때 그가 쓴 『로스앨러모스 입문서The Los Alamos Primer』는 지금도 핵무기 기초 기술 분야에서 가장 많이 읽히는 책이다.[9] 그가 이렇게 중요한 임무를 맡게 된 것은 UC 버클리에서부터 오펜하이머와 함께 연구한 경험이 있었기 때문이다. 위스콘신 대학에서 물리학 박사학위를 받은 서버는 원래 프린스턴 대학의 유진 위그너 밑에서 연구하기로 되어 있었으나, 오펜하이머의 강의를 듣고 그에게 매료되어 UC 버클리로 행선지를 바꾼 인물이었다.

사실 로스앨러모스에 모인 과학자들은 자신의 분야에서는 최고의 석학들이었지만, 정작 자신들이 하는 연구가 핵폭탄을 설계하는 것인지는 몰랐다.[10] 이들에게 주어진 과제는 천천히 일어나도록 조절하고 제어했던 핵분열 현상을 오히려 순식간에 폭발적으로 일어나도록 설계하는 것이었다. 처음에 그들은 왜 이런 연구를 해야 하는지 의아해했다. 이후 오펜하이머의 대변인 격인 서버가 핵분열에 관한 이론들을 하나하나 정리해 발표한 뒤 이 프로젝트의 목표를 제시하자, 그들은 비로소 자신이 무슨 일을 하고 있는지 깨닫게 되었다.

> **"이 프로젝트의 목표는 (우라늄-235나 플루토늄-239 같은) 핵분열이 일어나는 물질을 이용하여… 연쇄반응을 일으키는 폭탄 형태의 실용적인 군사 무기를 생산하는 것이었다."[11]**

핵분열 반응이 매우 빠르게 폭발적으로 연쇄반응이 일어나게 하기 위해서는 두 가지 조건이 필요하다. 첫째, 중성자가 많이 나와야 한다. 앞에서 우리는 중성자가 물방울을 터뜨리는 바늘과 같다고 이야기했다. 중성자가 많으면 동시에 더 많은 우라늄 원소를 분열시킬 수 있다. 한 번에 더 많은 바늘이 발사된다면 더 많은 물방울을 터뜨릴 수 있는 것과 같은 원리다. 그래서 로스앨러모스의 과학자들은 초기 핵분열을 빠르게 유도하는 기폭제 역할을 하도록 중성자를 방출하는 물질을 핵폭탄 내부에 탑재하여 짧은 시간에 많은 중성자가 만들어지도록 고안했다.

둘째, 핵분열 물질이 임계질량보다 많아야 한다. 핵분열 물질이 많으

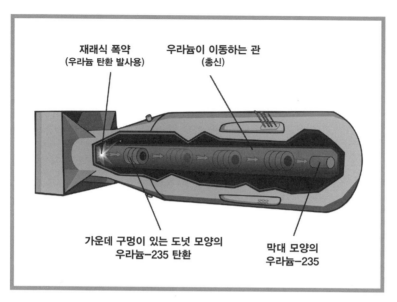

재래식 폭약
(우라늄 탄환 발사용)

우라늄이 이동하는 관
(총신)

가운데 구멍이 있는 도넛 모양의
우라늄-235 탄환

막대 모양의
우라늄-235

〈그림 1-3〉 총신형 핵폭탄 개념도

면 핵분열 과정에서 생산되는 중성자가 기하급수적으로 증가한다. 결과적으로 핵 연쇄반응과 그에 따른 폭발력도 함께 늘어난다. 계산 결과, 우라늄-235의 임계질량, 즉 지속적으로 연쇄반응이 일어나기 위한 핵물질의 양은 50kg 정도이며, 플루토늄-239의 경우 임계질량은 10kg 정도였다.

한편, 우라늄-235와 플루토늄-239의 특성도 고려해야 했다. 우라늄-235의 경우 임계질량을 넘는 양이 있으면 쉽게 핵분열을 일으키는 특성이 있다. 따라서 핵폭발이 일어나는 순간에 딱 맞추어서 임계질량을 넘어서도록 만들어야 했다. 이를 위해 과학자들이 고안해낸 방법은 임계질량보다 작은 두 개의 우라늄-235 금속을 폭탄의 양 끝에 위치시켰다가 폭발이 일어나는 순간에 합쳐지도록 하는 것이었다. 그렇게 되면 우라늄-235가 임계질량을 넘으면서 빠른 핵폭발이 일어날 수 있었다. 이렇게 해서 등장한 것이 '총신형gun-type' 핵폭탄 설계다.

〈그림 1-3〉에서 보듯이, 핵폭탄의 왼쪽 끝에 있는 폭약이 폭발하면, 도넛 모양의 우라늄-235 탄환이 발사된다. 이 우라늄 탄환은 폭탄의 가운데를 가로지르는 총신(금속통)을 따라 이동하다가, 총신의 끝에 있는 막대 모양의 우라늄-235와 결합한다. 이렇게 두 조각으로 나누어진 우라늄-235가 합쳐지면서 임계질량을 넘는 초임계질량 상태가 되는 것이다. 그러면 우라늄-235 결합체에서 핵분열 반응이 일어난다. 이러한 설계는 두 개의 우라늄 조각이 임계질량을 넘지 않아야 해서 폭발력을 무한정 늘릴 수 없는 한계가 있다. 반면, 비교적 구조가 단순하고 핵 연쇄반응이 잘 일어나는 장점이 있다. 그래서 맨해튼 프로젝트에서는 우라늄-235를 사용한 총신형 핵폭탄을 실험도 거치지 않고 곧바로 실전에 사용했다.

플루토늄-239의 경우는 정반대였다. 플루토늄은 원자로에서 만들어진 물질을 화학적으로 재처리만 하면 되었기 때문에 복잡한 농축 과정을 거쳐야 하는 우라늄-235보다 비교적 대량으로 구할 수 있었다. 또한, 플루토늄은 한 번 핵분열할 때 더 많은 중성자를 만들어내기 때문에 우라늄 폭탄보다 더 폭발력도 세고 효율적이었다.[12] 문제는 우라늄 폭탄처럼 플루토늄 폭탄을 총신형으로 만들면 두 개의 플루토늄 금속이 서로 만나기도 전에 성급하게 핵분열이 일어나는 현상이 일어난다는 것이었다. 이는 스스로 핵분열을 하는 특성이 강한 플루토늄의 특성 때문이었다. 따라서 원하는 만큼 빠르고 강력한 핵폭발이 일어나지 못하고 김이 새버리는 문제가 있었다.[13]

과학자들은 이 문제를 해결하기 위해 고민했다. 방법이 없는 것은 아니었다. 플루토늄의 임계질량은 10kg 정도이지만, 이를 압축하면 임계질량이 반 이하로 줄어드는 특성에 착안했다. 이는 플루토늄의 밀도가

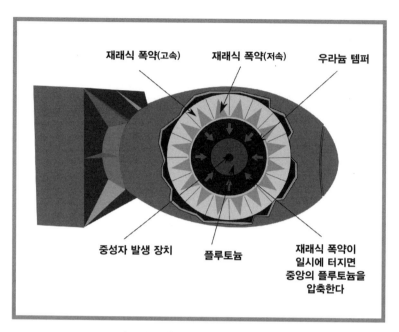

<figure>

재래식 폭약(고속)　　　재래식 폭약(저속)　　　우라늄 템퍼

중성자 발생 장치　　　플루토늄　　　재래식 폭약이
일시에 터지면
중앙의 플루토늄을
압축한다

</figure>

〈그림 1-4〉 내폭형 핵폭탄 개념도

증가하면, 그만큼 중성자와 충돌할 가능성이 커지기 때문이다. 바늘을 던져서 물방울을 터뜨리고자 할 때 물방울이 드문드문 떨어져 있다면 바늘이 물방울을 맞히기 어렵지만, 물방울이 한데 모여 있으면 더 잘 맞힐 수 있는 것과 같은 이치다.

따라서 과학자들은 임계질량의 약 40% 정도밖에 안 되는 플루토늄을 폭탄의 가운데 넣고, 그 주위를 재래식 폭약으로 둘러쌓았다. 만약 재래식 폭약이 동시에 폭발하면 가운데 있는 플루토늄을 압축할 것이고, 압축된 플루토늄은 순식간에 임계질량을 넘어 폭발할 것이다. 이러한 배경에서 위의 그림과 같은 내폭형implosion type 핵폭탄 설계가 탄생했다.

자발적 핵분열과 유도 핵분열

우라늄처럼 무거운 원자의 핵은 스스로 분열을 일으키기도 한다. 이를 자발적 핵분열Spontaneous Fission이라고 부른다. 핵 방사선을 방출하는 핵반응은 대부분 자발적인 과정이다. 특히 각 원소는 고유의 자발적 핵분열 속도를 가지고 있다. 이때 자발적 핵분열 또는 붕괴로 원래 총량이 반으로 줄어드는 시간을 반감기half-life라고 한다. 예를 들어, 플루토늄-238의 경우 87.7년마다 원소의 총량이 절반으로 줄어든다. 스스로 분열하고 붕괴하다 보니 87년 정도가 지나면 그 양의 절반이 사라지고 없는 것이다. 따라서 플루토늄-238의 반감기는 87.7년이다.

한편, 원자핵에 중성자를 충돌시켜 인위적으로 핵분열을 일으킬 수 있다. 이를 유도 핵분열Induced Fission이라고 하는데, 앞에서 설명한 바와 같이 중성자를 원자핵에 충돌시키는 방식이다. 원자핵과 충돌한 중성자는 원자핵에 흡수되고, 원자핵의 에너지가 순간적으로 높아지면서 이를 이기지 못하고 결국 원자핵은 분열하게 된다. 핵폭탄은 유도 핵분열이 빠르게 일어나도록 하는 폭탄이다. 그러나 플루토늄의 경우 자발적 핵분열을 일으키려는 특성이 강하기 때문에 많은 양의 플루토늄을 한데 모아놓으면 폭탄이 투하되기 전에도 성급하게 핵분열을 일으킬 수 있다. 이 때문에 플루토늄 폭탄에는 내폭형 설계가 사용된다.

●

최초의 핵실험, 악마를 깨우다

로스앨러모스의 과학자들은 플루토늄 폭탄의 경우 어떠한 시험도 거치지 않은 상태에서는 폭발에 성공할지 장담할 수가 없었다. 이는 플루토늄 폭탄 설계가 너무 복잡했기 때문이었다. 따라서 오펜하이머와 그의 동료들은 플루토늄 폭탄을 실제로 사용하기 전에 반드시 시험을 해봐야 한다고 생각했다.

반면 그로브스 장군은 의견이 달랐다. 플루토늄이 부족했기 때문에 1g도 낭비해서는 안 된다고 생각했다.[14] 이에 대해 오펜하이머는 "우리의 지식이 불완전하므로 시험이 꼭 필요하며, 그렇지 않으면 적국의 영토에 제대로 작동되는지도 모르는 무기를 무작정 사용하는 것"이라고 강조했다.[15]

결국, 그로브스는 동의할 수밖에 없었다. 그는 오히려 태도를 바꾸어 1945년 7월 중순까지 시험을 반드시 완수하라고 강하게 압박했다. 사실 1945년 7월에는 미국, 영국, 소련의 정상이 만나는 포츠담 회담Potsdam Declaration이 있었는데, 후일담에 의하면 그로브스는 이 회담이 시작되기 전에 폭발 시험을 성공시키고 싶어했다고 한다.[16]

핵무기 폭발 시험 장소는 로스앨러모스 남쪽의 작은 도시 앨라모고도Alamogordo 인근 사막 지역으로 선정되었다. 오펜하이머는 이 시험의 이름을 트리니티trinity(삼위일체라는 뜻)로 정했다. 그가 왜 트리니티라는 이름을 붙였는지는 알려져 있지 않지만, 일설에 의하면 로스앨러모스 연구소에서 설계한 세 개의 핵폭탄—총신형 우라늄 폭탄, 총신형 플루토늄 폭탄, 그리고 내폭형 플루토늄 폭탄— 때문이었을 가능성이 있다고 한다.[17]

마침내 디데이D-Day가 7월 16일로 확정되었다. 약 48kg의 내폭형 플로토늄 폭탄을 조립하고 '가제트Gadget'라는 이름을 붙였다. 그런 다음 시험을 위해 설치된 33미터 높이의 철탑 위로 들어 올렸다. 핵폭탄이 폭격기에서 떨어질 때 공중폭발의 효과를 관찰하기 위해서였다. 과학자들은 공중폭발이 목표에 가해지는 폭발 에너지의 양을 극대화하고, 낙진의 발생을 줄일 수 있다고 보았다.

오전 5시 30분에 시행된 플루토늄 폭탄 시험은 대성공이었다. 엄청난 섬광과 함께 시뻘건 화구fireball가 솟아오르더니 버섯 모양의 구름이 되었다. 대략 TNT 2만 톤, 즉 20킬로톤에 해당하는 에너지였다고 기록되었다. 그로브스는 엄청난 경외심을 느꼈다고 보고했지만, 많은 과

Trinity Test

1945년 7월 16일 미국 뉴멕시코주 로스앨러모스 남쪽의 작은 도시 앨라모고도 인근 사막에 지역에서 인류 최초의 핵무기 폭발 시험인 암호명 트리니티가 실시되었고, 시험은 대성공을 거두었다. ❶ 시험을 위해 설치된 33미터 높이의 철탑 위로 약 48kg의 내폭형 플로토늄 폭탄을 조립한 시험용 폭탄 '가제트'를 들어 올리고 있는 모습. ❷ 철탑 위에 설치 완료된 '가제트'의 모습. ❸ 인류 역사상 최초의 핵무기 폭발 시험에서 위력적인 핵폭발로 생긴 버섯구름 모습. 〈출처: WIKIMEDIA COMMONS | Public Domain〉

학자는 이제야 자신들이 진행한 일의 결과가 어떤 것인지를 알게 되었다고 했다. 이러한 감정은 오펜하이머도 마찬가지였다. 그는 힌두교 경전 '바가바드 기타Bhagavad Gita'의 한 구절을 인용해 다음과 같은 말을 남겼다.

"이제 나는 죽음이요, 세상의 파괴자가 되었도다.
(Now I Am Become Death, the Destroyer of Worlds.)"[18]

●
일본에 대한 핵폭탄 투하 결정

3년 동안 세계 최고의 물리학자, 화학자, 수학자 수천 명이 동원되었으며, 현재 가치로 54조 원에 가까운 자금을 쏟아부은 맨해튼 프로젝트는 결국 성공했다. 미국은 우라늄 폭탄과 플루토늄 폭탄을 손에 넣었으며, 전쟁을 끝내기 위해 사용할 만반의 준비를 마쳤다.

그러나 이미 전쟁은 미국에게 유리한 국면으로 접어들고 있었다. 1945년 5월 8일 나치 독일은 패망했고, 연합군은 승전의 기쁨을 누리고 있었다. 태평양에서 일본이 아직 저항하고 있었지만, 이미 전세는 기운 뒤였다. 1945년 3월 커티스 르메이Curtis LeMay 장군의 B-29 폭격기들은 소이탄 1,700톤을 도쿄東京에 투하함으로써 도쿄 시내는 불바다가 되었다. 필리핀과 오키나와沖縄가 수복되었고, 이제 일본 본토 상륙만을 남겨놓고 있을 뿐이었다.

따라서 전선을 지휘하던 더글러스 맥아더Douglas MacArthur 장군이나 해군참모총장 윌리엄 레이히William Leahy 장군은 핵폭탄의 사용이 불필요하다고 주장했다. 아이젠하워 장군도 핵폭탄의 위력이 너무 강력해서

투하를 반대했다.[19] 그러나 루스벨트의 서거로 대통령직을 승계한 해리 트루먼Harry Truman 대통령과 핵무기 프로젝트에 관련된 전략가들의 생각은 달랐다.

사실 트루먼 대통령은 핵무기 개발 프로젝트에 관한 의사결정에서 빠져 있었고, 대통령직을 물려받는 순간까지도 핵폭탄의 존재를 모르고 있었다. 시어도어 루스벨트Theodore Roosevelt 대통령의 사촌동생이며 정치 명문가 출신인 프랭클린 루스벨트 대통령과 달리 트루먼의 배경은 보잘것없었다. 그는 미 중부 미주리주 시골 출신으로 대학 교육을 마치지 못했고, 제1차 세계대전 당시 육군 대위로 유럽에서 복무한 것이 유일하게 내세울 만한 경력이었다.

전쟁 이후 트루먼은 특유의 성실함을 바탕으로 정치인으로 변신하여 미주리주 의회에서 경력을 쌓았고, 이를 바탕으로 미주리주 상원의원에 당선되었다. 이후 10년간 워싱턴 정계에서 활동했다. 미국 상원에서 그는 진정성 있고 정직하며 우직한 정치인 이미지를 쌓아갔다. 이런 트루먼을 눈여겨본 루스벨트 대통령은 4선에 도전하면서 트루먼을 부통령 후보로 등용했다. 3선 당시 부통령은 헨리 월러스Henry Wallace였는데, 월러스는 지나치게 개혁적인 성향 때문에 또다시 부통령 후보로 지명하기에는 다소 부담스러웠기 때문이었다.

루스벨트가 트루먼을 부통령 후보로 선택하자, 민주당 내 다른 인사들은 이를 그다지 반기지 않았다. 루스벨트 대통령도 당선 후에 트루먼과 중대사를 논의하는 일은 드물었다. 이 때문에 트루먼은 맨해튼 프로젝트를 포함한 중요한 정책 결정 과정에서 소외되었다. 그러다가 1945년 4월 12일 루스벨트 대통령이 갑자기 뇌출혈로 사망하면서 부통령인 트루먼이 대통령직을 승계하여 미국의 33대 대통령이 되었다.

이후 트루먼 대통령은 그간 몇 가지 몰랐던 사실을 알게 되었다. 그

중 가장 놀라운 사실은 핵무기의 존재였다. 4월 25일 전쟁장관 스팀슨은 트루먼에게 미국은 "단 한 발로 도시 전체를 파괴할 수 있는, 인류 역사상 가장 무시무시한 무기를 완성했습니다"라고 보고했다.[20] 이후 그로브스 장군은 트루먼 대통령에게 맨해튼 프로젝트의 현황에 대해 상세히 보고했다.

1945년 5월 8일, 트루먼의 61번째 생일에 독일이 항복하자, 트루먼과 전략가들은 일본에 핵무기를 사용해야 할지를 결정해야 했다. 이에 따라 다음날인 5월 9일 미 국방성에서 관련 위원회가 개최되었다. 여기에는 미국의 핵무기 프로젝트에 관련된 주요 자문위원들이 모두 모였는데, 주요 자문위원들에는 하버드 대학교 총장이었던 제임스 코넌트James Conant, MIT 총장이었던 칼 콤프턴Karl Compton, 과학연구개발국장 버니바 부시가 포함되어 있었다.

이후 5월 말에 열린 후속 회의에는 핵무기 개발에 참여한 과학자들인 시카고대학의 엔리코 페르미와 아서 콤프턴, UC 버클리의 어네스트 로렌스, 그리고 맨해튼 프로젝트 책임자 오펜하이머 박사도 참석했다. 이들은 위원회 회의에서 다음과 같은 결론을 내린다.

1. 일본을 대상으로 핵폭탄을 즉시 사용해야 한다.
2. 막대한 심리적 충격을 주기 위해 군수공장 인근의 민간인과 건물들을 대상으로 사용할 수 있다.
3. 사전 경고 없이 사용해야 한다.[21]

일본의 도시가 아닌 외곽 지역에 단지 막대한 위력을 보여주기 위한 목적으로 핵폭탄을 사용하는 방안도 검토되었지만, 이내 위원회는 일본의 주요 도시에 대한 사용을 권고했다.

위원회는 5월 회의에서 어디에 핵폭탄을 투하해야 하는가에 대해 논의하기도 했다. 처음에는 히로시마広島와 교토京都를 핵공격의 표적으로 선정했다. 그러나 스팀슨 장관이 교토가 가진 역사적·문화적 가치를 강조하면서 교토를 표적으로 삼는 것에 대해 완강히 반대했다. 그 대안으로 후쿠오카福岡 근교의 고쿠라小倉를 고려했으나 항공폭격의 결과를 관측하기 어렵다는 이유로 배제되었다. 결국 최종적으로 히로시마와 나가사키長崎가 표적으로 선정된다.

　8월 초가 되자, 트루먼 대통령은 두 개의 핵폭탄—우라늄탄과 플루토늄탄—을 투하할 준비를 마쳤다는 보고를 받았다. 또한 8월 말이 되면 추가로 몇 발 더 준비할 수 있을 것이라는 보고도 받았다. 트루먼 대통령은 미국이 제2차 세계대전에서 이미 25만 명의 희생을 치른 터라 두 개의 핵폭탄을 모두 사용함으로써 최대한의 충격 효과를 가하고, 전쟁을 빠르게 끝내기로 결심했다. 만약 일본 본토에 미 지상군이 진입한다면 많게는 100만 명에 달하는 추가 사상자 발생이 불가피할 것이라는 예측도 이와 같은 결심에 중요하게 작용했다.[22]

　마침내 1945년 8월 6일, 미국의 B-29 폭격기는 리틀보이Little Boy라고 명명된 우라늄 폭탄을 먼저 히로시마에 투하했다. 이 폭탄은 TNT 약 1만5,000톤(15킬로톤KT) 정도의 위력을 발휘했다. 이어서 8월 9일에는 또 다른 B-29 폭격기가 나가사키에 팻맨Fat Man으로 명명된 플루토늄 폭탄을 투하했다. 이 폭탄은 약 22킬로톤의 위력을 발휘했다. 이 두 핵폭탄은 폭발 즉시 이전에는 상상할 수 없었던 파괴 효과를 가져왔다. 폭발 직후 몇 초 만에 하늘 높이 버섯구름이 치솟았고 뒤이어 엄청난 화염, 폭풍, 방사선이 한꺼번에 도시 전체를 덮쳤다. 버섯구름과 함께 하늘로 끌려 올려진 흙과 먼지들은 다시 검게 그을린 재(낙진)로 바뀌어 비처럼 쏟아져 내렸고 순식간에 온 땅을 뒤덮었다. 낙진은 완

리틀보이(Little Boy): 우라늄 폭탄

위력: TNT 약 1만 5,000톤(15킬로톤)

사망자: 7만~14만 명

팻맨(Fat Man): 플루토늄 폭탄

위력: TNT 약 22킬로톤

사망자: 6만~8만 명

전히 제거되기까지 지속적으로 방사선을 방출했다. 이렇게 방사선에 노출된 지 약 3년 후부터는 곳곳에서 백혈병이 발현했고, 그 발생률은 1952년경이 되어서야 정점에 도달할 정도로 심각했다.

사망자는 폭발 당시 즉각적으로 사망한 사람들과 지연된 사망자로 나눌 수 있다. 물론 도시 전체가 파괴되었고, 피해를 종합할 사람도 방법도 마땅치 않았기 때문에 정확한 사상자는 알 수 없었다. 다만 대략적인 사망자 수는 히로시마에서 약 7만~14만 명, 나가사키에서 약 6만~8만 명 정도로 추산할 뿐이다.

이렇게 인류는 핵시대의 문을 열어젖혔고, 인류 종말을 불러올 수 있는 핵무기에 대한 공포와 두려움에 오롯이 노출되어야만 했다. 이후 미국을 대표하는 전략가인 버나드 브로디Bernard Brodie는 히로시마에 핵무기를 사용했다는 신문 기사를 접하고는 "지금까지 재래식 전략에 대해 내가 썼던 모든 글이 더는 쓸모없게 되었다"라고 탄식했다.[23] 이제 군사력을 바라보는 시각, 전쟁을 바라보는 시각이 완전히 달라진 핵시대가 열리게 된 것이다.

핵무기 효과

핵폭발이 일어날 때 열복사선, 폭풍, 방사선, 전자기펄스EMP 등과 같은 네 가지의 핵무기 효과가 발생한다. 이 중 전체 폭발 에너지의 80%가량은 열복사선과 폭풍으로 나타난다. 핵폭발 시 발생하는 화구Fireball의 중심 온도는 약 1억 도까지 오르게 되며, 수 킬로미터 범위의 모든 물질을 증발시켜버린다. 열과 폭풍은 주변부로 퍼져나가 구조물을 파괴하지만 폭발 원점에서 멀어질수록 그 강도는 줄어든다. 세 번째 효과는 강력한 핵 방사선의 방출이다. 특히 매우 높은 에너지의 감마선은 멀리까지 퍼져나가 광범위한 피해를 유발한다. 마지막으로 폭발로 생긴 방사능 물질이 흙과 먼지에 붙어 낙하하는 낙진은 지속적인 방사능 피폭 효과를 발생시킨다. 이는 핵폭발 30분 이후부터 떨어지기 시작해 대부분 24시간 이내에 사라지지만 작은 미립자들은 수개월에 걸쳐 대기의 기류를 따라 운반된다. 이외에도 전자기펄스가 발생되는데, 특히 30킬로미터 이상의 대기권 상층부에서 핵폭발이 일어날 때 그 효과가 증대되며, 100킬로미터 이상 고고도 폭발 시 매우 광범위한 지역에 걸쳐 전자장비 및 부품에 대한 물리적 파괴 또는 각종 기능장애와 같은 피해를 유발한다.

이러한 효과를 종합적으로 고려하면, 핵폭발 시 피해위험구간을 크게 저위험지역^{LD}, 중위험지역^{MD}, 고위험지역^{SD}으로 나눌 수 있다. 저위험지역은 창문이 깨지는 정도의 폭풍 효과가 발생하고, 저강도의 방사선 및 낙진 피해 등을 입을 수 있다. 즉각적인 인명손실의 위험은 낮으나, 방사선 피폭으로 인한 장기적인 피해를 받는다. 중위험지역은 핵폭풍에 의해 건물에 심각한 구조적 피해가 생기는 구간을 의미한다. 여기에는 건물의 외벽이 붕괴하고 길거리의 가로등이 쓰러지는 형태의 피해가 발생하며, 차량이 굴러다닐 정도의 폭풍이 발생한다. 이러한 폭풍에 직접적으로 노출되면 즉사할 수 있지만, 콘크리트 건물 내부에 대피한 사람은 무사할 수 있다. 그러나 강력한 방사능 효과로 인해 방사능에 노출된 사람이나 동물은 추가적인 피해를 입을 수 있다. 마지막으로 고위험지역은 핵폭발 원점 인근의 지역으로서, 이 지역의 구조물은 즉각적으로 파괴되며 생존의 가능성이 매우 낮은 구간이다. 만약 열과 폭풍으로부터 생존하더라도 매우 강력한 방사선에 노출되기 때문에 이 구간에 있는 생물은 매우 심각한 화상을 입을 수 있다.[24] 한편 핵폭발 피해위험구간의 범위는 핵폭탄의 위력에 따라 달라진다. 예를 들어, 0.1킬로톤의 소형 핵폭탄의 경우 고위험지역은 폭발 원점으로부터 약 160미터에 불과하지만, 히로시마에 투하된 15킬로톤 핵폭탄의 경우, 고위험지역은 약 1킬로미터에 달했다.

CHAPTER 2
핵전략의 태동

핵무기의 출현은 자연스럽게 군사력의 존재 목적이 무엇인가에 관한 인식의 전환을 가져왔다. 버나드 브로디의 말처럼 핵시대의 군사력은 전쟁에 승리하고 다른 국가의 영토를 점령하는 도구에서 전쟁 그 자체를 방지하고 억제하는 수단으로 바뀌게 되었다.[25]

이러한 발상 전환의 중심에는 핵무기에 대한 공포가 자리 잡고 있었다. 단 한 발의 핵폭탄에 의해 거대한 도시 전체가 철저히 파괴되는 것을 보았기 때문에, 여기에 대해 그 누구도 다른 생각을 가질 수 없었다. 이제 핵무기를 가진 국가를 대상으로 전쟁을 일으키는 것은 자살행위나 다름이 없다고 여겨졌다. 핵무기를 보유하는 것만으로도 온전히 상대방의 위협을 제거할 수 있게 된 것이다. 이것이 핵전략을 구성하는 가장 핵심적인 논리다.

이처럼 핵무기는 그것을 보유하기만 하면 절대 안보absolute security를 보장할 수 있을 것이라는 기대를 불러일으켰지만, 이후 미국과 소련을 중심으로 한 극한의 대립을 낳은 씨앗이 되기도 했다. 핵무기가 제2차 세계대전을 끝내기도 했지만, 냉전이라는 새로운 전쟁에 돌입하게 만든 원인으로도 작용했다는 사실이 참으로 아이러니하다.

미국의 최초 핵전략은 '대량보복전략Massive Retaliation Strategy'이었다. 이는 소련의 어떠한 공격에도 핵무기로 보복하겠다는 1950년대식 전략적 사고의 일단을 나타낸다. 대량보복전략에는 흔한 오해가 존재한다. 그것은 냉전 초기 소련이 보인 공격성으로 인해 미국이 무자비한 핵보복 전략을 택할 수밖에 없었다는 것이다. 물론 이러한 설명이 완전히 잘못된 것은 아니다. 그러나 역사의 현장을 자세히 들여다보면, 미국의 대량보복전략이 등장하게 된 배경이 단지 소련의 위협 때문만은 아니었다는 것을 알 수 있다. 오히려 그 기저에는 미국의 경제 상황으로 인해 대규모 지상군을 유지할 수 없었던 사정과 미국의 핵무기에 관한 기술적 우월성이 중요한 배경으로 작용했었다.

이 장에서는 미국에서 어떻게 대량보복전략이 등장하게 되었는지를 다룰 것이다. 이야기를 시작하려면 미국과 소련이 제2차 세계대전의 동맹국에서 전략적 경쟁자가 되어가는 과정, 즉 냉전의 출발 지점으로 거슬러 올라가야 한다. 냉전이야말로 자유 진영과 공산 진영을 대표하는 두 나라가 핵무기 개발 경쟁에 돌입하게 된 중요한 배경이라고 할 수 있다. 이러한 배경 하에서 어떻게 대량보복전략이 등장하게 되었는지를 자세히 들여다볼 것이다.

●

냉전의 시작

미국과 소련은 제2차 세계대전 당시 나치 독일을 상대로 싸울 때는 동맹국이었지만, 서로 지향하는 목표가 너무나도 달랐기에 종전 후에 우호적인 관계를 지속하기가 어려웠다. 미국은 유럽에서 민주주의와 자본주의 경제 체제를 지키고자 하는 목표를 가지고 있었던 반면, 소련은 공산주의 종주국으로서 오히려 자본주의를 상대로 이념적으로 승리하는 것을 국가의 최고 목표로 삼았다. 더욱이 소련은 최후 승리를 위해서라면 그것이 혁명이든, 국가전복이든, 무력투쟁이든 어떤 수단과 방법이라도 가리지 말아야 한다고 생각했다. 이러한 근본적인 차이는 향후 약 50년간 미국과 소련이 국가생존과 세계 패권을 두고 벌인 치열한 경쟁, 즉 냉전을 치르게 된 주요한 원인으로 작용했다.

이러한 냉전의 서막을 열었던 장본인은 미국의 트루먼 대통령과 소련의 스탈린Iosif Stalin 공산당 서기장이었다. 그들은 평생 단 한 번의 만남을 가졌는데, 그것은 1945년 7월 17일부터 8월 2일까지 열린 '포츠담 회담'이었다. 포츠담 회담에는 연합국 지도자인 미국의 트루먼 대통령과 영국의 애틀리Clement Attlee 총리, 소련의 스탈린 서기장이 참석해 독일 항복 이후 유럽 재건과 전후 독일과 일본 처리 문제, 그리고 태평양 전선 종결을 논의했다. 돌이켜보면, 이 회담에서 트루먼 대통령이 받은 인상은 앞으로 다가올 미국의 정책에 지대한 영향을 끼치게 된다.

미국과 소련은 서로 다른 목표와 이념을 좇았던 데다가 겹겹이 쌓인 상호불신의 벽으로 인해 이 회담에서 쉽사리 합의에 도달하지 못했다. 특히 독일 내륙 수로의 관리 문제가 주요 쟁점 중 하나로 떠올랐다. 트루먼 대통령은 도나우Donau강과 라인Rhine강과 같은 큰 수로들은 국제적으로 관리되어야 한다고 생각했다. 이 지역을 두고서 여러 차례 전쟁이 일어났었기 때문이었다. 그러나 이러한 제안은 번번이 스탈린 서기장에 의해 거부되었다. 이에 트루먼 대통령은 분노했고, 여기에 더해 소련이 폴란드, 헝가리, 체코슬로바키아 등 동유럽 국가까지 통제하려고 하자, 트루먼 대통령의 스탈린 서기장에 대한 인식은 점점 최악을 향해 치달았다.

당시 소련의 팽창적 야심을 꿰뚫어본 영국의 윈스턴 처칠Winston Churchill 총리는 이제 소련과 서유럽 사이에 '철의 장막Iron Curtain'이 가로막혀 있다며 이 상황을 냉철하게 묘사했다.[26] 철의 장막이란 폴란드의 바르샤바Warszawa, 동독의 베를린Berlin, 헝가리의 부다페스트Budapest 등 중요한 동유럽 도시들이 모스크바Moskva의 정치적 지배를 받는 지역으로 탈바꿈하면서 서유럽과 동유럽을 나누는 거대한 경계선이 생겼다는 것을 의미했다.

당시 미국은 동유럽 전체를 소련이 지배하는 것을 원치 않았다. 그러나 미국의 완고한 반대에도 불구하고 소련이 세력을 확장하자, 미국은 1947년 '트루먼 독트린Truman Doctrine'과 '마셜 플랜Marshall Plan'이라는 특단의 대책을 발표한다. '트루먼 독트린'이란 공산주의에 점령당할 위기

〈그림 2-1〉 냉전기 자유 진영과 공산 진영의 대립

에 처한 유럽 국가들을 미국이 지원한다는 일종의 안보 공약이었으며, '마셜 플랜'은 유럽 국가들에 대한 대규모 경제 지원을 통해 전후 복구를 지원하고 공산주의에 맞설 수 있는 능력을 키우기 위한 것이었다. 미 국무장관 조지 마셜George Marshall이 제안해서 그의 이름을 따서 마셜 플랜이라고 부르는 이 유럽부흥계획을 통해 미국은 1948년부터 1951년까지 총 106억 달러를 유럽 국가들에 지원했다. 이는 당시 미국의 1년 예산의 4분의 1에 해당하는 막대한 규모였다.[27] 서유럽 국가들은 미국의 제안을 선뜻 받아들였지만, 동유럽 국가들은 소련의 압력 때문에 미국의 원조 제안을 받아들일 수 없었다.

마침내 1949년 미국과 소련의 사이를 돌이킬 수 없도록 만든 결정적인 사건이 발생한다. 당시 제2차 세계대전의 전범국이었던 독일을 미국, 영국, 프랑스, 소련, 이 4개국이 분할통치했는데, 동유럽에 대한 소련의 지배가 강화되자 미국, 영국, 프랑스가 1948년 6월 서부 독일 지역을 통합하여 독일연방공화국(서독)을 만든 것이다. 그러자 이에 반발하여 소련은 당시 동독 지역에 위치한 서베를린을 봉쇄했다. 당시 베를린은 자유 진영의 서베를린과 공산 진영의 동베를린으로 나뉘어 있었다.

　무려 1년 가까이 이어진 봉쇄에서 소련은 서베를린으로 가는 모든 길을 차단했고, 서베를린 지역의 시민들은 지원이 끊길 위기에 내몰렸다. 이에 미국은 서베를린 시민들에게 필요한 생필품을 항공기로 실어 나르기 시작했다. 봉쇄 기간 중 총 20만 회의 항공 수송이 이루어졌으며, 매일 9,000톤가량의 연료와 식량이 제공되었다. 사실 이는 이전에 철도를 통해 공급되던 물량보다 훨씬 더 많은 양이었다. 미국을 비롯한 서방 연합국이 소련 및 동유럽 국가들의 전략수출품에 대해 경제적 제재를 가하고, 식량과 연료, 생필품 공수작전으로 서베를린 시민들로부터 환호와 지지를 받자, 결국 1949년 5월 12일 소련은 베를린 봉쇄를 해제했다. 이 사건은 미국과 소련 사이의 적대감이 더욱 커져 마침내 냉전에 돌입하게 된 결정적인 계기가 되었다.

　이 사건 이후 미국은 서유럽 국가들과 공동으로 소련의 팽창에 대응하는 동맹체제를 만든다. 그것이 바로 북대서양조약기구North Atlantic Treaty Organization, 즉 나토NATO다. 나토는 1949년 4월 4일 미국 주도로 영국, 프랑스, 캐나다 등 서방 12개국이 모여 창설했다. 특히 나토는 조약 5조에 따라 기본적으로 동맹국 중 어느 한 국가가 공격받게 되면 모두에 대한 공격으로 인식하고 함께 대응한다는 집단방위 정신을 추구한다.

　그러나 베를린 봉쇄가 충격의 끝은 아니었다. 같은 해 8월 29일 미국을 또 한 번 충격에 빠뜨린 사건이 일어났다. 소련이 미국에 이어 세계에서 두 번째로 핵실험에 성공한 것이다.

예상보다 빨랐던 소련의 핵실험

미국이 히로시마와 나가사키에 핵폭탄을 투하한 직후 두 가지 반응이 나타났다. 하나는 핵무기의 가공할 위력에 대한 놀라움이었고, 다른 하나는 언제쯤 다른 나라들도 핵무기를 갖게 될 것인가 하는 의문이었다. 미국은 소련과 치열한 경쟁에 돌입했기 때문에 당연히 소련이 핵무기를 갖게 되는 상황을 가장 걱정했다.

  머지않아 소련도 핵무기를 보유할 것이 너무나도 명확해 보였다. 그러나 그 시기가 이렇게 빨리 오게 될 줄은 꿈에도 몰랐다. 한 예로 1949년 7월 미국의 국무장관 딘 애치슨Dean Acheson은 1951년 중반에야 비로소 소련이 핵실험에 성공하고, 그보다 3~4년은 더 지나서 미국을 위협할 정도의 핵전력을 갖추게 될 것이라고 예상했다.[28]

  그러나 예상보다 2년이나 빠른 1949년 8월에 소련이 카자흐스탄의 사막에서 핵실험에 성공하자, 미국은 화들짝 놀랄 수밖에 없었다. 미국은 핵실험 후 남아 있는 방사성 물질들을 수집하기 위해 B-29 항공기를 현장으로 급파한다. 맨해튼 프로젝트를 이끌었던 오펜하이머를 비롯한 핵과학자들은 수집된 입자들을 면밀히 분석한 후 소련의 핵실험이 성공적이었다는 결론을 내린다. 게다가 이들은 소련이 맨해튼 프로젝트의 플루토늄 폭탄을 정교하게 모방했다는 사실도 밝혀냈다.

  사실 소련은 스파이들을 통해 멀리서도 맨해튼 프로젝트의 진행 상황을 속속들이 파악하고 있었다. 그러나 미국은 소련이 맨해튼 프로젝트 초기부터 일부 과학자들을 포섭해서 이들을 통해 핵무기 개발 기술과 데이터를 모스크바의 담당 부서로 빼돌리고 있다는 것을 전혀 눈치채지 못했다. 이와 같은 사실은 미국의 방첩 프로그램인 베노나 프로젝

소련 최초의 핵폭탄 RDS-1. 1949년 8월 29일 아침 7시에 소련은 카자흐스탄의 세미팔라틴스크 (Semipalatinsk) 핵실험장에서 핵폭탄 RDS-1의 실험을 실시했다. 맨해튼 프로젝트를 이끌었던 오펜하이머를 비롯한 핵과학자들은 수집된 입자들을 면밀히 분석한 후 소련의 핵실험이 성공적이었다는 결론을 내렸다. RDS-1의 위력은 22킬로톤으로 팻맨 핵폭탄과 매우 유사했는데, 실제로 소련은 맨해튼 프로젝트의 플루토늄 폭탄인 팻맨의 설계를 정교하게 모방했다. 〈출처: WIKIMEDIA COMMONS | Public Domain〉

트$^{Venona\ project}$*를 통해 소련의 암호를 해독하면서 밝혀졌다. 미국의 정보부는 암호화된 소련의 지령을 해독했고 마침내 스파이 활동에 관련된 다섯 명의 과학자를 찾아냈다. 어쩌면 이보다 더 많은 스파이가 맨해튼

---

* 베노나 프로젝트는 1943년부터 1980년까지 37년간에 걸쳐 미 육군의 신호정보국[Signal Intelligence Service: 현재는 국가안보국(National Security Agency)에 통합]이 KGB와 같은 소련 첩보기관과 미국 내 소련 간첩 사이에서 주고받은 암호 전문을 해독하는 극비 프로젝트였다. 베노나 프로젝트 기록에 따르면, 1930년대부터 제2차 세계대전 후 1940년대 말까지 미국 국내 정부 기관, 첩보기관, 군관계, 민간 조직 등에 수백 명의 소련 간첩 및 네트워크가 존재했다고 한다. 이 프로젝트로 인해 맨해튼 프로젝트에 참여한 로젠버그(Rosenberg) 부부가 핵무기 기술을 소련에 넘겨준 행각이 드러났다. 그 결과 에델 로젠버그(Ethel Rosenberg)와 줄리어스 로젠버그(Julius Rosenberg)는 소련의 스파이로 활동했다는 죄목으로 기소되어 사형당했다.

프로젝트에서 활동했을지도 모른다. 일례로, 한 연구에 의하면 소련은 베노나 작전을 사전에 알고 있어서 더 많은 스파이가 발각되는 것을 막고자 했다고 한다.[29] 이 베노나 프로젝트를 통해 맨해튼 프로젝트에 참가했던 소련의 스파이들이 플루토늄 및 우라늄의 사용량, 플루토늄 핵폭탄의 상세한 제원 및 설계에 관한 정보를 유출한 것으로 밝혀졌다.

물론 소련의 핵무기 개발이 미국에서 암약했던 스파이들의 기술 유출에만 전적으로 의존했던 것은 아니었다. 당시 소련에도 나름대로 훌륭한 과학자들이 있었기 때문이었다. 소련의 핵무기 프로그램은 스탈린의 심복이었던 라브렌티 베리야Lavrentij Berija의 주도 아래 저명한 핵물리학자인 이고르 쿠르차토프Igor Kurchatov가 이끌고 있었다. 소련은 1946년 6월부터 자체적으로 흑연감속 원자로를 만들기 시작해 그해 크리스마스에 처음으로 운영에 성공했다. 이는 미국의 페르미가 CP-1 원자로를 시카고 대학 내 지하에 설치한 지 4년이 지난 후의 일이었다. 이후 소련은 플루토늄 생산을 위한 전용 원자로를 건설하여 1949년부터는 플루토늄을 대량으로 생산해낼 수 있었다. 우라늄 농축을 위한 연구를 다소 늦게 시작한 소련은 미국처럼 전자기분리방식과 열확산법, 가스확산법에 관한 연구를 병행했다. 소련이 무기급 우라늄을 대량생산하기 시작한 것은 플루토늄 핵실험이 성공한 지 2년이 지난 1951년부터다.

소련이 핵무기 개발에 비교적 빨리 성공할 수 있었던 또다른 비결은 바로 독일의 핵무기 연구 결과를 손에 넣었다는 것이었다. 제2차 세계대전이 끝날 무렵 소련은 자국의 과학자들을 독일로 보내 나치가 진행하던 핵무기 프로그램의 기술과 데이터를 수집하도록 했다. 또한, 전쟁이 끝난 뒤에는 독일 과학자들을 자국으로 데려와 핵무기 프로그램에 참여시켰다. 이렇게 소련이 영입한 독일 과학자 중에는 전자현미경과

플라즈마 분야 등에서 600여 개의 특허를 보유한 만프레트드 폰 아르덴Manfred von Ardenne과 1925년 노벨 물리학상 수상자인 구스타프 헤르츠Gustav Hertz 등이 있었다. 특히 폰 아르덴은 소련에서 우라늄 동위원소의 전자기분리법에 관한 연구를 진행하는 연구소의 소장으로 임명됐는데, 이 연구소에만 독일 과학자 300명 이상이 일하고 있었다.

소련이 데려온 독일 과학자들은 소련의 과학 발전과 핵무기 개발에 큰 공헌을 하게 된다. 이들은 매우 비효율적이고 낡은 소련의 우라늄 농축 시설을 개량했으며, 핵무기 제작에 필요한 시설을 건설하는 데에도 중요한 역할을 했다. 이러한 공로를 인정받아 아르덴과 헤르츠는 스탈린 훈장을 받았으며, 1955년에 동독으로 돌아가 자신의 이름을 내건 연구소를 설립하고 과학 연구를 계속한다.

●

트루먼, 드디어 수소폭탄 개발을 결심하다

소련이 핵무기 개발에 성공하자, 미국은 민감하게 반응했다. 가장 중요한 대목은 그동안 미뤄왔던 수소폭탄을 개발하기로 한 결정이었다. 사실 핵융합nuclear fusion 기술을 이용해 훨씬 강력한 폭탄을 만들 수 있다는 생각은 1940년대 초부터 제기되었지만, 이를 개발할 필요가 있는가에 대해서는 미국의 전략가들과 과학자들 사이에서 격렬한 논쟁이 있었다. 미국의 핵무기 개발에 참여했던 오펜하이머를 비롯한 일부 과학자들은 수소폭탄을 개발하지 말아야 한다고 생각했다. 특히, 미국 원자력위원회Atomic Energy Committe 의장이었던 데이비드 릴리엔탈David Lilienthal은 수소폭탄 개발이 필연적으로 소련과의 군비경쟁을 불러오리라고 생각했다. 또한, 수소폭탄의 위력이 너무도 강력하므로 만약 이것을 사용한다면 윤리적인 비난을 피할 수 없다고 생각했다. 하버드 대학교 총장이자 저명한 화학자였던 제임스 커넌트[James B. Conant], 세계 최초의 원자로를 만든 엔리코 페르미 등도 수소폭탄은 지나치게 강력해서 필요 이상의 희생을 불러오기 때문에 적절하지 않다고 생각했다. 따라서 이들 과학자가 주축을 이룬 원자력위원회는 수소폭탄 개발을 중단해야 한다는 권고 보고서를 미 행정부에 제출한다.[30]

그러나 당시 소련과 첨예한 전략 경쟁을 하는 상황에서 윤리적인 이유로 수소폭탄 개발을 단념해야 한다는 생각은 그리 설득력 있는 주장이 아니었다. 미국 합동참모본부는 소련만 수소폭탄을 보유한 상황을 결코 받아들일 수 없다고 선을 그었다.[31] 소련이 수소폭탄을 갖게 되면 미국에 대한 억제력을 행사할 것이며, 유럽을 위협할 수 있다고 보았기 때문이었다. 따라서 수소폭탄의 전략적 가치는 윤리적 문제를 뛰어넘을 만큼 중요하게 인식되었다.

딘 애치슨 국무장관도 같은 생각이었다. 그는 소련의 핵실험 성공으로 인해 미국의 핵무기 독점이 마침표를 찍었고, 중국에서 마오쩌둥[毛澤東]이 장제스[蔣介石]의 국민당을 대만으로 몰아내고 공산 정권을 수립한 상황에서 수소폭탄 경쟁까지 패배한다면 미국의 군사력과 외교는 심각한 타격을 입게 될 것이라고 걱정했다.[32] 조지 케넌[George Kennen]의 뒤를 이어 미국의 전략가 그룹을 이끌던 폴 니체[Paul Nitze]도 애치슨의 이러한 의견에 동의했다. 그는 미국이 소련과의 신[新]무기 경쟁에서 뒤처지면 안 된다고 생각했다. 그것은 전략적으로 중요할 뿐만 아니라 미국의 국제적 위신이 걸린 문제였다.[33]

트루먼 대통령은 과학자들의 의견보다는 애치슨의 주장에 더 동조하고 있었다. 소련이 플루토늄 폭탄 실험에 성공한 상황에서 수소폭탄 개발까지 성공하는 것은 시간문제로 보였다. 이에 더해 미국 국민도 수소

트루먼 대통령은 소련이 플루토늄 폭탄 실험에 성공한 상황에서 수소폭탄 개발까지 성공하는 것은 시간문제로 보였기 때문에 결국 1950년 1월 31일 슈퍼폭탄이라 불리는 수소폭탄 개발 결정을 공개적으로 선언했다. 이제 미국과 소련의 핵무기 개발 경쟁은 핵분열탄을 넘어 핵융합탄 경쟁으로까지 번지게 되었다. 〈출처: WIKIMEDIA COMMONS | Public Domain〉

폭탄의 개발을 원하고 있었다. 1950년 1월과 2월에 실시된 여론조사에 의하면, 수소폭탄을 개발하자는 의견은 78%로 미국 국민의 압도적 지지를 받았다.[34] 이러한 국내적 지지와 전략적 계산을 생각했을 때 트루먼이 수소폭탄 개발을 지체할 이유는 없었다. 결국, 1950년 1월 31일 트루먼은 '슈퍼폭탄superbomb'이라 불리는 수소폭탄의 개발 결정을 공개적으로 선언한다.[35] 이제 미국과 소련의 핵무기 개발 경쟁은 핵분열탄(원자탄)을 넘어 핵융합탄(수소탄) 경쟁으로까지 번진 것이었다.

●

에드워드 텔러, 수소폭탄의 아버지

트루먼 대통령이 수소폭탄 개발을 결정한 다음, 연구를 주도한 사람은 에드워드 텔러Edward Teller 박사였다. 헝가리 출신 유대계 미국 물리학자인 텔러는 1930년에 라이프치히 대학에서 노벨 물리학상 수상자이며 독일 핵무기 프로그램을 이끌었던 하이젠베르크로부터 물리학 박사학위를 받았다. 그러나 1933년에 히틀러가 권력을 잡고 유대인을 탄압하기 시작하자, 독일을 떠나 덴마크 코펜하겐으로 가서 닐스 보어 밑에서 연구를 진행한다. 이후 다시 미국으로 건너와 조지워싱턴 대학에서 학생들을 가르쳤다. 그리고 1942년 맨해튼 프로젝트가 시작되면서 미국의 핵무기 연구의 핵심 과학자 중 한 명으로 활약했다.

맨해튼 프로젝트에서 텔러 박사가 맡은 분야는 플루토늄 폭탄의 작동 원리를 수학적으로 검증하는 것이었다. 그러나 사실 텔러는 핵분열 폭탄(핵분열탄)보다 핵융합 폭탄(핵융합탄) 개발에 더 많은 관심을 가졌다. 그것은 핵융합 폭탄이 핵분열 폭탄보다 훨씬 강력하리라고 생각했기 때문이었다.

핵융합탄(수소탄)은 2개 이상의 가벼운 원소가 합쳐져 무거운 원소로 변환될 때 방출되는 막대한 에너지를 이용한 폭탄이다. 이는 우라늄과 같이 무거운 원소가 가벼운 원소들로 분열할(쪼개질) 때 나오는 에너지를 이용하는 핵분열탄(원자탄)과는 정반대의 원리라고 볼 수 있다. 그러나 모든 원소가 핵융합을 할 수 있는 것은 아니다. 주로 중수소, 삼

'수소폭탄의 아버지' 에드워드 텔러. 1908년 헝가리 부다페스트에서 태어난 에드워드 텔러는 라이프치히 대학에서 하이델베르크로부터 물리학 박사학위를 받은 뒤, 독일의 괴팅엔 대학에서 연구를 했다. 그러나 히틀러의 유대인 탄압으로 인해 1941년 미국에 귀화했으며, 제2차 세계대전 중 맨해튼 프로젝트에 참가한다. 1953년부터 UC 버클리에서 물리학 교수를 역임하면서 동시에 로렌스 리버모어 국립연구소 소장으로 냉전 시기 미국의 핵무기 프로그램에 지대한 영향을 미쳤다. 〈출처: WIKIMEDIA COMMONS | CC BY-SA 3.0〉

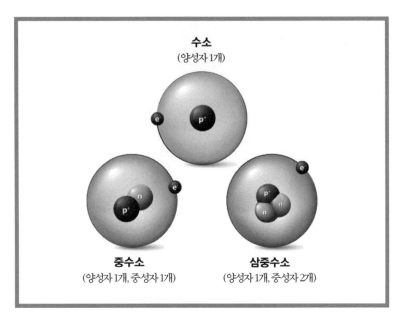

수소
(양성자 1개)

중수소
(양성자 1개, 중성자 1개)

삼중수소
(양성자 1개, 중성자 2개)

〈그림 2-2〉 수소의 동위원소

중수소, 리튬 같은 가벼운 원소들이 이에 해당한다.

핵융합 반응에서 가장 중요한 원소는 수소hydrogen다. 이는 수소가 다른 원소에 비해 상대적으로 핵융합을 쉽게 일으키며, 한 번 반응할 때 더 많은 에너지를 방출하기 때문이다. 수소는 원자핵 내부에 있는 중성자의 개수에 따라 중성자가 없는 수소, 중성자가 1개 있는 중수소 deutrium(D), 그리고 중성자가 2개 있는 삼중수소tritium(T)로 나뉜다. 이 중 핵융합은 주로 중수소와 중수소(D-D) 반응 또는 중수소와 삼중수소(D-T) 반응으로부터 발생한다. D-T 반응의 경우, 한 번 핵융합이 일어날 때마다 14.1MeV의 에너지를 방출하는데, 이는 같은 질량의 우라늄이 핵분열할 때보다 3배나 많은 에너지를 만들어내는 것을 의미한다. 그래서 동일 질량을 기준으로 볼 때, 핵융합 폭탄이 핵분열 폭탄보다 훨씬 강력한 것이다.

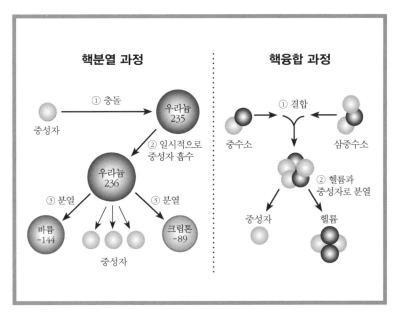

〈그림 2-3〉 핵분열과 핵융합 과정의 비교

　그러나 수소의 원자핵에 있는 양성자는 서로를 밀어내는 반발력을 가지고 있어서 수소 원소를 결합하는 것은 매우 어렵다. 마치 (+)극의 자석 두 개를 붙여놓으면 서로를 밀어내는 것과 같은 원리다. 따라서 핵융합이 일어나려면 이러한 원자핵의 반발력을 상쇄할 만큼 높은 에너지를 외부에서 공급해줘야 한다. 이는 대략 1억 도까지 온도를 올려야 함을 의미했다. 지금은 레이저를 이용하여 온도를 순간적으로 1억 도까지 높이기도 하지만, 1940년대 당시에 온도를 1억 도까지 높이는 것은 거의 불가능한 일이었다. 매우 많은 양의 폭약을 동시에 폭파한다고 하더라도 이를 달성하기는 어려웠기 때문이다. 이러한 이유로 맨해튼 프로젝트에 참여했던 과학자들은 핵융합에 비관적이었고, 심지어 페르미와 오펜하이머조차도 기술적으로 불가능하다고 생각했을 정도였다.[36]

핵융합에 대해 누구보다 진심이었던 텔러는 이러한 문제를 어떻게 해결할지를 심각하게 고민했다. 마침 텔러는 폴란드계 수학자인 스타니스와프 울람Stanisław Ulam의 도움을 받아 이러한 한계를 극복할 방법을 고안했다. 소위 텔러-울람 방법으로 알려진 방식인데, 이것은 핵융합을 일으킬 기폭장치로서 플루토늄 폭탄을 사용하는 것이었다. 핵폭탄으로 또 다른 핵폭탄을 작동시킨다는 아이디어는 그 누구도 생각지 못한 창의적인 방법이었다. 그래서 텔러를 '수소폭탄의 아버지the Father of the H-Bomb'라고 부르게 되었다.

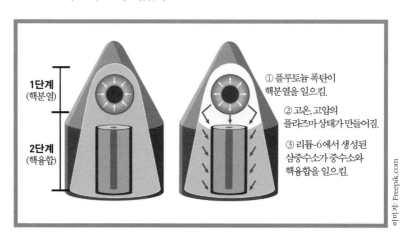

〈그림 2-4〉 수소폭탄의 작동 원리

〈그림 2-4〉에서 보는 것처럼 핵폭탄은 1단계 핵분열 장치와 2단계 핵융합 장치로 나뉜다. 먼저 핵분열 장치에서 핵분열이 일어나면 고온 고압의 상태가 만들어지고, 동시에 많은 중성자가 방출된다. 이렇게 방출된 중성자는 아래에 있는 핵융합 장치에 들어있는 리튬-6와 반응하여 삼중수소를 생성한다.[37] 이렇게 만들어진 삼중수소는 핵융합 장치에 들어있는 중수소와 핵융합 반응을 일으켜 막대한 에너지를 방출하는 것이 수소폭탄의 원리다.

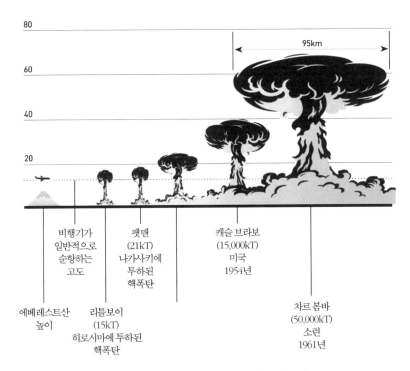

80

60

40

20

95km

에베레스트산
높이

비행기가
일반적으로
순항하는
고도

리틀보이
(15kT)
히로시마에 투하된
핵폭탄

팻맨
(21kT)
나가사키에
투하된
핵폭탄

캐슬 브라보
(15,000kT)
미국
1954년

차르 봄바
(50,000kT)
소련
1961년

〈그림 2-5〉 핵폭탄의 위력과 버섯구름 크기

1952년 11월 1일, 텔러-울람Teller-Ulam 방식으로 만들어진 최초의 핵융합 폭탄 실험(암호명 아이비 마이크Ivy Mike)이 태평양 한가운데 있는 한 산호섬에서 이루어졌다. 이때 위력은 10.5메가톤MT으로 측정되었는데, 이는 나가사키에 투하된 플루토늄 폭탄의 약 450배에 해당하는 위력이었다. 이로써 미국은 소련과의 핵무기 경쟁에서 다시 앞서나갈 수 있었다.

그러나 이러한 우위는 그리 오래가지 않았다. 소련도 곧 수소폭탄 개발에 성공했기 때문이다. 소련이 핵융합 반응을 이용한 폭탄이 가능하다고 생각한 것은 1946년부터였다. 소련의 과학자들은 텔러-울람 방식과 달리 핵융합 재료와 핵분열 물질을 겹겹이 쌓은 '레이어 케이크

layer cake' 방식을 고안했다. 마치 양파껍질이 겹겹이 쌓여 있듯이 우라늄과 리튬을 겹겹이 쌓는 방식이었다. 1953년 8월, 이 방식으로 만든 수소폭탄을 실험하여 약 400킬로톤의 위력을 발휘하는 데 성공한다.

그러나 '레이어 케이크' 방식은 너무 복잡하고 비효율적이었기 때문에, 결국 소련도 텔러-울람 방식과 비슷한 설계의 수소폭탄을 제작할 수밖에 없었다. 소련은 1955년 11월에 이를 적용한 수소폭탄(RDS-37)을 시험하여 약 1.6메가톤의 위력을 발휘했다. 이후 1961년에는 역사상 가장 강력한 폭탄이었던 '차르 봄바Czar Bomba'를 시험했는데, 이때 발휘된 위력은 무려 50메가톤에 이르렀고, 폭발로 인해 생긴 버섯구름의 높이는 70킬로미터, 폭은 95킬로미터였다. 서울에서 춘천에 이르는 지역이 버섯구름에 덮인 것과 같다. 이마저도 폭탄이 가진 위력을 반으로 줄여서 실험한 것이었다. 만약 100% 성능을 발휘하도록 제대로 시험했다면 100메가톤이 넘는 위력을 발휘했을 것이다. 이는 히로시마에 투하된 핵폭탄의 위력(15킬로톤)의 약 6,700배에 해당한다.

●

핵무기의 표준화와 대량생산

핵무기가 완성되자 미국의 전략가들은 핵무기가 가져오는 억제deterrence 효과에 주목하기 시작했다. 특히 핵무기의 억제 효과에 관심을 가진 존 포스터 덜레스John Foster Dulles 국무장관은 "미국은 (핵무기의) 억제력이 가져다주는 국가안보를 누리고 있다"라고 언급하기도 했다.[38] 이러한 생각은 소련이 핵무기를 완성한 뒤에도 전혀 변하지 않았다. 아직 핵전력의 규모 면에서는 미국이 앞서고 있다는 생각 때문이었다. 당시 미국의 전략가들에게 있어서 그보다 더 큰 고민은 위력이 강한 전략핵폭탄과 상대적으로 약한 전술핵폭탄 중 어떤 것이 억제에 더 효과적일 것인가에 관한 문제였다.

사실 이 두 핵폭탄의 차이는 위력뿐만이 아니었다. 전략핵폭탄의 투발 수단은 대형 폭격기였다. 따라서 미국이 전략핵폭탄에 집중한다는 것은 전략항공사령부Strategic Air Command, SAC 중심의 장거리 폭격능력을 억제력의 중심축으로 가져가야 한다는 것을 의미했다. 그런데 유럽에 배치된 전술핵폭탄은 유럽사령부에서 운용했다. 이는 소련의 막대한 기갑부대가 서유럽으로 침공해 들어올 때 이를 격퇴할 수단으로 핵폭탄을 사용한다는 것을 의미했다.

초기에는 전략폭격이 가장 적합한 억제 방식으로 여겨졌다. 무엇보다도 냉전 초기에 미국은 핵폭탄 하나하나를 수공업 형태로 만들고 있었고, 플루토늄과 우라늄 등 핵물질도 충분하지 않았다. 따라서 전쟁 위기가 고조될 때 어디에 핵폭탄을 투하할지를 신중하게 고민해야 했다. 소련의 전차부대를 겨냥해서 핵무기를 쓴다는 것은 도저히 엄두조차 나지 않았다. 이러한 문제는 과학자들이 핵무기의 '표준화'에 성공하면서 해결되었다. 과학자들은 핵무기 생산의 각 공정을 표준화하고 조립 공정을 만듦으로써 그간 수작업으로 만들던 핵탄두를 마치 컨베이어 벨트 위에서 자동차를 만드는 것처럼 대량 생산할 수 있도록 발전시켰다.

이후 혁신의 핵심은 미국 전역에 퍼져 있는 핵무기 생산 시설을 효율적으로 연결하고 정비하는 것이었다. 〈그림 2-6〉의 미국 주요 핵무기 생산 시설들은 맨해튼 프로젝트 당시 지어졌으나, 1950년을 전후로 목적에 맞게 용도를 전환하는 과정을 거쳤다. 일례로 테네시주 오크리지의 Y-12 공장은 우라늄 농축을 위해 1943년에 세워졌는데, 전후에는 그 용도가 우라늄 농축과 수소폭탄에 필요한 리튬 생산으로 전환되었다. 플루토늄은 핸퍼드 시설과 서배너 리버Savannah River 공장에서 생

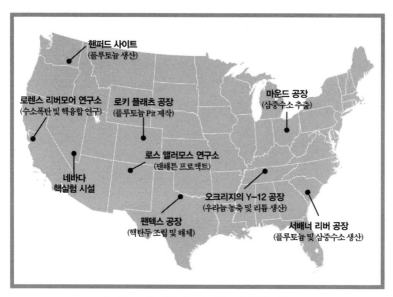

〈그림 2-6〉 미국의 주요 핵무기 생산 시설

산되어, 로키 플래츠Rocky Flats 공장에서 핵탄두에 들어가는 형태로 가공되었다. 이러한 부품들은 1951년 만들어진 텍사스주 팬텍스Pantex 공장에서 핵탄두 형태로 조립되었다. 또한, 완성된 핵무기를 시험하는 네바다 시험장Nevada Test Site, 그리고 핵무기 설계를 연구하는 로스 앨러모스와 로렌스 리버모어 국립연구소Lawrence Livermore National Laboratory도 핵심적인 임무를 수행했다.

이와 같은 핵무기의 표준화와 더불어 한국전쟁의 발발은 핵무기 대량생산의 결정적인 계기를 마련했다. 트루먼 대통령은 한국전쟁을 통해 공산주의의 팽창 의도를 다시 한 번 확인하자, 그동안 주저해왔던 국방력 강화를 결심한다. 'NSC-68'로도 잘 알려진 국방력 강화 정책의 핵심은 재래식 전력을 증강하는 것이었지만, 트루먼 행정부는 핵전력 강화에도 막대한 예산을 투입하기로 결정한다. 결과적으로 전략가들은 전략핵무기와 전술핵무기 사이에서 더 이상 무엇을 선택할지를 고민할 필요가 없게 되었다. 왜냐하면 두 종류의 핵무기를 모두 대량으로 생산할 수 있었기 때문이었다.

이후 미국의 핵무기 생산량은 기하급수적으로 증가했다. 1948년에 단 50발이었던 미국의 핵무기는 1950년에 300발로 증가했고, 1960년에는 무려 1만 8,638발로 늘어났다. 아래의 〈표 2-1〉은 1945년부터 1960년까지 미국의 핵무기 보유량을 보여준다.

〈표 2-1〉 연도별 미국의 전략 및 전술핵무기 보유량[39]

연도	총 핵무기 보유량	전략핵무기	전술핵무기
1945	2	2	–
1946	9	9	–
1947	13	13	–
1948	50	50	–
1949	170	170	–
1950	299	299	–
1951	438	438	–
1952	841	660	181
1953	1,169	878	291
1954	1,703	1,418	285
1955	2,422	1,755	667
1956	3,692	2,123	1,569
1957	5,543	2,460	3,083
1958	7,345	2,610	4,735
1959	12,298	2,496	9,802
1960	18,638	3,127	15,511

＊ 전략핵무기는 전략폭격기나 대륙간탄도미사일에서 발사되는 고위력의 핵탄을 의미하고, 전술핵무기는 작전 및 전술 목적으로 운용하기 위해 대포나 무반동총에서 발사되거나 지뢰와 같은 형태의 작은 위력의 핵탄을 의미한다.

아이젠하워와 뉴룩 정책

1953년 1월 드와이트 아이젠하워Dwight D. Eisenhower는 트루먼 대통령의 뒤를 이어 미국의 34대 대통령으로 취임했다. 그는 제2차 세계대전 당시 연합군 총사령관으로서 전쟁을 승리로 이끈 영웅이었으며, 이러한 그의 공로는 대통령으로 당선되는 데 중요한 배경이 되었다.

1890년 텍사스주에서 태어난 아이젠하워는 웨스트포인트West Point를 졸업하고 군인으로 경력을 쌓았다. 초기에는 그다지 성공적이지 않았다. 1922년부터 1936년까지 무려 15년간 진급을 못 하고 소령으로 시간을 보냈을 정도였다. 그런 그에게 기회가 찾아온 것은 조지 마셜의 참모로서 전쟁기획국장으로 일하면서였다. 마셜에게 능력을 인정받은 아이젠하워는 1942년 11월 북아프리카에 상륙한 연합군을 지휘하여 독일군을 몰아냈으며, 1944년에는 노르망디 상륙작전을 총지휘하는 사령관으로 명성을 날렸다. 전쟁이 끝난 뒤, 아이젠하워는 컬럼비아 대학교 총장이 되었으며, 후에 유럽의 방위를 위해 만들어진 나토군의 최고사령관으로 임명되었다. 그리고 정치인으로 변신하여 1952년 공화당 대통령 후보로 선거에 출마하여 압도적인 표 차로 승리한다.

아이젠하워는 소련의 위협과 유럽의 안보 상황에 대해 누구보다 잘 아는 사람이었다. 그는 소련의 대규모 기갑부대가 핵무기의 지원을 받으며 서유럽을 공격한다면 단 30일 만에 패배할 수 있다고 보았다. 이러한 소련군의 공격을 억제하고, 만약 소련이 실제로 공격한다면 이를 물리치기 위해 강력하면서도 막대한 규모의 보복력이 필요하다고 생각했다.[40]

그러나 미국의 경제력은 '막대한 군사력'을 유지하기에는 너무 취약했

제2차 세계대전 당시 노르망디 상륙작전을 총지휘하여 연합국의 승리를 이끈 아이젠하워는 전후 정치인으로 변신하여 1953년 1월 미국의 34대 대통령이 되었다. 소련의 위협과 유럽의 안보 상황에 대해 누구보다 잘 알고 있던 그는 소련이 실제로 공격한다면 이를 물리치기 위해서는 강력하면서도 막대한 규모의 보복력이 필요하다고 생각했다. 1954년 미국 경제에 위기가 찾아오자, 그는 막대한 유지비가 드는 재래식 병력을 핵무기로 대체하기로 결정하고 군사적으로 필요하다면 언제 어디서든 핵무기를 사용할 준비태세를 갖출 것을 지시했다. 〈출처: WIKIMEDIA COMMONS | Public Domain〉

다. 특히 한국전쟁의 여파로 국방비 지출이 1950년과 1953년 사이에 3배로 증가했고, 미국 정부 예산의 70%를 차지하게 되었다. 이는 당시 교육이나 의료와 같은 사회복지 예산의 5배에 해당하는 규모였다.[41]

결국, 1954년 미국 경제에 위기가 찾아왔다.[42] 실업률은 6%에 육박했으며, 실질적으로 마이너스 성장을 했다. 아이젠하워 행정부 안팎에서는 '절대로 미국 경제가 무너지면 안 돼!'라는 분위기가 팽배했다. 당시도 미국의 경제 위기는 미국만의 문제가 아니었다. 자유 진영의 경제를 미국이 떠받치고 있었기 때문에 만약 미국 경제가 무너진다면 그것은 공산 진영과의 경쟁에서의 패배를 의미했다.[43] 결과적으로 아이젠하워와 미국의 전략가들은 소련의 위협에 대응하기 위해 다른 새로운 대안을 고안해야 했다. 당장의 목표는 미국 경제에 대한 국방비 부담을 줄이는 것이었다.[44] 국방예산을 줄이고 그 돈을 교육과 주거 등 사회복지 예산으로 사용하여 미국 사회를 발전시키는 것이 위기에 처한 아이젠하워의 큰 그림이었다.[45]

아이젠하워는 핵무기로 병력을 대체하기로 했다. 국방비에서 병력 유지비가 차지하는 비중이 가장 컸기 때문에 이는 확실한 예산 절감 효과를 가져올 수 있었다. 이러한 전략 변화의 배경에는 핵무기를 바라보는 아이젠하워의 시각이 있었다. 아이젠하워는 핵무기를 언제든지, 실제로 군사적으로 사용할 수 있는 무기라고 생각했다. 그에게는 핵폭탄이든 재래식 폭탄이든 같은 폭탄의 일종일 뿐이었다.[46] 그래서 아이젠하워는 군사적으로 필요하다면 언제 어디서든 핵무기를 사용할 준비태세를 갖출 것을 지시했다. 이것은 소련의 소규모 도발과 전면적인 공격을 모두 포함했다.

아이젠하워의 이러한 생각은 국무장관 존 포스터 덜레스John Foster Dulles의 손을 거치면서 더욱 정교해졌다. 특히 1954년 1월 12일 덜레

냉전 시기의 핵전략

핵전략nuclear strategy은 국가 목표를 달성하기 위해 가용한 모든 핵무기 및 운용 수단을 효과적으로 준비·계획·운용하는 군사전략의 한 분야다. 넓은 의미에서는 '핵개발 전략'과 '핵운용 전략'으로 구분되며, 일반적으로 핵전략을 지칭할 때는 핵무기의 효과적 운용에 관한 핵운용 전략을 가리킨다. 핵무기는 정치·외교·군사적인 목적을 위해 활용할 수 있다. 특히 억제, 강압, 전쟁수행, 국제적 위상 제고, 통치력 강화 등에 목적을 두고 사용할 수 있다. 최초로 핵무기가 등장한 이후 상호 공멸의 공포로 인해 전쟁의 본질은 '승리 추구'에서 '전쟁 방지'로 전환되었다. 이에 냉전 기간 내내 핵전략은 곧 전쟁 억제를 지향하는 '핵억제전략'을 의미했다.

일부 전문가들은 핵전략을 핵무기 사용의 조건·상황·방식 등에 관한 기본적인 군사지침을 의미하는 핵 교리nuclear doctrine와 동일하게 사용하기도 했다. 주요 핵보유국의 핵전략은 안보 환경의 변화, 해당국의 기술적 잠재력, 핵기술의 변화 등을 반영하여 지속적으로 발전했고, 크게 세 가지에 대한 문제의식을 토대로 전개되었다. 첫째, 핵무기가 적국의 무력 공격에 대해 효율적인 억제 수단인가? 둘째, 적국의 핵공격만 억제하는가, 아니면 재래식 공격도 억제 대상인가? 셋째, 어떤 상황에서 핵무기를 사용해야 하는가이다.

스 국무장관은 미 외교협회에서 두고두고 기억될 상징적인 전략 독트린을 발표한다. 그것이 바로 '대량보복massive retaliation 전략'이다.[47] 그가 발표한 대량보복전략의 핵심 요지는 두 가지였다. 첫 번째는 미국은 적의 소규모 도발에 대해서도 대량보복 능력을 통해 대응하겠다는 것이었다. 나머지 하나는 미국은 대량보복이 가능한 핵전력을 언제든지 사용할 수 있도록 상시 준비태세를 유지함으로써 전쟁 억제 효과를 기대한다는 것이었다.

덜레스 장관은 미국이 소련에 끌려다녀서는 안 된다고 생각했다. 트루먼 대통령 당시 마셜 플랜을 시행해 유럽에 막대한 원조를 지원하고, 베를린 공수작전과 한국전쟁에 개입한 것은 소련이 급속히 팽창하는

덜레스 국무장관은 1954년 1월 12일 미 외교협회에서 두고두고 기억될 상징적인 전략 독트린을 발표한다. 이것이 바로 '대량보복전략'이다. 이 전략은 소련의 재래식 공격에도 비대칭적인 핵보복으로 대응한다는 억제전략이었다. 미국이 갖추고자 하는 보복능력의 핵심은 아이젠하워가 강조한 바와 같이 미국의 핵전력 규모와 기술적 우위에 있었다. 아이젠하워와 덜레스는 이러한 기술적 우위를 잘 활용한다면 소련을 상대로 억제력을 발휘할 뿐만 아니라 국방예산도 절감하는 등 두 마리 토끼를 한꺼번에 잡을 수 있다고 생각했다. 이것이 바로 아이젠하워의 안보정책, 즉 '뉴룩(new look)' 정책의 핵심이었다. 〈출처: WIKIMEDIA COMMONS | Public Domain〉

상황에서 어느 정도 불가피한 측면이 있었다고 강조했다. 그러나 앞으로도 계속 그런 방식으로 대응해야 할지는 생각해볼 문제라고 주장했다. 무엇보다도 이는 미국이 더는 경제적으로 여유롭지 못했기 때문이었다. 소련의 강력한 지상군에 일일이 대응하다 보면 미국의 경제는 여지없이 파탄이 날 것이 분명했다. 따라서 덜레스는 앞으로 미국의 전략

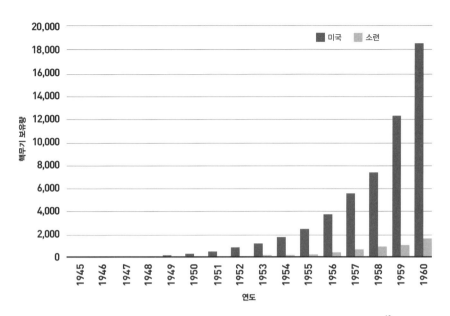

〈그림 2-7〉 미국와 소련의 핵무기 보유량 비교(1945~1960년)[49]

은 "원하는 장소에서 원하는 방식으로 보복할 수 있는 능력"에 기초하여 수립되어야 한다고 본 것이다.[48] 즉, 막대한 핵무기 보복 능력을 바탕으로 미국이 원하는 전략을 수행하겠다는 구상이었다.

　미국이 갖추고자 하는 보복능력의 핵심은 아이젠하워가 강조한 바와 같이 미국의 핵전력 규모와 기술적 우위에 있었다. 당시 미국은 수소폭탄 기술을 독점하고 있었으며, 핵무기 생산 공정의 현대화를 통해 핵무기 보유량에서도 소련을 압도했다. 예를 들어, 1954년 미국은 1,700여 발이 넘는 핵폭탄을 보유했지만, 소련은 겨우 150발 남짓한 핵폭탄을 만들었을 뿐이었다. 이러한 차이는 계속 벌어져서 아이젠하워 대통령의 재임 마지막 해인 1960년에는 미국이 보유한 핵폭탄이 1만 8,000발 이상인 반면, 소련이 보유한 핵폭탄은 1,600여 발로, 미국이 압도적으로 많은 핵무기를 보유하고 있었다(〈그림 2-7〉 참조). 이에 더해, 미국은 핵무기의 소형화에도 한발 앞서나가고 있었기 때문에 이제 핵폭탄을 해군의 항공모함 함재기에도 장착할 수 있게 되었다.[50]

아이젠하워와 덜레스는 이러한 기술적 우위를 잘 활용한다면 소련을 상대로 억제력을 발휘할 뿐만 아니라 국방예산도 절감하는 등 두 마리 토끼를 한꺼번에 잡을 수 있다고 생각했다. 이것이 바로 아이젠하워의 안보정책, 즉 '뉴룩new look' 정책의 핵심이었다.

●

대량보복전략,
유럽의 방위전략으로 채택되다

미국과 나토 동맹국들은 1957년 5월 9일 'MC 14/2'이라고 불리는 전략문서를 채택함으로써 아이젠하워 대통령의 대량보복전략을 공식적인 유럽의 방위전략으로 받아들였다. 대량보복전략은 아이젠하워의 구상대로 미국의 핵무기가 유럽 안보에 막중한 역할을 하는 것을 보장했다. 특히, 대량보복전략의 중요한 특징은 전략핵무기와 더불어 전술핵무기의 역할에 있었다. 그래서 대량보복전략을 "재래식 도발에 대해 전술핵으로 대응하는 것"이라고 정의하는 사람이 있을 정도였다.[51]

때맞추어 전술핵무기의 기술은 날로 발전하고 있었다. 나가사키에 투하된 핵폭탄의 경우 무게가 거의 5톤에 달했지만, 1950년대 초반에는 핵폭탄의 무게를 500킬로그램 이하(약 10분의 1)로 줄일 수 있었다. 1953년 5월에는 네바다 핵실험장에서 포탄 형태의 W9 핵포탄(15킬로톤 위력)을 발사하는 실험에 성공했고, 이를 소련군과 대치하는 유럽 최전방에 배치했다. 이외에도 어네스트 존Honest John 핵로켓, MGM-5 단거리 핵미사일, 핵지뢰, 핵무반동총 등 다양한 전술핵무기가 속속

1953년 5월 네바다 핵실험장에서 실시된 W9 핵포탄 발사 시험. 시험에 사용된 280mm 포와 W9 핵포탄은 소련군과 대치하는 유럽 최전방 및 한국 등에 배치되었다. W9 핵포탄의 위력은 15 킬로톤으로, 1945년 히로시마에 투하된 리틀보이와 같은 위력을 발휘한다. 〈출처: WIKIMEDIA COMMONS | Public Domain〉

개발되어 전선에 배치되었다.[52] 또한, 이를 운용하기 위해 유럽에 주둔한 미군을 팬토믹 사단^{pantomic division}으로 전면 개편했다.

한편, 대량보복전략은 전략의 실행 측면에서 다른 전략들과 구분되는 중요한 세 가지 특징을 지니고 있었다. 첫째, 소련의 재래식 공격에도 핵무기를 이용하여 대응하도록 한 것이다. 이는 재래식 분쟁은 필연코 전면적 핵전쟁으로 번질 수밖에 없다고 보았기 때문이다. 1950년 대 중반까지만 하더라도 미국과 소련 모두 핵전력의 규모가 크지 않았고, 생존성도 그다지 높지 않았기 때문에 상대방의 선제공격에 의해 핵전쟁 수행 능력이 크게 훼손될 수밖에 없었다. 따라서 일단 전쟁이 시작되면 가용한 모든 수단을 써서 신속하게 상대방의 핵무기를 파괴해야 한다는 압박에 놓일 수밖에 없었다. 먼저 핵버튼을 누르는 쪽이 전쟁의 우위를 점할 수 있었고, 분쟁이 발생하면 빠르게 위기를 고조시키는 것이 최고의 방법이었다. 이러한 이유로 아이젠하워는 핵무기에 의한 상호억제를 통해 재래전에서 핵전쟁으로 번지는 것을 막는다는 생각은 단지 허상일 뿐이라고 보았다.[53]

둘째, 전략적 모호성이나 유연성에 대한 고려 없이 핵 사용의 조건을 분명하게 명시했다는 점이다. 보통 핵억제전략은 모호성을 가진다. 그렇기 때문에 상대는 내가 어떻게 대응할지를 판단하기 어렵고 그만큼 억제 효과가 커질 수 있다. 그런데 이와 반대로 어떠한 조건에서 반드시 대응하겠다고 약속한다면, 상대는 내가 정한 조건에 미치지 않는 수준에서 교묘하게 도발하거나, 내가 진짜로 보복하겠다는 약속을 지킬 수 있는지를 시험하고자 할 것이다. 만약 내가 보복하겠다는 맹세를 지키지 못한다면 내 억제전략의 신뢰는 무너지고 만다. 대량보복전략은 이러한 단점을 지니고 있었다. 유연성이라고는 전혀 없는 돌직구와 같은 전략이었다.

셋째, 유럽 최고사령관에게 어느 정도 핵무기 사용 권한이 위임되었다는 점이다. 사실 이 부분에 대해서는 미국이 아직껏 명확한 자료를 내놓지 않고 있다. 당시 상황을 미루어 짐작했을 때 아이젠하워 대통령은 유럽 최고사령관이 미군 장성이었기 때문에 특정 조건에서는 전술핵무기를 사용하도록 권한을 사전에 위임했을 가능성이 크다. 왜냐하면 당시 유럽과 미국 사이에 통신이 원활하지 않아서 소련이 기습적으로 공격하면 이에 대응할 시간이 짧았기 때문이다. 실제로 1957년 5월에 나온 핵무기에 관한 수권authorization 법안에는 유럽 최고사령관이 생존을 위해 즉각적인 대응이 필요할 경우 필요한 조처를 하도록 명시되어 있다.[54]

결론적으로 대량보복전략은 당시 경제적으로 어려웠고 소련의 위협은 상대적으로 높았던 미국의 상황에서 아이젠하워가 선택할 수 있는 최선의 전략이었다. 동시에 대량보복전략은 핵보복이 기계적이고 자동적으로 진행되도록 설계되었기 때문에 전략 이행의 실패나 우발적 위기 고조의 위험성을 가진 불완전한 전략이기도 했다.

한편 1950년대 후반부터 생존성이 강화된 핵잠수함과 잠수함발사 탄도미사일이 등장하고, 통신 기술의 발달로 원거리 핵지휘통제가 가능해지면서 핵전략의 양상은 달라지기 시작했다. 이제는 적국의 선제 핵공격을 받더라도 완전히 파괴되지 않고 보복 작전을 감행할 수 있는 핵전력을 갖추기 시작한 것이다. 동시에 소련의 위협도 전면적인 위협에서 여러 지역에서 다양한 수준 및 방법으로 진화하기 시작했다. 따라서 미국은 대량보복전략보다는 더욱 유연하고 실패의 위험이 적은 전략을 추구해야 했다. 이러한 배경에서 1950년대 후반부터 미국의 핵전략은 완전히 탈바꿈하는 전기를 맞게 된다.

CHAPTER 3
핵전략의 신뢰성 논쟁

1800년대 말에 발명된 자동차는 시간이 갈수록 개량된 엔진을 장착함으로써 주행 성능이 향상되고 연료 효율은 더욱 높아졌다. 이처럼 세상에 새롭게 등장한 신제품들은 시간이 지나면서 점차 주어진 환경에서 더욱 효율적으로 제 기능을 발휘할 수 있도록 자연스럽게 진화한다.

핵전략도 이와 유사한 과정을 겪었다. 투박하고 극단적이었던 대량보복전략은 시간이 지나면서 더욱 정교하고 유연하며, 위협의 특성에 정밀하게 맞춰진 전략으로 발전했다. 이러한 변화의 원동력 중 하나는 '과학기술'이었다. 과학기술이 점차 발전하면서 핵무기는 저위력 전술핵으로부터 막대한 파괴력을 가진 전략핵까지 점차 다양화되었다. 따라서 전략가들은 다양해진 전략적 수단을 활용하는 방안에 대해 고민하지 않을 수 없었다.

더불어 '대량보복전략의 신뢰성'에 대한 의문도 전략의 변화를 불러온 핵심 요인 중 하나였다. 당시 미국의 전략가들은 대량보복전략이 위기가 고조될 때 실제로 실행할 수 있는 전략인가에 대한 의문을 품게 되었다. 이는 매우 중요한 문제였다. 만약 소련도 미국의 전략이 실행되기 어렵다고 믿는다면 소련은 더욱 위험한 도발을 감행할 수 있기 때문이다. 이러한 우려는 비단 미국뿐만 아니라 나토 동맹국들로부터도 제기되었다. 상황이 이렇게 되자, 미국의 핵전략은 근본적으로 재검토되면서 변화의 계기를 맞게 된다.

●

억제 이론의 발전

덜레스 국무장관이 고안한 대량보복전략은 전차부대를 앞세운 재래식 공격이든지 아니면 핵 공격이든지 소련의 어떤 공격도 무자비한 핵 보복으로 대응하겠다는 전략이었다.[55] 덜레스는 대량보복이야말로 모든 형태의 위협에 효과적으로 대응하는 억제전략이며, 비용 면에서도 효율적이라고 강조했다.[56] 아이젠하워 행정부는 이를 통해 국가안보전략인 '뉴룩' 전략이 추구하는 대규모 병력 감축과 국방비 절약을 이뤄낼 수 있다고 생각했다. 특히, 이제 막 한국전쟁을 치러낸 미국의 어려운 경제 상황을 고려하면, 소련의 막대한 전차부대에 대항할 만한 충분한 재래식 군사력을 갖추는 것은 힘들었으며, 그럴 의지조차 없었다. 결국 핵전력을 강화하고 이를 적극적으로 활용하는 것이 소련과의 군사력 균형을 유지할 수 있는 유일한 방법으로 여겨졌다.

그러나 대량보복전략은 곧바로 날카로운 비판에 직면했다. 무엇보다도 대량보복이 소련의 도발을 저지할 위협으로서 신뢰성이 떨어진다는 것이었다. 예를 들어, 소련이 소규모의 재래식 부대로 주변국을 침략했을 때, 과연 미국이 소련에 막대한 핵 보복을 실행한다는 것을 상상할 수 있을까 하는 문제였다. 실제로 1956년 헝가리에서 시민들이 자유를 외치며 반소反蘇 봉기를 일으키자, 소련은 1,000대가 넘는 전차를 투입해 헝가리 시민들을 강제로 진압했다. 바르샤바 조약 탈퇴를 선언한 임레Imre 정부와 헝가리 시민들은 미국이 도와줄 것으로 생각했지만, 미국은 핵무기는커녕 그 어떠한 조치조차 할 수 없었다. 이러한 사건을 계기로 1950년대 미국에서는 무엇이 핵억제를 가능하게 하는가, 즉 억제이론deterrence theory*에 대한 본격적인 연구들이 이루어지기 시작했다.

본질적으로 핵시대의 억제전략은 과거와는 다른 특징을 가지고 있었

---

* 억제이론이란 어떠한 조건에서 억제가 효과적으로 일어날 수 있는지에 관한 이론을 말한다. 즉, 어떻게 하면 상대방의 위협을 효과적으로 단념시킬 수 있을지에 관한 인과적 추론이다.

다. 예컨대, 전통적인 억제전략은 주로 방어작전, 즉 거부적 억제에 의존했다. 이는 나의 방어 능력을 통해 상대방의 공격이 성공하지 못할 것이라는 확신을 심어주면, 상대방은 공격을 단념할 것이라는 가정에 기반한다. 공격이 실패하면 많은 자원을 낭비하게 되니 애초에 공격하지 않는 것이 낫기 때문이다. 그러나 핵시대의 억제는 달랐다. 핵무기는 상대방의 공격을 저지하는 방어용 무기이기보다 상대방이 공격할 때 상대방의 정치·경제적 핵심에 막대한 보복을 가하는 응징 무기였기 때문이다. 상대방은 공격이 성공하지 못할 것이라는 패배의 두려움이 아니라, 공격 후에 자신이 받게 될 처벌에 따른 피해가 너무 크고 두려워서 공격을 단념하게 된다. 그래서 핵시대에 억제의 중심 개념은 응징적 억제로 인식되었다.

당시 프린스턴 대학의 윌리엄 카우프먼^William Kaufmann 교수는 핵 억제의 본질에 대해 깊이 생각하고 다음의 세 가지 요소가 충족되어야 효과적인 억제가 작동한다고 강조했다. 첫째, 상대방의 도발에 대해 보복하겠다는 나의 위협이 충분히 믿을 만해야 한다. 이러한 보복의 신뢰성은 나의 보복 의지와 능력이 갖춰질 때 비로소 가능하다. 둘째, 상대방의 도발에 대해 보복하겠다는 나의 의지와 결의가 상대방에게 잘 전달되어야 한다. 셋째, 상대방이 도발을 통해 얻게 되는 이익보다 나의 보복으로 인해 발생하는 비용이 훨씬 크다는 합리적 결론에 도달해야 한다.[57]

예컨대, 중학생 아들이 학교에서 오자마자 컴퓨터 앞에 앉아 게임을 하려고 하는 상황을 가정해보자. 쌓여 있는 숙제는 전혀 할 생각이 없어 보일 때 엄마는 이렇게 이야기할 것이다. "숙제 먼저 하지 않으면 컴퓨터를 갖다 버릴 거야!" 게임을 하려는 아들의 행동을 단념시키기 위한 억제 신호다.

여기서 억제가 작동할지는 카우프먼이 말한 세 가지 요인에 달려 있다. 첫째, 아들은 엄마가 정말 컴퓨터를 갖다 버릴 수 있다고 믿어야 한다. 만약 컴퓨터가 너무 비싸서 엄마가 갖다 버릴 것 같지 않다면(즉 엄마의 능력은 충분하지만, 의지가 약하다면) 아들은 엄마의 말을 무시할 것이다. 둘째, 엄마는 단호하고 명확하게 경고를 전달해야 한다. 만약 웃으면서 농담처럼 말한다면 아들은 진지하게 받아들이지 않고 넘겨버릴 것이다. 마지막으로, 엄마의 경고를 받은 아들은 합리적으로 비용과 이익을 계산할 줄 알아야 한다. 엄마가 컴퓨터를 갖다 버리더라도 지금 게임을 하는 것이 자신에게 더 큰 행복인지 아닌지 말이다.

위의 논리대로라면 대량보복전략은 억제의 신뢰성 측면에서 몇 가지 문제점을 드러냈다. 무엇보다 대량보복을 실행할 능력이 없는 것이 문제가 아니라 이를 시행할 의지 자체가 가장 중요한 문제였다. 즉, 소련이 소규모 재래식 공격을 하더라도 과연 미국이 이에 대응하여 대량의 핵보복을 실행할 수 있느냐가 문제였다. 낮은 수준의 도발에 대해 과도한 핵 보복을 가하면 그것이 오히려 상대방을 자극해 돌연 저강도 위기가 전면전쟁으로 확대될 수도 있기 때문이었다. 그렇게 되면 미국에 더 큰 비용과 피해를 초래할 게 분명했다. 이런 이유로 미국은 실제로 소규모 분쟁 상황이 발생하면 덜레스가 주장했던 것과 달리, 대량보복전략을 실행하는 것을 주저하게 될 것이고, 그렇게 되면 전략의 신뢰성은 약화될 수밖에 없다. 이러한 맥락에서 카우프먼은 "대량보복전략의 경우 억제를 위한 최소한의 요건도 갖추지 못했다"라고 하면서 "소련의 도발이 억제되기는커녕, 인도차이나에서 했던 것처럼 미국의 동맹국들을 위협해서 미국이 어디까지 참을 수 있는지를 시험하려 할 것이다"라고 비판했다.[58]

카우프먼은 억제의 신뢰성을 강화하기 위해 미국이 재래식 군사력을 증강해야 한다고 주장했다. 강력한 재래식 군사력이 있으면, 다양한 소련의 도발에 대해 미국이 즉각 개입할 준비가 되어 있음을 분명히 보여줄 수 있기 때문이다. 이는 동시에 유럽 동맹국에 안정감을 제공하는 역할도 한다고 그는 생각했다. 소련의 도발에 대해 핵무기로만 보복하겠다는 접근은 유럽인에게 핵전쟁의 공포를 감수하라는 의미로 받아들여질 수 있기 때문이다. 반면에 유럽에 추가적인 미군 병력이 배치되면, 이는 유럽인에게 미국이 그들의 방어에 진심으로 헌신하고 있으며, 소련의 다양한 공격에 대해 여러 가지 방식으로 대응할 준비가 되어 있음을 보여주는 것이다. 또한, 소련이 유럽을 침공하면 많은 미국인의 인명 손실이 일어날 것이고, 이는 미국이 자국 본토가 위협받지 않더라도 핵 보복을 결정하게 하는 강력한 동기가 될 것이다.

●

대량보복전략 비판과 제한 핵전쟁 구상

카우프먼 교수 외에도 미국의 전략가들 사이에서 대량보복전략에 대한 비판이 본격적으로 제기되기 시작했다. 최초로 비판을 제기한 전략가는 버나드 브로디Bernard Brodie였다. 그는 『절대무기Absolute Weapon』라는 저술을 통해 핵시대의 전쟁 양상이 완전히 달라질 것이라고 주장했던 전략가다. 브로디 박사는 1954년 1월 《포린 어페어스Foreign Affairs》에 기고한 글에서 아이젠하워 행정부의 대량보복전략에 대한 효과성에 의문을 제기했다.[59] 어떠한 도발에도 대량의 핵무기로 응징 보복하겠다는 것은 소규모로 끝낼 수 있는 상황을 세계대전으로 확전할 수 있는 위험을 수반한다고 보았기 때문이다. 이는 군사력의 비대칭적 우세superiority를 통해 상대를 압도하는 총력전 시대의 논리를 따르는 것이었는데, 파멸적인 파괴력을 발휘하는 핵무기 시대에도 이러한 논리가 제

대로 들어맞을지는 의문이었다.[60]

1954년 봄, 브로디 박사는 미국 육군대학원의 강연에서 전쟁에 대한 미국의 사고방식에 변화가 필요하다고 주장했다. 특히, 제1·2차 세계 대전과 같은 총력전 시대의 목표는 대량의 무력을 전면적으로 동원하고 이를 쏟아붓는 것이었지만, 핵시대에는 전쟁에 대한 더 높은 수준의 '자제력'이 핵심적인 원칙이라고 강조했다.[61] 또한, 브로디 박사는 핵시대에 선제 및 예방 공격이 실패할 수 있다는 점에 대해서도 강조했다. 전통적으로 선제 및 예방 공격은 기습, 집중, 공세적 행동, 결정적 전투의 이점을 갖기 때문에, 재래식 전쟁에서는 효과가 있지만, 핵시대에는 맞지 않을 수 있다고 보았다. 만약 적이 보유한 모든 핵무기를 일거에 없앨 수 없다면, 도리어 적의 파멸적인 핵 반격으로 인해 큰 피해를 당할 수 있기 때문이다. 다만, 브로디 박사는 핵시대의 억제력을 보장하는 것이 적의 첫 번째 공격에 대해서 압도적 보복을 가할 수 있는 반격 능력이라고 강조했다.

이러한 브로디의 생각을 지지한 것은 냉전 시대 최고의 전략가로 손꼽히는 헨리 키신저Henry Kissinger 교수였다. 키신저는 독일에서 태어났으나 1938년 가족과 함께 히틀러를 피해 미국으로 넘어왔다. 제2차 세계 대전 시기에는 미 육군에서 독일어 통역관으로 복무했으며, 전쟁이 끝난 뒤 하버드 대학교에서 학사·석사·박사학위를 취득했다. 그의 박사학위 논문은 "회복된 세계A World Restored"로 오스트리아 메테르니히Metternich를 중심으로 나폴레옹 전쟁 이후 유럽에서 힘의 균형이 회복되는 과정을 설명한 외교사 연구의 명작으로 꼽힌다.

박사학위를 마친 뒤 하버드 대학 조교수로 채용된 키신저는 1957년 『핵무기와 외교정책Nuclear Weapons and Foreign Policy』에서 미국이 처한 핵 딜레마를 정확하게 평가했다. 먼저 키신저가 바라보는 핵시대의 특성은 과거와는 매우 달랐다. 전통적인 전쟁은 막대한 자원과 군사력을 동원하여 상대방에게 결정적인 피해를 주면서 나의 의지를 강요하는 방식으로 수행되었다. 즉, 상대방의 전쟁의지를 꺾고 유리한 협상을 하는 것이 전쟁의 목표였다. 반면, 핵무기는 엄청난 파괴력으로 인해 단 몇 발로도 상대방의 전쟁의지를 완전히 꺾을 수 있다. 따라서 핵무기는 상대방에게 결정적 피해를 주기 위해 많은 자원과 힘을 투사해야만 했던 과거 전쟁 수행 방식의 제한사항을 없애버렸다. 핵전쟁을 한다는 것은 '완전한 파괴'를 의미하게 되었고, 이에 따라 상대방과 협상을 추구할 필요조차 없어진 것이다.

키신저는 이러한 핵시대는 공산주의자들에게 더 유리하다고 생각했다. 공산혁명을 통해 기존의 질서를 뒤집어버리려는 공산주의자들은 기본적으로 현상을 유지하고 평화와 번영을 추구하는 민주국가들보다 더 큰 위험을 감수하려고 하기 때문이다. 따라서 파괴력이 큰 핵무기가 공산주의자들에게 근본적인 이점을 제공한다고 본 것이다. 또한 그는 소련이 미국과의 전면 핵전쟁과 국지적·제한적 충돌 사이의 회색지대를 효과적으로 활용할 수 있다고 생각했다. 미국과 같은 현상 유지 국가는 핵전쟁이 될 수도 있는 전쟁을 원하지 않기 때문이다. 즉, 책임 있는 정치지도자들은 대규모 전쟁으로 번질 수 있는 결정에 매우 신중할 것이다. 따라서 소련의 어떠한 도발에도 핵무기로 대량보복을 하겠다는 미국의 선언은 실제로는 지켜지기 어렵다고 그는 보았다. 이처럼 대량보복 교리는 다양한 유형의 위협에 대응하기에는 지나치게 단조롭고 대규모의 대응과 명확성을 강조함으로써 가장 극단적인 결과를 추구했다. 다시 말해, 모든 갈등을 전면전으로 전환하려는 위협에 기대었다.

이를 간파한 키신저가 제안한 해결책은 다양한 양상의 도발에 대응하기 위한 전략적 교리를 채택하는 것이었다. 키신저는 이후 유연반응

냉전 시대 최고의 전략가로 손꼽히는 헨리 키신저는 리처드 닉슨(Richard Nixon) 대통령과 제럴드 포드(Gerald Ford) 대통령 밑에서 국가안보보좌관과 국무장관을 역임했다. 특히 그는 '제한 핵전쟁' 개념을 발전시킴으로써 미국의 핵전략 형성에 큰 영향을 미쳤다. 제한 핵전쟁은 핵무기가 동원되는 전쟁에서도 핵무기를 완전한 파괴보다는 특정한 목표에 제한적으로 사용하는 전쟁을 의미한다. 이 개념은 오히려 핵무기 사용의 문턱을 낮춘다고 비판받기도 했다. 그럼에도 불구하고 키신저는 이를 통해 파멸을 불러오는 전면적 핵전쟁을 방지하고 핵전쟁이 발생하더라도 그 규모와 영향을 축소하고자 했다. 그는 핵무기를 하나의 전략적 도구(A Tool in the Toolbox)로 보고 협상에서 우위를 점하기 위한 수단으로 활용하고자 했다는 점에서 다른 전략가들과 차이점을 보였다. 〈출처: WIKIMEDIA COMMONS | Public Domain〉

전략으로 알려진 '제한전limited war' 전략을 구상했다. 키신저에 따르면, 핵시대의 갈등은 매우 다양한 양상을 가지고 있어서, 전면전에 기초한 단일 전략보다는 다양한 방안이 포함된 대응 스펙트럼이 필요하다. 즉, 위협에 비례적으로 대응함으로써 억제력을 더 신뢰성 있게 만들 수 있으며, 이는 소련이 위협을 가할 때마다 미국이 위험을 감수할 준비가 되어 있음을 알리는 것이다. 이를 달리 말하면, 위기 대응에 있어서 여러 단계를 만듦으로써 적에게 위기 고조에 대한 책임을 지우는 전략이다.

키신저의 제한전 개념은 일반적인 제한전 개념을 뛰어넘었다. 이때까지의 제한전 개념이 투입되는 군사력의 규모에 초점을 맞추었다면, 키신저가 구상한 제한전은 막대한 소련의 재래식 전력을 상대하기 위해 핵무기를 제한적으로 사용하는 것을 의미했다. 이러한 제한 핵전쟁의 근본적인 전제는 전면적인 핵전쟁을 피하는 것이 모두에게 이익이 되기 때문에 제한적으로 핵무기를 사용하더라도 전면적 핵전쟁으로 번지지는 않을 것이라는 가정이었다. 즉, '갈등이 확산하는 것을 막는데 있어서 공통적이고 압도적인 이익'은 당사자들이 분쟁을 제한된 상태로 유지할 수 있게 해준다는 것이었다.

브로디와 키신저의 제한전 개념은 미국 전략가들, 특히 최대한의 군사력을 사용하여 압도적인 승리를 달성하는 전통적인 전쟁 수행 방식을 바탕으로 대량보복전략을 기획한 아이젠하워 행정부의 두뇌들에게 경종을 울렸다. 브로디와 키신저가 제시한 교훈은 두 가지였다. 첫째, 모두를 파멸로 이끌 수 있는 핵시대에는 총력전보다는 자제self-restraint가 더 중요한 가치일 수 있다는 것이다. 둘째, 모든 핵무기를 쏟아붓겠다는 계획은 실행력이 없으며, 상황에 따라 제한적인 핵 사용으로 전략 목표를 달성해야 한다는 것이었다. 이러한 사고의 전환은 1960년대 미국 핵전략이 변화하는 원동력이 되었다.

●
케네디와 맥나마라

1950년대 중반부터 대량보복전략이 소련의 도발과 팽창을 막는 데 효과적이지 못할 것이라는 우려가 현실로 나타나기 시작했다. 1954년, 인도차이나 반도 디엔비엔푸Dien Bien Phu에서 프랑스군이 베트남군에게 포위되어 패배 위기에 처하자, 프랑스 정부는 미국에 베트남을 대상으로 항공 폭격을 요청했다. 하지만 1953년 한국전쟁을 겨우 마무리하고 재래식 전력을 감축하고 있던 미국은 새로운 전쟁에 개입하려 하지 않았다. 결과적으로 프랑스군에 대한 군사 지원은 이루어지지 않았고, 프랑스는 베트남과 평화협정을 체결할 수밖에 없었다.

더욱이, 1956년 헝가리 부다페스트에서는 헝가리가 소련의 위성국으로 전락하는 것에 반대하는 대중 봉기가 일어났다. 대학생들이 이끄는 시위대는 자유로운 표현과 사상, 정치범 석방, 소련군 철수를 요구했지만, 1,000대의 전차와 15만 명의 병력을 동원한 소련군에 의해 잔혹하게 진압되었다. 이 과정에서 2,500명 이상의 헝가리인이 사망했다. 헝가리 시민들과 서방국가들은 미국이 어떤 형태로든 개입할 것으로 기대했지만, 소련과의 핵전쟁으로 이어질 수 있다는 우려 때문에 아이젠하워 대통령은 상황을 자세히 관찰하는 것 외에는 아무것도 하지 않았다.[62]

결국 미국이 소극적으로 대응할 수밖에 없었다는 사실은 아이젠하워 행정부에게 큰 교훈이 되었다. 이에 기존의 신방위 정책인 '뉴룩' 정책은 '뉴뉴룩New New Look' 정책으로 수정되었다. 이 새로운 정책은 제한전 상황에서의 전술핵무기 사용 가능성과 충분한 규모의 상비군 유지를 강조했다. 이러한 전략적 전환은 나중에 존 F. 케네디John F. Kennedy 대통

존 F. 케네디는 미국의 제35대 대통령으로 1961년부터 1963년까지 재임했다. 메사추세츠주 출신으로 하버드 대학교를 졸업한 케네디는 젊고 매력적인 이미지와 뛰어난 연설 능력으로 대중의 인기를 얻는다. 진보적인 성향의 케네디는 핵무기에 대해 신중하게 생각했다. 그는 핵전쟁이 인류를 파멸로 몰아갈 것이기 때문에 핵전쟁을 막는 데 인류의 미래가 있다고 보았다. 특히, 케네디는 더 많은 국가가 핵무기를 보유할수록 핵전쟁의 가능성이 커지며 세상은 더욱 위험해질 수 있다고 믿었다. 따라서 그는 미국과 소련이 핵확산을 막기 위해 핵실험을 중단하고 핵군비경쟁을 자제해야 한다고 주장했다. 〈출처: WIKIMEDIA COMMONS | Public Domain〉

령과 로버트 맥나마라Robert McNamara 국방장관 시대의 핵전략인 '유연반응flexible response' 전략이 출현하는 발판이 되었다.

한편, 대량보복전략을 전환하게 된 또 다른 계기는 소련의 핵능력이 급속히 강화되고 있다는 사실이었다. 1957년 10월 4일, 소련은 세계 최초의 인공위성 스푸트니크Sputnik 1호를 발사했다. 이 위성 자체가 당장 위협이 되지는 않았지만, 스푸트니크 발사에 사용된 로켓 기술은 미국의 전략가들에게 엄청난 충격을 주었다. 이는 소련의 장거리 미사일 기술이 상당히 발전했음을 의미했고, 소련이 미국 본토를 핵공격할 수 있는 능력을 갖추었음을 의미했다. 발사 한 달 후 발표된 가이더 보고서Gaither Report는 이러한 위기의식을 바탕으로 전략적 전환의 필요성을 다음과 같이 제안했다.

> "대륙간탄도미사일ICBM 기술에서 소련이 미국을 앞서고 있으며,
> 이에 대응하기 위해 미국은 우주 경쟁과 미사일 개발에 더 많은
> 자원을 투입해야 한다. 또한, 소련의 핵 능력이 더욱 강화될 경우,
> 미국인을 방어하는 것은 더는 의미가 없으며, 억제전략만이 유효
> 한 군사전략이 될 것이다."[63]

1960년 대통령 선거에서 민주당 후보였던 존 F. 케네디는 가이더 보고서에서 제기된 우려를 적극적으로 활용했다. 특히, 케네디는 소련과의 미사일 기술 격차 문제를 선거 캠페인의 주요 이슈로 삼았다. 케네디는 아이젠하워 행정부 동안 '미사일 격차Missile Gap'가 발생했다고 주장하면서 선거 기간 내내 이를 아이젠하워 대통령과 부통령 리처드 닉슨Richard Nixon의 국방정책에 대한 비판의 근거로 사용했다.

1960년 대통령 선거에서 간발의 차로 승리한 후, 케네디는 포드Ford

미사일 격차 논쟁

미사일 격차Missile Gap는 1950년대 말 스푸트니크 위성 발사를 계기로 소련이 미국보다 먼저, 더 많은, 그리고 더 강력한 대륙간탄도미사일ICBM 능력을 개발하고 있다는 우려가 커졌던 현상을 일컫는다. 나중에 이것이 지나친 우려였다는 것이 밝혀졌지만, 소련이 방어하기 어려운 전략탄도미사일 개발에 집중하고 있다는 사실은 명확해졌다. 이에 따라 미국 내에서는 자국의 대륙간탄도미사일 능력과 소련의 대륙간탄도미사일 능력 사이에 어느 정도 격차가 있는지에 관한 열띤 논쟁이 벌어졌다.

아이젠하워 행정부와 케네디 행정부는 증대되는 소련의 전략미사일 능력에 어떻게 대응해야 하는지 정책을 수립하는 데 어려움을 겪었다. 중요한 이유는 정확한 정보가 없었기 때문이었다. 불확실한 정보로 인해 일부는 소련의 미사일 능력이 지나치게 과장되기도 했고, 일부는 과소평가되기도 했다. 일례로 케네디 대통령은 대선 캠페인 당시 소련의 미사일 능력을 과대평가하며 상대방 닉슨의 국방정책을 비판하기도 했다.

이후 기술 발전과 항공 및 위성 사진의 혁신적 활용으로 소련의 미사일 능력에 대한 보다 정확한 평가가 가능하게 되었고, 그 덕분에 정책 입안자들은 좀 더 세밀한 전략을 수립할 수 있게 되었다. 이때 미국의 중앙정보국CIA은 U-2 정찰기를 이용하여 정보를 수집하는 중요한 임무를 수행했다. 케네디는 대통령 취임 이후 소련의 미사일 위협에 대한 상세한 정보 검토를 요청했고, 이를 통해 자신이 대통령 선거 기간 내내 주장했던 '미사일 격차'가 실제로는 존재하지 않는다는 사실을 비로소 알게 되었다.

자동차 회사의 사장이었던 로버트 맥나마라를 국방장관으로 임명한다. 취임 후 맥나마라는 여러 유능한 젊은 분석가들, 일명 '위즈 키즈Whiz Kids'를 선발하여 수학적 분석에 기반한 정교한 조언을 제공하도록 했다. 위즈 키즈들은 주로 랜드 연구소RAND Corporation 출신이었는데, 이들을 고용한 이유는 아이젠하워 시대의 국방정책이 안보 목표를 달성하기 위한 객관적인 분석에 기초하지 않았으며, 육·해·공군의 조직적 이해관계에 크게 영향을 받았다고 생각했기 때문이었다. 따라서 이들의 이해관

랜드 연구소와 위즈 키즈

랜드 연구소RAND Corporation는 미국의 핵전략과 국방정책에 지대한 영향을 끼친 싱크탱크think tank다. 랜드 연구소는 1948년 미국 공군의 지원을 받아 설립되었으며, 초기에는 군사전략과 핵 억제에 중점을 두었고, 오늘날에는 다양한 사회정책을 함께 연구한다. 랜드 연구소의 연구원들은 수학적 게임 모델, 시뮬레이션, 국제정치 및 경제에 대한 분석을 바탕으로 핵전쟁의 위험을 최소화하고 국가안보를 강화하기 위한 개념과 전략을 개발했고, 미국이 냉전 시기 소련과의 경쟁에서 전략적 결정을 하는 데 핵심적인 역할을 했다. 랜드 연구소 출신 중 널리 알려진 학자는 토머스 셸링Thomas C. Schelling, 허먼 칸Haman Karn, 앨버트 월스테터 Albert Wohlstetter 등이 있다.

맥나마라는 국방장관 재임 시절 랜드 연구소의 뛰어난 분석가들이 직접 국방부에서 활약하도록 데려왔는데, 이들을 '위즈 키즈Whiz Kids'라고 불렀다. 이들은 랜드 연구소에서의 경험을 바탕으로 정책 결정 과정에 데이터에 기반한 분석적 접근을 도입했으며, 정부 기관의 운영 방식에도 큰 변화를 가져왔다. 이러한 접근은 군사전략과 국방정책, 특히 베트남 전쟁에 대한 미국의 접근 방식에 중대한 영향을 미쳤다.

계로부터 자유로운 외부 인재들을 영입하여 문제를 해결하고자 했다.

1961년부터 1968년까지 맥나마라는 국방장관으로 재임하는 동안 미국의 핵전략에 있어서 가장 명확하고 단호한 지도력을 발휘했다. 가장 중요한 변화는 덜레스가 고안한 대량보복전략에서 벗어나 보다 현실적이고 실행력이 높은 핵전략을 만든 것이었다. 그의 전략은 ① 도시에 대한 핵공격 금지no-cities, ② 유연반응flexible response, ③ 확증파괴assured destruction, ④ 피해 최소화damage limitation, 이 네 가지 핵심 개념으로 구성되었다.

1962년 7월 9일 맥나마라는 미시간주 앤 아버Ann Arbor에서 미국의 핵전략 역사에 있어서 전환점이 되는 중요한 연설을 했다. 연설의 핵심

로버트 맥나마라는 1961년부터 1968년까지 국방장관을 역임했다. 캘리포니아주 샌프란시스코(San Francisco) 출신인 그는 UC 버클리 대학에서 경제학을 전공한 뒤 하버드 경영대학원에서 석사학위를 받았다. 이후 제2차 세계대전이 발발하자 미 육군 항공대에 입대하여 폭격기의 작전 효율성에 대한 통계 분석을 하는 임무를 수행했다. 이후 그는 포드 자동차 회사에 입사했으며, 뛰어난 경영 능력을 인정받아 사장으로 승진했다. 이러한 민간 부문에서의 성공과 전시 통계 분석 경험은 케네디 대통령이 그를 국방장관으로 지명하는 데 결정적인 요인으로 작용했다. 〈출처: WIKIMEDIA COMMONS | Public Domain〉

내용은 어떤 것이 핵 공격 표적이 되어야 하는가에 대한 것이었다.

> "미국은 가능한 한, 핵전쟁 상황에서의 군사전략도 과거 재래식 전쟁에서의 군사작전과 같은 방식으로 접근해야 한다고 결론지었습니다. 즉, 동맹에 대한 공격으로 인해 핵전쟁이 발생한다면, 군사 목표는 적의 민간인이 아니라 적의 군대를 파괴하는 것이 되어야 합니다."[64]

대가치전략 vs. 대군사전략

핵표적화targeting 전략에서 '대가치전략Countervalue Strategy'은 적의 인구밀집 지역이나 경제적·문화적 중심지를 주요 타격 목표로 삼는 전략을 의미한다. 이 전략의 핵심은 적국의 도시나 산업 기반을 파괴함으로써, 심각한 인적 및 경제적 손실을 입혀 전쟁의지를 꺾는 것에 있다. 억제전략으로 사용될 때, 이 전략은 적국에 대규모 민간 사상자와 경제적 파괴를 초래할 수 있는 핵 사용 위협을 통해 적의 공격을 억제하려는 목적을 가진다. 이 전략은 기본적으로 전면 핵전쟁을 전제하며, 광범위한 비인도적 결과를 초래할 수 있는 위험이 있어, 윤리적 및 도덕적 논쟁을 촉발하기도 한다.

반면, '대군사전략Counterforce Strategy'은 적의 군사시설이나 전략무기를 주된 타격 목표로 삼는 전략이다. 대군사전략의 목적은 위기 고조 시 적의 공격 능력을 선제적으로 약화하거나 무력화하고, 전쟁 발발 시 적의 보복 능력을 제한함으로써 피해를 최소화damage limitation하는 데 있다. 이 전략은 핵심 표적에 대한 정밀한 정보판단과 고도의 정밀타격 능력을 요구하며, 예방 및 선제공격에 따른 적의 핵 보복공격을 유발할 수 있다는 위험이 있다. 또한, 적의 핵 능력을 초전에 완전히 무력화시키지 못할 경우, 대가치 보복공격으로 이어질 수 있는 위험도 내포하고 있다.

정리하면, 맥나마라는 도시를 공격하는 '대가치전략Countervalue Strategy' 보다는 군사 표적을 공격하는 '대군사전략Counterforce Strategy'을 지지했으며, 동맹국 간 중앙집중적 계획 수립의 중요성, 전략적 및 전술적 수준에서의 비핵 및 핵무기 증강, 그리고 다양한 위협에 대비하기 위해 다양한 군사적 대응 수단을 갖추는 정책이 필요하다는 점 등을 강조했다.

유연반응전략을 채택하다

미국에서 제한전 개념이 발전하는 사이 유럽에서도 미국의 대량보복 전략의 신뢰성 비판과 위험에 대한 우려가 커지고 있었다. 특히, 유럽 국가들은 소련과 지리적으로 인접해 있었기 때문에, 미국의 대량보복 전략이 소련과의 군사적 충돌 시 유럽을 핵무기 전쟁터로 만들 수 있다는 우려를 표명했다. 또한, 대량보복전략은 소련과의 모든 충돌에 대해 핵무기 사용을 예고하는 것이므로 지역적 충돌이 전면적인 핵전쟁으로 비화할 위험이 존재했다.

이러한 우려가 드러난 대표적인 사례가 1955년에 소련이 서유럽을 침공하는 상황을 가정하여 나토군이 실시한 '카르트 블랑쉬'Carte Blanche' 연습이다.[65] 나토는 소련의 대규모 침공에 대응하여 전술핵무기를 사용하는 방안을 채택했고, 가상으로 히로시마에 투하된 원자폭탄과 비슷한 위력을 가진 15킬로톤 전술핵무기 355발을 사용했다. 연습 결과는 충격적이었다. 나토군의 핵 공격으로 서유럽에서만 약 170만 명의 민간인 사상자가 발생하고, 광범위한 파괴가 일어나는 것으로 평가된 것이다.[66]

이 연습의 결과는 유럽 전역에서 심각한 우려를 불러일으켰다. 많은 유럽인은 미국의 핵전략이 유럽의 안보보다 미국의 이익을 우선시한다는 인식을 갖게 되었으며, 핵전쟁 발발 시 유럽이 입을 엄청난 피해에 대해 경각심을 갖게 되었다. 이로 인해 미국의 대량보복전략에 대한 유럽 내의 비판이 점점 증폭되면서 좀 더 현실적이고 제한적인 전략에 대한 요구로 이어졌다.

이러한 배경에서 미국의 핵전략이 지나치게 공격적이며 위험하다고 느낀 미국 및 유럽의 전략가들은 유럽 안보에 대한 보다 세밀하고 현실적인 접근을 요구했다. 그중에서도 퇴임한 미국 육군참모총장이었던 맥스웰 테일러Maxwell Taylor 장군은 소련의 다양한 도발과 위협에 대해 국지적 분쟁 대응으로부터 전면적 핵전쟁까지 전 영역에 걸쳐 다양한 방안으로 융통성 있게 대응할 수 있어야 한다는 '유연반응전략Strategy of Flexible Response'의 필요성을 제기했다.[67]

맥나마라 국방장관도 좀 더 유연한 전략의 필요성에 공감했고, 1962년 미시간주 앤 아버에서 행한 연설에서 미국의 핵 능력이 제한된 대응전략과 결합한다면 핵전쟁의 위험을 최소화할 수 있다고 강조했다. 맥나마라의 지휘 하에서 미국은 이것을 나토의 방위전략에 반영하기 위한 절차를 시작했고, 이는 1967년 전략문서 'MC 14/3'의 채택으로 귀결되었다.

MC 14/3가 제시한 전략은 나토가 소련의 어떠한 수준의 공격에도 유연하게 대처할 수 있도록 설계되었다. 이 전략은 재래식, 전구 핵전력Theater Nuclear Forces, 그리고 전략 핵전력을 통합적으로 운용함으로써 다양한 수준의 도발을 억제하고 안정한 상태를 회복하는 것을 목표로 한다. 즉, 위기 관리와 안정 회복이 유연반응전략의 목표다. 이는 신속히 위기를 고조시키고 전면적 핵전쟁을 통해 압도적 승리를 달성하고자 했던 대량보복전략과는 확실히 다른 접근법이었다.

예를 들어, 소련이 공격할 경우, 유연반응전략은 분쟁이 시작된 수준—재래전, 제한 핵전쟁, 전면적 핵전쟁—에서 각각의 공격에 대응하고 위기 고조와 확전을 하지 않도록 억제한다. 그러나 소련의 공격이 지속되고 확전되면, 유연반응전략은 세밀하게 분쟁의 수준을 끌어올린다. 이는 어디까지나 자신들이 통제할 수 있는 범위에서 이루어져야 하며, 이를 통해 소련으로 하여금 도발로는 원하는 목적과 이익을 달성하기 어렵다는 것을 깨닫도록 만들어야 한다. 만약 소련이 계속해서 도발한다면, 유연반응전략은 위기가 전면적인 핵전쟁으로 확대될 위험을 경고하고 그로 인한 파멸적 결과를 강조한다. 궁극적으로 전면적인 핵전쟁으로 확전될 경우, 미국은 전략핵을 사용한 대규모 보복을 하는 것이 MC 14/3에 제시된 유연반응전략의 핵심이다.

물론 유연반응전략은 상당한 위험을 수반한다. 특히, 전략가들은 억제가 실패했을 때 정교하게 의도적으로 위기를 고조시킨다는 것이 실제 상황에서는 어려울 것이라고 보았다. 이는 어떤 수단을 사용할 것이며, 어느 수준까지 위기를 고조시켜야 소련이 단념하고 도발을 중단할 것인지를 제대로 알 수 없을뿐더러, 자칫하면 통제할 수 없는 확전으로 이어질 수도 있기 때문이었다. 예컨대, 소련이 재래식 공격을 감행했을 때 나토가 전술핵을 사용함으로써 위기를 고조시킨다면, 소련이 미국의 의도대로 공격을 단념할 수도 있지만, 그렇게 하지 않고 자신들도 전술핵을 사용하면서 급기야는 전략핵을 사용할 수도 있다. 그러면 전면 핵전쟁으로 확전하게 될 것이다. 그런데도 전략가들은 유연반응전략이 대량보복전략보다 더 현실적이고 실행할 수 있는 전략이며, 미국과 나토 동맹국들의 핵무기 사용 전략에 대한 인식 차이를 줄일 수 있는 전략이라고 보았다.[68]

대량보복전략과 비교했을 때, 유연반응전략은 매우 높은 모호성 ambiguity을 가진다는 특징이 있다. 즉, 어떠한 조건에서 핵무기를 사용할 것인지 명확하게 제시되어 있지 않고, 어떠한 상황에서 전술핵이나 전략핵을 사용할 것인지도 명시되어 있지 않다. 유연반응전략은 이처럼 핵무기 사용에 대한 명확한 기준을 설정하지 않음으로써 상대방이 예측할 수 없게 만들어 전쟁을 억제하는 효과를 얻고자 했다. 또한, 상대방이 미국과 나토 동맹국의 의도를 정확하게 파악하기 어렵게 만듦으로써 잠재적인 위험을 무시할 수 없게 하고, 공격을 주저하게 하는 효과도 있었다.

이러한 모호성을 추구한 것은 미국과 나토 동맹국들 사이에 위협 인식과 전략적 우선순위가 다르다는 이유도 있었다. 예를 들어, 소련이 대규모 재래식 공격을 감행하면, 미국은 전술핵을 사용하려 할 수도 있지만, 나토 동맹국들은 피해를 제한하기 위해 재래식 방어작전을 선호할 수도 있다. 또한, 미국과 동맹국들은 억제가 실패하고 의도적으로 위기를 고조해야 할 때 어느 수준까지 위기를 고조시켜야 하는지에 대한 생각이 다를 수도 있다. 유연반응전략은 이러한 위협 인식과 전략적 선호도의 차이를 극복하고 상황에 따라 융통성 있게 대응하기 위해 높은 수준의 전략적 모호성을 담은 것이다.

이러한 배경에서 유연반응전략을 실행하려면 미국과 나토 동맹국 사이에서 상호 능력을 통합하고 위협 인식, 전략적 우선순위, 대응 수단의 사용 조건 등을 협의 및 조율하는 특별한 협의체가 있어야 했다. 그 결과, 1967년에 핵기획그룹NPG, Nuclear Planning Group이 만들어졌다. NPG가 처음부터 당면하게 된 과제는 두 가지였다. 첫째, 유연반응전략을 구체적으로 뒷받침할 교리를 발전시키는 것이었다. 특히, 나토의 방위전략에서 전술핵의 임무를 명확하게 하는 것이 중요했다. 둘째, 유럽에 어떤 종류의 핵무기를 얼마만큼 배치해야 하는지 등 최적화된 핵태세를 결정하는 것이었다. 1967년까지 약 7,000발의 핵탄두와 2,000기이상의 투발수단(폭격기, 미사일 등)이 배치되어 있었지만, 핵무기의 규모와 수단을 어떻게 배합해야 하는지에 대한 논의가 이루어지지 않았기 때문이었다.

미국과 나토 동맹국들은 공동연구를 통해 위협의 인식 차이를 좁혀나가고 상호 이익과 전략 실행의 문제를 해결해나갔다. 대표적인 공동

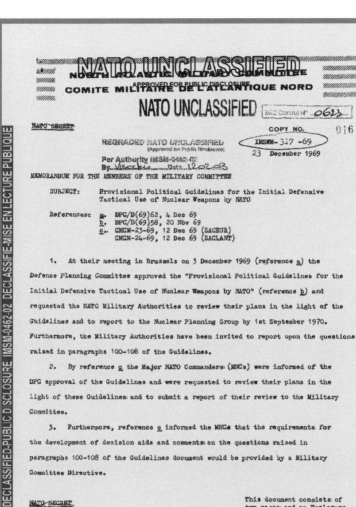

NATO UNCLASSIFIED

NORTH ATLANTIC MILITARY COMMITTEE

APPROVED FOR PUBLIC DISCLOSURE

COMITE MILITAIRE DE L'ATLANTIQUE NORD

NATO UNCLASSIFIED IMC Control N° _0623_

NATO SECRET

COPY NO. 016

REGRADED NATO UNCLASSIFIED
(Approved for Public Disclosure)

IMSWM-317-69

23 December 1969

Per Authority IMSM-0462-02
By Visschia Date 12-02-03

MEMORANDUM FOR THE MEMBERS OF THE MILITARY COMMITTEE

SUBJECT: Provisional Political Guidelines for the Initial Defensive Tactical Use of Nuclear Weapons by NATO

References: a. DPC/D(69)62, 4 Dec 69
b. DPC/D(69)58, 20 Nov 69
c. CMCM-23-69, 12 Dec 69 (SACEUR)
CMCM-24-69, 12 Dec 69 (SACLANT)

1. At their meeting in Brussels on 3 December 1969 (reference a) the Defence Planning Committee approved the "Provisional Political Guidelines for the Initial Defensive Tactical Use of Nuclear Weapons by NATO" (reference b) and requested the NATO Military Authorities to review their plans in the light of the Guidelines and to report to the Nuclear Planning Group by 1st September 1970. Furthermore, the Military Authorities have been invited to report upon the questions raised in paragraphs 100-108 of the Guidelines.

2. By reference c the Major NATO Commanders (MNCs) were informed of the DPC approval of the Guidelines and were requested to review their plans in the light of these Guidelines and to submit a report of their review to the Military Committee.

3. Furthermore, reference c informed the MNCs that the requirements for the development of decision aids and comments on the questions raised in paragraphs 100-108 of the Guidelines document would be provided by a Military Committee Directive.

NATO SECRET
IMSWM-317-69

This document consists of two pages and an Enclosure of three pages.

NATO UNCLASSIFIED

NATO UNCLASSIFIED

1969년 12월 채택된 나토의 핵무기 사용 지침. 〈출처: NATO 홈페이지 Archives〉

연구로는 1969년에 개최된 두 번째 NPG 회의에 제출된 힐리-슈뢰더 Healey-Schröder 보고서[*]가 있다. 힐리-슈뢰더 보고서는 추후에 나토의 핵무기 정책 지침이 되었다. 특히, 이 보고서는 나토의 핵전략을 보다 현실적으로 실행할 수 있는 방향으로 발전시키는 데 초점을 맞춰 핵무기 사용 조건, 나토 회원국 간의 핵무기 공유 및 관리, 그리고 핵 억제력의 유지에 필요한 조건들을 포함하고 있다.

한편, 힐리-슈뢰더 보고서 초안은 유럽 동맹국들의 관점에서 작성되었기 때문에 미국 전략가들이 생각하는 방향과는 차이가 있었다. 그러나 양측은 보고서 초안을 수정하면서 약 100회의 검토와 보완 과정을 거쳤는데, 이 과정은 미국과 나토 동맹국들이 인식을 공유하고 정책을 조율하는 데 중요한 역할을 하게 된다.[69] 최종적으로 힐리-슈뢰더 보고서는 1969년 11월 NPG 회의에서 제시되었고, 이후 나토의 전반적인 방위정책을 수립하는 방위기획위원회DPG, Defense Planning Group에 제출되어 1969년 12월 '핵무기 사용 지침'으로 정식 채택되었다.[**]

---

[*] 힐리-슈뢰더(Healey-Schröder) 보고서는 영국의 국방장관 데니스 힐리(Denis Healey)와 서독의 국방장관 게르하르트 슈뢰더(Gerhard Schröder)가 이끈 공동연구팀이 작성했다 해서 이와 같은 이름이 붙여졌다. 앵글로-저먼(Anglo-German) 보고서라고 불리기도 한다.

[**] DPG에서 채택된 '핵무기 사용 지침'의 정식 명칭은 'Provisional Political Guidelines for the Initial Defensive Tactical Use of Nuclear Weapons by NATO'이며, 줄여서 PPG라고 불리기도 한다.

CHAPTER 4

핵 3축 체계의 개발과 확증파괴전략

1950년대 중반부터 미국은 전략폭격기 이외에 다양한 운반 수단과 위력을 가진 핵무기를 운용할 수 있게 되었다. 특히 미사일 기술이 발전함에 따라 미국 본토에서 소련을 직접 공격할 수 있는 대륙간탄도미사일ICBM이 등장했고, 나아가 원자력 추진 전략핵잠수함SBN과 함께 수중에서 발사할 수 있는 잠수함발사탄도미사일SLBM이 개발되었다.

대륙간탄도미사일과 잠수함발사탄도미사일은 기존의 전략폭격기와 더불어 각각의 장점을 바탕으로 미국의 핵심적인 억제력을 구성한다. 예컨대, 전략폭격기는 신속한 재배치가 가능하며 유연성이 높고, 대륙간탄도미사일은 즉각적인 대응 능력을 제공하며, 잠수함발사탄도미사일은 적의 공격으로부터 생존성을 제공한다. 이 체계들은 소련의 전략핵 위협에 대응하여 미국과 동맹국을 지키는 전략적 억제력의 핵심 능력으로, '핵 3축 체계Nuclear Triad'라고 불린다. 이 장에서는 핵 3축 체계의 발전 과정을 소개하고, 미국의 억제 능력이 강화됨에 따라 핵전략이 어떻게 변화했는지 살펴보겠다.

●

전략폭격기

제2차 세계대전 직후, 미국은 신형 전략폭격기를 개발하기 시작했다. 목표는 더 많은 폭탄을 싣고 더 멀리 비행하여 적의 중심부에 핵폭탄을 투하하는 폭격기를 만드는 것이었다. 제2차 세계대전 당시 전설적으로 활약한 B-29 슈퍼포트리스Superfortress 폭격기는 대략 2만 파운드(약 9,000킬로그램)의 폭장량(폭탄탑재중량)을 가지고 있어서, 히로시마에 투하된 핵폭탄(약 4,500킬로그램) 2개를 실을 수 있었다. 이런 이유로 미국은 전후 약 2,900대의 B-29 중 300대를 전략폭격용으로 남

B-29 Superfortress

B-29 슈퍼포트리스는 4개의 프로펠러 엔진을 가진 폭격기로, 제2차 세계대전과 한국전쟁에서 활약했다. B-17 플라잉포트리스(Flyingfortress: 하늘을 나는 요새)의 후계자라는 의미에서 슈퍼포트리스라고 이름 붙여진 B-29는 하늘을 나는 최강의 요새라는 의미다. B-29는 히로시마와 나가사키에 원자폭탄을 투하한 폭격기로, 전쟁 중 핵무기를 투하한 유일한 항공기다. B-29는 제2차 세계대전 이후에도 미 공군의 주력 폭격기로 활약했지만, 짧은 항속거리로 인해 1954년 퇴역했고, 그 자리를 B-36에게 물려주었다. 위 사진은 미 공군 박물관에 전시된 B-29 폭격기와 핵폭탄 모형이고, 아래 사진은 비행 중인 B-29의 모습이다. 〈출처: WIKIMEDIA COMMONS | CC BY-SA 4.0 / Public Domain〉

겨두었다.

그러나 문제는 약 6,000킬로미터밖에 되지 않는 비행거리였다. 영국에 배치된 B-29 폭격기들이 소련 본토의 핵심 표적을 타격하고 돌아오기 위해서는 1만 킬로미터 정도의 비행거리를 가져야 했다. B-29의

B-36 Peacemaker

'피스메이커'라는 이름이 붙여진 B-36은 지금은 없어진 콘베이어(Convair)사가 만든 장거리 전략폭격기다. B-36은 미국 공군이 운용한 폭격기 중 가장 큰 기종으로, 약 70미터 폭의 날개를 가지고 있으며 1만 6,000킬로미터의 항속거리로 중간급유 없이 대륙 간 비행이 가능했던 폭격기였다. 이 폭격기의 특징은 6개의 프로펠러 엔진이 후방을 향하고 있다는 것이었는데, 개량형 B-36은 비행고도와 속도를 높이기 위해 4개의 제트 엔진을 추가하여 총 10개의 엔진을 장착했다. B-36은 1959년까지 활약했으며, B-52에게 자리를 물려주었다. 〈출처: WIKIMEDIA COMMONS | Public Domain〉

경우 짧은 비행거리로 인해 영국에서 출발하면 독일에서 재급유를 받아야 했는데, 이러한 단점은 전략폭격의 기습효과를 감소시킬 뿐만 아니라 소련의 방공망에 취약하게 만들었다. 미국은 이러한 단점을 극복하기 위해 B-36 피스메이커Peacemaker를 만들었다. B-36은 1만 6,000

킬로미터의 항속거리, 약 4만 킬로그램의 폭장량을 가진 초대형 폭격기였다. 또한 수소폭탄을 포함하여 당시 미국이 보유한 모든 종류의 핵폭탄을 운반할 수 있어서, 진정한 의미에서 최초의 전략폭격기라고 할 수 있었다.

이러한 1세대 전략폭격기들은 폭장량과 비행거리의 문제를 효과적으로 극복했으나, 소련이 MiG-15 제트 전투기와 방공미사일을 개발하면서 더 높고 빠르게 적지로 침투할 비행 능력을 갖춘 폭격기가 필요하게 되었다. 이에 따라 터보 프로펠러를 사용하던 B-29와 B-36 폭격기는 1959년을 마지막으로 은퇴했으며, 그 빈자리는 제트엔진을 탑재한 B-45 토네이도Tornado, B-47 스트라토제트Stratojet, B-58 허슬러Hustler 등이 대체하기 시작했다. 그러나 이들도 폭장량과 비행거리 측면에서 충분한 대체효과를 발휘하지는 못했다.

마침내 전략폭격기의 완성은 1950년대에 개발을 시작해 배치하기 시작한 B-52 스트라토포트리스Stratofortress를 통해 이루어졌다. 미국이 현재까지도 운용 중인 B-52는 1952년에 초도비행을 시행했으며, 7만 파운드(약 3만 1,500킬로그램)의 폭장량과 약 1만 4,000킬로미터의 비행거리를 가지고 있다. 이는 미국 본토의 기지에서 발진하여 소련의 핵심 지역까지 장거리 침투 후 핵무기를 투하할 수 있음을 의미했다. 또한, 시속 약 900킬로미터의 순항속도를 가지고 있어서 적의 방공망을 효과적으로 회피할 수 있었고, 전략폭격기로서의 임무를 효과적으로 수행할 수 있었다.

이 시기, B-52와 더불어 F-111을 기반으로 개발된 FB-111 아드바크Aardvark도 전략폭격기 전력의 한 축을 담당했다. FB-111은 폭장량이 적어서 200킬로톤 위력의 AGM-69 공대지 핵미사일을 6발(기체 내부 2발, 외부 4발)밖에 운용하지 못했지만, 거의 음속의 두 배에 달하는

B-52는 미국의 아음속 제트 추진 전략폭격기다. B-52는 1952년부터 보잉(Boeing)에서 제작하여 미 공군과 미항공우주국(NASA)에서 사용했으며, 지속적인 성능 개선을 통해 오늘날까지도 미 공군의 주력 폭격기로 활약 중이다. B-52의 별칭은 스트라토포트리스인데, 이는 성층권을 날아다니는 요새라는 의미다. 2024년 기준 58기가 현역으로 운용 중이다. 〈출처: WIKIMEDIA COMMONS | CC BY-SA 4.0 / Public Domain〉

FB-111은 F-111 전폭기를 바탕으로 제작한 폭격기다. 속도가 느렸던 B-52를 보완하기 위해 개발된 FB-111은 마하 2의 빠른 속력을 자랑했다. FB-111은 냉전이 끝나던 1991년까지 미 공군에서 운용했다. 〈출처: WIKIMEDIA COMMONS | CC BY-SA 4.0 / Public Domain〉

속도로 인해 적의 방공망을 효과적으로 무력화하는 데에는 장점이 있었다.

그러나 FB-111은 원래 전략폭격기 목적으로 개발된 비행기가 아닌 데다가 항속거리(약 6,000킬로미터)가 짧아서 장거리 임무를 수행하는 데 제약이 따랐다. 이에 따라 미국은 초음속 비행이 가능한 전략폭격기를 이와 별도로 개발했는데, 그것이 바로 현재도 운용 중인 B-1 랜서Lancer다. B-1은 4개의 제트엔진을 탑재하여 약 마하 1.3의 속도로 비행할 수 있고, 2만 3,000킬로그램의 폭장량을 가지고 있었다. 미국은 B-1으로 FB-111을 대체할 셈이었다. 이와 더불어 스텔스 기능을 갖춘 B-2 스피리트Spirit 폭격기까지 개발하여 1987년부터 배치하기 시작했다. B-2 폭격기는 적의 레이더에 발각되지 않고 은밀하게 적의 심장부까지 침투하여 핵무기를 투하할 수 있는 혁신적인 전략폭격기였다. 이로써 미국은 장거리 순항이 가능한 초대형 B-52, 초음속의 B-1, 스텔스 기능을 갖춘 B-2 등 세 종류의 전략폭격기로 구성된 전략폭격기 전력을 보유하게 되었다.

그러나 문제는 소련의 최신 미그기가 고성능 레이더를 탑재함에 따라 소련 영공으로 침투하는 B-1 폭격기를 조기에 식별하고 격추할 위험이 커진 것이었다. 이로 인해 B-1 폭격기는 빠른 속력으로 소련 영공으로 침투하여 폭격하는 방식의 전술을 사용할 수 없게 되었고, 작전 운용상 B-52와 큰 차이가 없게 되었다. 이에 지미 카터Jimmy Carter 대통령은 B-1의 핵 폭격 임무를 해제하고 재래식 폭격 임무로 전환하라고 명령한다. 이후부터 현재까지 미국의 전략폭격기 전력은 핵 탑재 공중발사순항미사일ALCM의 발사 플랫폼으로 운용하는 B-52와 전략 및 비전략 핵폭탄을 투하하는 B-2 스텔스 폭격기, 이 두 종류로 구성 및 운용되고 있다.[70]

B-1A는 록웰(Rockwell)이 제작한 미 공군의 전략폭격기다. 가변익을 가진 B-1A는 마하 1.3의 빠른 속도가 장점이었으나, 소련의 방공망이 향상되면서 이러한 장점이 상쇄되었다. 이에 따라 총 4대만 생산되었으며, 1977년부터 핵 폭격 임무는 해제되고 현재는 재래식 무장만 운용한다. 〈출처: WIKIMEDIA COMMONS | Public Domain〉

B-2는 레이더에 잡히지 않는 스텔스 기능을 바탕으로 적의 방공망을 뚫고 심장부를 폭격할 수 있는 능력을 갖춘 혁신적인 전략폭격기다. 현재까지 미 공군에서 운용 중이며, 비행거리는 약 9,600킬로미터다. 〈출처: WIKIMEDIA COMMONS | Public Domain〉

B-2 스피릿 전략폭격기가 핵무장이 제거된 B61-12 중력폭탄을 투하하는 모습. 〈출처: WIKIMEDIA COMMONS | U.S. Air Force〉

새로 개발된 B61-12 중력핵폭탄은 F-35 스텔스 전투기에서도 운용될 예정이다. 〈출처: WIKIMEDIA COMMONS | Public Domain〉

B-52에서 공중발사 핵순항미사일(ALCM) 발사 모습. 〈출처: WIKIMEDIA COMMONS | U.S. Air Force〉

AGM-86 ALCM(150킬로톤 위력의 W80 탄두 탑재). 〈출처: WIKIMEDIA COMMONS | Public Domain〉

대륙간탄도미사일(ICBM)

미사일 기술의 획기적인 발전으로, 미국은 소련을 직접 공격할 수 있는 대륙간탄도미사일^{ICBM}(이하 ICBM으로 표기)을 개발했다. ICBM은 미국 본토에서 발사되어 전 세계 어느 지점에도 도달할 수 있는 능력을 갖추고 있어서 소련의 핵공격 시 즉각 대응할 수 있는 장점이 있었다. 1959년 최초의 ICBM인 아틀라스^{Atlas}-D 6기가 배치되었는데, 이는 소련이 스푸트니크 위성을 발사한 지 2년 뒤였다. 이후 아틀라스-D/E/F, 타이탄^{Titan}-I/II, 미니트맨^{Minuteman}-I/II/III, MX 피스키퍼^{peacekeeper} 미사일 등 총 9개 종류의 ICBM이 개발되어 배치되었고, 탑재한 핵탄두는 총 8개 종류로 170킬로톤부터 10메가톤^{Mt}에 이르는 다양한 위력을 가지고 있었다.

미국의 ICBM은 3단계에 걸쳐 발전했다. 제1세대 ICBM은 아틀라스 D/E/F와 타이탄-I 미사일로, 이들은 액체연료를 사용했고, 지상에서 발사하거나 땅속에 눕혀 놓고 있다가 발사 시 90도로 세워서 발사하는 형태를 띠었다. 제1세대 ICBM들은 액체연료를 사용했는데, 액체연료로 쓰이는 하이드라진^{hydrazine}은 독성이 매우 높으며, 산화제로 쓰이는 질산은 부식력이 강해서 발사 직전에 미사일에 주입해야 했다. 이로 인해 액체연료를 사용하는 제1세대 ICBM들은 발사하기까지 시간이 많이 걸리는 단점이 있었다.

제2세대 ICBM은 이런 단점을 개량한 타이탄-II와 미니트맨-I 미사일이다. 이들은 고체연료를 사용하여 언제라도 즉시 발사할 수 있는 즉응성을 갖추었다. 또한, 땅속에서도 ICBM을 운용할 수 있도록 강화된 콘크리트 시설인 사일로^{Silo}를 구축하고, 5~10킬로미터 간격으로 분산

1960년 4월 22일 캘리포니아주 반덴버그(Vandenberg) 공군기지에서 실시된 아틀라스-D ICBM 발사 장면. 시신을 눕히는 관과 비슷하다 하여 코핀 벙커(Coffin Bunker)라 불리는 반경화 벙커에 눕혀 보관하던 아틀라스-D ICBM을 90도로 세워 발사하고 있다. 제1세대 ICBM들은 액체연료를 사용했는데, 액체연료로 쓰이는 하이드라진은 독성이 매우 높으며, 산화제로 쓰이는 질산은 부식력이 강해서 발사 직전에 미사일에 주입해야 했다. 이로 인해 액체연료를 사용하는 제1세대 ICBM 들은 발사하기까지 시간이 많이 걸리는 단점이 있었다. 〈출처: WIKIMEDIA COMMONS | Public Domain〉

❶ 발사 전 사일로 안에 있는 타이탄-II ICBM. ❷ 반덴버그 공군기지에서 시험 발사 중인 타이탄-II ICBM. 제2세대 ICBM인 타이탄-II ICBM은 고체연료를 사용하여 언제라도 즉시 발사할 수 있는 즉응성을 갖추었다. 또한, 땅속에서도 ICBM을 운용할 수 있도록 강화된 콘크리트 시설인 사일로(Silo)를 구축하고, 5~10킬로미터 간격으로 분산 배치함으로써 예상되는 소련의 선제 핵공격에 대한 방어력도 갖추었다. 〈출처: WIKIMEDIA COMMONS | Public Domain〉

미사일 액체연료와 고체연료

미사일은 로켓 연료를 연소시켜 추진력을 얻는다. 여기에는 액체연료와 고체연료, 두 종류의 연료가 있는데, 어떤 연료를 쓰는가에 따라 미사일의 군사적 및 전략적 효과가 크게 달라질 수 있다.

액체연료 미사일의 가장 큰 장점은 엔진이 내뿜는 추력을 조절할 수 있다는 것이다. 이는 미사일의 속도와 방향을 비행 중에 조정할 수 있음을 의미한다. 따라서 궤도를 세밀하게 조절하거나 특정 비행경로를 유지하거나 바꾸는 데 매우 유리하다. 또한, 일부 액체연료 미사일의 엔진은 재사용할 수 있다. 이러한 이유로 인공위성을 운반하는 우주 로켓은 액체연료를 사용한다. 그러나 액체연료 시스템은 복잡성과 민감성 때문에 취급과 유지·보수가 어렵다. 예를 들어, 액체연료로 쓰이는 하이드라진hydrazine은 독성이 매우 높으며, 산화제로 쓰이는 질산은 부식력이 강해 특수한 용기에 저온으로 보관해야 한다. 이러한 이유로 액체연료는 발사 직전에 미사일에 주입한다. 따라서 액체연료를 주입하는 시간 동안 대응이 지연되거나 적에게 발각되어 파괴될 수 있다.

반면에, 고체연료 미사일은 상대적으로 단순한 구조로 되어 있어 매우 신뢰성이 높고, 준비 시간 없이 즉각적인 발사가 가능하다. 이는 특히 전략적인 상황에서 중요한 이점을 제공한다. 즉, 적의 공격이 임박하거나 적이 미사일을 발사했을 경우 즉시 대응이 가능하다. 또한, 고체연료는 상온에서 안정적으로 보관할 수 있으며, 장기간 저장하고 운송하는 데에도 유리하다. 그러나 고체연료의 가장 큰 단점은 일단 점화되면 연소 종료 시까지 추력 조절이 어렵다는 것이다. 이는 미사일의 궤도나 비행경로를 비행 중에 변경하는 것을 어렵게 만든다. 그런데도 전략미사일의 연료로서 고체연료를 선호하는 이유는 신속 발사나 즉각 대응이 가능하다는 이점과 보관의 용이성에서 찾을 수 있다.

배치함으로써 예상되는 소련의 선제 핵공격에 대한 방어력도 갖추었다.

끝으로 제3세대 ICBM은 현재까지 미국이 실전용으로 운용하는 미니트맨-III와 MX 피스키퍼 미사일 등으로, 가장 눈에 띄는 특징은 다탄두개별목표재진입체MIRV, Multiple Independently targetable Re-entry Vehicle를 탑재했다는 것이다. 이것은 하나의 미사일에 제각각 목표를 타격할 수 있는

제3세대 ICBM인 MX 피스키퍼 미사일은 하나의 미사일에 제각각 다른 목표를 타격할 수 있는 다탄두개별목표재진입체(MIRV)를 탑재하여 적의 미사일 방어망을 무력화하고 적은 수의 미사일로도 충분한 전략적 효과를 달성할 수 있다. MX 피스키퍼 미사일은 10개의 핵탄두를 탑재할 수 있었다.
〈출처: WIKIMEDIA COMMONS | Public Domain〉

제3세대 ICBM인 미니트맨-III도 다탄두개별목표재진입체를 탑재했는데, 3개의 핵탄두를 탑재할 수 있었다. 왼쪽 사진은 제3세대 ICBM인 미니트맨-III에 W62 핵탄두를 탑재하는 모습이고, 오른쪽 사진은 미니트맨-III 시험 발사 모습이다. 〈출처: WIKIMEDIA COMMONS | Public Domain〉

다수의 핵탄두를 탑재함으로써 적의 미사일 방어망을 무력화하고 적은 수의 미사일로도 충분한 전략적 효과를 달성할 수 있다. MX 미사일의 경우 10개의 핵탄두를, 미니트맨-III의 경우 3개의 핵탄두를 탑재할 수 있었다. 냉전 이후 러시아와의 핵무기 군비통제 조약으로 인해 MX 미사일은 2005년에 전량 퇴역했으며, 미니트맨-III 미사일은 1개의 탄두만을 탑재하고 있다.

잠수함발사탄도미사일(SLBM)

잠수함발사탄도미사일SLBM(이하 SLBM으로 표기)은 잠수함에서 발사하는 탄도미사일이다. 이러한 SLBM을 발사하는 원자력 추진 잠수함을 전략핵잠수함SSBN, Submersible Ship, Ballistic missile, Nuclear-powered이라고 한다.

SLBM 기술도 크게 보면 3단계에 걸쳐 발전했다. 가장 먼저 등장한 제1세대 SLBM은 1957년 개발에 성공한 폴라리스Polaris이다. SLBM 개발이 다른 미사일 체계보다 비교적 늦은 것은 콜드 런칭cold launching(미사일을 발사관 밖으로 배출한 이후 점화하는 방식) 방식과 고체연료를 사용해야 했기 때문이다. 폴라리스 미사일 중 A-1은 사거리가 약 2,200킬로미터에 불과했다. 따라서 소련 인근까지 접근하여 발사해야 충분한 효과를 달성할 수 있었다. 또한 공산오차CEP가 910미터에 달해 정확도가 떨어지는 단점이 있었다. 따라서 비교적 위력이 큰 열핵탄두(수소탄)를 탑재해야 표적을 파괴할 수 있었다. 이는 오늘날과 달리 초기 잠수함이 자신의 위치를 즉각 파악하는 데에 어려움이 있었고, 이에 따라 SLBM을 정확하게 원하는 표적으로 유도하기가 어려웠기 때문이다. 폴라리스 미사일은 최초의 SSBN인 조지 워싱턴George Washington급 SSBN에서 주로 운용되었다.

폴라리스는 최초의 SLBM이었기 때문에 애초부터 완벽한 무기체계라고 볼 수는 없었다. 폴라리스의 개량형인 A-3에서는 4,600킬로미터까지 사거리를 확보했지만, 미 해군은 이것으로 만족할 수 없었다. 이에 따라 1963년에 미 해군은 폴라리스의 사거리를 증가시킨 새로운 미사일의 개발 계획을 수립한다.

폴라리스의 뒤를 이어 개발한 제2세대 SLBM이 바로 '포세이돈

SSBN-598 조지 워싱턴 전략핵잠수함(아래 사진)에서 발사되는 폴라리스 미사일 모습(위 사진).
조지 워싱턴급 전략잠수함은 16발의 폴라리스 미사일을 탑재했으며 1985년까지 활약했다. 〈출처:
WIKIMEDIA COMMONS | Public Domain〉

공산오차

공산오차CEP, Circular Error Probable는 미사일이나 포탄 같은 정밀유도무기가 목표에 도달할 때 발생하는 탄착 지점의 퍼짐을 측정하는 지표다. 구체적으로, 공산오차는 발사된 무기가 목표 지점을 중심으로 원을 그렸을 때, 그 원 안에 탄착 지점의 50%가 포함될 확률을 나타낸다. 예컨대, 공산오차가 100미터인 미사일은 목표 지점을 중심으로 반경 100미터 이내에 발사된 미사일의 절반 이상이 탄착한다는 것을 의미한다. 이 지표는 미사일의 정확도를 평가하는 데 중요한 역할을 한다. 즉, 미사일의 정확도가 높을수록 공산오차 값은 작아지며, 이는 더 정밀한 타격을 할 수 있음을 의미한다.

공산오차의 중요성은 핵탄두를 운반하는 핵미사일에서 두드러진다. 만약 공산오차가 작다면(정확도가 높다면) 위력이 작은 핵탄두를 탑재해도 원하는 전략목표에 충분한 피해를 줄 수 있다. 그러나 공산오차가 크다면(정확도가 낮다면) 위력이 강한 핵탄두를 여러 발 탑재해야 원하는 표적을 파괴할 수 있다. 표적에서 멀리 떨어져도 탄두의 위력이 강하므로 광범위한 지역에 피해를 줄 수 있기 때문이다. 초기 미국과 소련의 핵미사일은 이러한 점에서 한계가 있었다. 즉, 미사일의 정확도가 낮지만, 로켓엔진 기술의 한계로 대형 핵탄두를 여러 발 탑재하기 어려웠다. 이는 억제력이 그만큼 약하다는 것을 의미한다. 그러나 점차 기술이 발전하면서, 10발 이상의 탄두를 탑재하고 공산오차도 100미터 이내로 줄어들게 되었다. 이는 미국과 소련이 최소한의 미사일로 점차 상대방의 전략적 표적을 확실히 파괴할 수 있는 능력을 갖추게 된 것을 의미했다.

Poseidon' 미사일이다. 포세이돈 미사일은 1세대 SLBM에 비해 혁신적으로 발전된 성능을 가지고 있었다. 개발의 목표는 기존 잠수함의 미사일 발사관을 최대한도로 활용할 수 있도록 미사일 크기를 최대한 크게 만드는 것이었다. 또한, 사거리를 늘려 소련에서 아주 멀리 떨어진 지역에서도 타격할 수 있게 했다.

이렇게 탄생한 포세이돈은 몇 가지 특징을 갖고 있었다. 첫째, 200킬로톤 위력의 W58 핵탄두 3발을 탑재하던 폴라리스와 달리 포세이돈

제임스 매디슨급 SSBN-631 율리시스 S. 그랜트 전략핵잠수함(아래 사진)에서 발사되는 포세이돈 미사일 모습(위 사진). 제임스 매디슨급 전략핵잠수함은 16발의 포세이돈/트라이던트 I 미사일을 탑재했으며 1995년까지 활약했다. 〈출처: WIKIMEDIA COMMONS | Public Domain〉

벤자민 프랭클린급 전략핵잠수함 SSBN-658 마리아노 G. 바예호(USS Mariano G. Vallejo)(아래 사진)에서 발사되는 트라이던트-I 미사일 모습(위 사진). 〈출처: WIKIMEDIA COMMONS | Public Domain〉

은 최대 14발의 W68 핵탄두를 탑재할 수 있었다. W68은 위력이 40 킬로톤으로 W58의 20%에 불과했지만, 포세이돈 미사일은 최대 14발의 MIRV 탄두를 탑재할 수 있었다. 또한 정확도가 높았기 때문에(공산오차 560미터) 전략적으로 더 높은 효과를 달성할 수 있었다. 특히 포세이돈 미사일은 5,600킬로미터를 비행함으로써 폴라리스보다 사거리가 길다는 장점도 있었다. 이러한 포세이돈 미사일은 라파엘Raphael · 제임스 매디슨James Madison · 벤저민 프랭클린Benjamin Franklin급 잠수함에 탑재되어 1992년까지 운용되었다.

이후 등장한 제3세대 SLBM은 현재에도 운용 중인 트라이던트Trident I/II다. 전략적 효과가 뛰어난 진정한 SLBM이라 할 수 있는 트라이던트는 우선 사거리가 8,000~1만 2,000킬로미터로, 미국의 전략핵잠수함이 지구상 어느 곳에 있든 원하는 표적을 타격할 수 있는 능력을 갖추었다. 또한, 트라이던트-II에 탑재되는 탄두 중 일부는 GPS를 사용하여 명중률이 현저히 향상되었다(공산오차 약 100미터). 트라이던트-II 미사일은 미국의 오하이오Ohio급 전략핵잠수함에서 운용하고 있으며, 아울러 영국의 뱅가드Vanguard급 전략핵잠수함에서도 운용하고 있다.

요컨대, SLBM과 SSBN의 개발로 인해 미국 핵전력의 생존성은 크게 향상되었다. 특히 폴라리스, 포세이돈, 트라이던트 잠수함발사탄도미사일은 잠수함이 수면으로 나오지 않은 채 수중 약 50m 내외에서 은밀하게 발사할 수 있는 능력을 제공했으며, 이는 적의 탐지 및 공격에 대해 생존력을 제공했다. 이처럼 SSBN은 탐지가 어려워 적에게 예측할 수 없는 위협을 제공하며, 핵 위기가 고조되는 상황에서도 지속적인 핵 억제력을 유지하는 데 필수적인 요소로 간주한다.

핵 3축 체계의 상호보완성과 확증파괴전략의 실행

핵 3축 체계는 상호보완적으로 운용되어야 억제전략의 효과를 극대화할 수 있다. 예를 들어, ICBM은 적의 선제공격에 대한 신속한 대응을 보장하는 반면, SLBM은 적의 선제공격에 대한 생존 가능성을 높여 보복능력을 유지한다. 이는 적에게 어떠한 공격도 무모한 것임을 인식시켜 공격을 억제하는 데 중요한 역할을 할 수 있다. 또한, 전략폭격기는 임무 변경의 가능성과 함께 장거리 공격 능력을 제공함으로써 위기 관리와 같은 유연한 전략적 선택지를 제공한다. 이러한 방식으로, 핵 3축 체계는 서로 다른 능력과 장점을 결합함으로써 미국 핵 억제력의 핵심 수단으로 자리 잡게 되었다.

1960년대 중반 이후 핵 3축 체계의 발전은 맥나마라 국방장관 시대 등장한 '확증파괴Assured Destruction 전략'*의 배경이 되었다. 확증파괴전략은 소련의 선제 핵공격을 흡수한 뒤 핵 3축 체계를 바탕으로 파멸적인 보복 공격(제2격)을 수행함으로써 소련 전체 인구의 25~33%와 산업 능력의 75%를 파괴하는 것을 목표로 했다.[71]

확증파괴전략은 두 가지의 두드러진 전략적 효과를 가진다. 우선 소련에 대한 직접 억제력을 발휘하여 소련이 미국 본토에 대해 핵 공격을 가하면 소련 본토에도 그 이상의 피해를 강요할 수 있다는 확증을 준다. 따라서 미국 본토를 제외한 다른 지역에서 핵 위기가 고조되더라

---

* 확증파괴전략: 1960년대 초·중반 케네디 행정부와 존슨 행정부 당시 국방장관이었던 맥나마라에 의해 구체화되었다. 이에 따라 맥나마라 전략으로 부르기도 한다.

도 이러한 위험이 미국 본토로 번지는 것을 막을 수 있다. 즉, 비록 지역적 갈등 상황이 핵전쟁으로 번지더라도 소련이 미국 본토에 대한 핵공격을 감히 생각조차 할 수 없도록 유도한다.

두 번째는 위기 고조를 제한하는 효과가 있다. 유럽을 비롯한 각 지역에서 재래식 전력과 핵전력을 통합한 유연한 대응을 할 경우, 위기가 고조됨에 따라 제한 핵전쟁도 발발할 수 있다. 이때, 미국의 핵 3축 체계는 제한 핵전쟁이 전면 핵전쟁으로 확전되지 않도록 제한하는 역할을 한다. 만약 소련이 제한 핵전쟁을 수행하다가 전면 핵전쟁으로 확전하려고 한다면 미국의 핵 3축 체계에 의한 확증파괴 보복을 감수해야 하기 때문이다. 따라서 전략핵을 사용하여 전면 핵전쟁을 수행하려는 소련의 의도는 조기에 단념될 가능성이 커진다.

확증파괴는 1960년대까지 미국의 일방적 정책으로 남아 있었다. 그러나 소련도 핵 3축 체계를 보유한 후에는, 상호 공멸의 위험이 내재된 상황을 의미하는 '상호확증파괴MAD, Mutually Assured Destruction' 상태에 놓이게 되었다. 이는 미·소 간 핵전력이 균형상태에 도달했음을 의미했다. 이후, MAD는 전면 핵전쟁의 위험을 보여준 상징적인 약어로서 통용되었다. 즉, 확증파괴전략은 언제든 양국의 정치지도자나 핵무기를 운용하는 인원들의 실수로 전면적 핵전쟁과 파괴가 발생할 수 있는 가능성을 내재한다.

●

1970년대, 핵전략의 변화가 지속되다

1968년 맥나마라 장관이 베트남 전쟁의 실패에 대한 책임을 지고 린든 B. 존슨Lyndon Baines Johnson, 대통령에 의해 해임되었다. 이후, 클라크

클리퍼드Clark Clifford와 멜빈 레이어드Melvin Laird가 연이어 국방장관직을 수행했다. 1970년대 초반, 미국의 핵전략에는 점진적인 변화가 관찰된다. 확증파괴의 근간을 유지한 가운데 핵 3축 체계의 기술적 발전과 충분한 수량의 확보를 강조한 것이다.

1969년 출범한 닉슨Richard Nixon 행정부 시기부터 미국은 중대한 전략 환경의 변화에 직면했다. 무엇보다 미국의 소련에 대한 핵 우위가 종식되면서 미·소 양국은 MAD 상태에 도달하게 된 것이다. 이에 미·소 양국은 이러한 점을 서로 인정하면서 안정적인 전략균형 유지의 필요성에 공감했고, 마침내 전략무기제한조약—[SALT I, Strategic Arms Limitation Treaty I에 관한 협상에 돌입하게 된다. 또한 베트남 전쟁에서 실패를 경험하게 된 미국은 세계 경찰관의 지위와 신고립주의 사이에서 신중한 태도를 보이면서 전략, 재정, 인적 자원, 정치의 현실 등을 종합적으로 고려했으며, 군사개입이나 군비확장을 최대한 자제하는 정책을 선호하게 되었다.

이러한 전략 환경의 변화를 반영하여 레이어드 장관은 1970년 2월 발간된 국방백서에서 미국은 군사적 수단보다는 외교적 수단과 협상을 통해 소련의 팽창을 저지해야 한다고 제시했다. 또한, 소련에 대한 핵전력 우위와 제한 핵전쟁에 대한 충분한 억제력을 바탕으로 '전략적 충분성Strategic Sufficiency'을 갖춰야 한다고 강조했다. 이를 위해 제2격 능력을 구비하고 ICBM 사일로를 견고하게 건설하며, 소련의 MIRV 위협에 대비하여 기존 미사일방어체계인 '센티넬Sentinel'을 개선된 미사일방체계인 '세이프가드Safeguard'로 전환하는 등 전략핵무기의 취약성을 감소하기 위한 노력을 했다.

레이어드는 이러한 노력의 연장선에서 1971년 3월 국방백서를 통해 현실적 억제전략의 필요성을 역설한다. 그는 국제사회의 평화와 자유 수호에 대한 동맹·우방국의 책임과 방위분담 등을 강조하면서 공동의 위협에 대해 상호지원하는 평화의 구조를 만드는 것이 오늘날 가장 현실적인 억제전략임을 주장했다.

이러한 와중에 1973년, 랜드 연구소 분석가 출신인 제임스 슐레진저 James Schlesinger가 닉슨 행정부의 국방장관이 되면서 미국의 핵전략에는 마침내 가시적인 변화가 생겼다. 사실 이러한 전략 변화의 배경에는 슐레진저 국방장관과 키신저 국무장관이 자리 잡고 있었다. 당시 핵 전략가들 사이에서 가장 큰 쟁점은 확증파괴전략의 신뢰성이었다. 과연 미국의 대통령이 소련의 제한된 핵공격에 대해 소련 민간인의 대량살상이 불가피한 보복공격을 실제로 실행할 수 있겠느냐가 관건이었다. 결국, 상대방의 도시에 대한 공격은 상응한 자국의 도시에 대한 보복공격을 불러올 것이 자명하며, 이는 결국 전면 핵전쟁으로 확전할 것이므로 상호 공멸의 위험성이 있는 확증파괴전략을 대체할 새로운 대안이 필요하다는 인식이 널리 퍼졌다.

이러한 노력을 가속한 주인공은 다름 아닌 키신저 국무장관이었다. 그는 제한 핵전쟁의 가능성과 억제력을 강화할 수 있는 다양한 선택지에 관해 관심을 두었다. 이에 1971년 4월 국가안전보장회의NSC, National Security Council를 주축으로 '전략적 목표Strategic Objectives'에 대한 연구를 수행하여 소규모 핵교전을 포함한 다양한 제한 핵전쟁의 가능성을 탐색했다. 사실 이러한 검토 과정은 1961~1962년 사이에 제기되었던 맥나마라의 '도시회피No-cities' 정책과 유사한 논리를 따라갔다. 다만 차이점은 그 이전보다 핵무기의 정확성과 통제에 관한 과학기술이 발전되었다는 점, 미·소 양국이 함께 확증보복 능력을 이미 확보했다는 점, 소련이 비교우위의 대군사공격counter-force strike 능력을 갖추기 위해 엄청난 노력을 쏟고 있다는 점 등에서 찾아볼 수 있었다.

한편 이러한 전략 검토 과정에 뒤늦게 참여한 슐레진저는 맥나마라의 전략이 미국이 소련에 대해 핵 우위에 있던 시기에 만들어졌고 그 사이 중요한 변화들이 있었으므로, 이를 반영해 전략을 수정해야 한다고 생각했다. 예를 들어, 1970년대부터 소련이 미국에 대한 핵 우위를 달성하기 시작했고, 핵무기 기술 측면에서도 MIRV 등 다탄두의 개발과 탄두의 정밀도가 대폭 향상되었다. 결국 슐레진저 장관은 무조건 확증파괴를 추구하기보다는 효율적인 핵무기 사용이 필요하다는 생각이었다. 이에 따라 1972년 초 슐레진저는 존 포스터John Foster 국방부 연구기술국장을 수장으로 하는 고위급 위원회를 구성하여 새로운 국가 핵정책에 대한 보고서를 작성하도록 지시했다. 위원회는 보고서에 제한 핵사용 전략의 필요성에 대한 강력한 권고안을 담았고, 슐레진저와 키신저는 이것을 전폭적으로 지지한다.

마침내 1974년 1월 슐레진저 장관은 자신의 구상을 구체적으로 정리한 실천적 핵 독트린인 '제한 핵옵션Limited Nuclear Options'을 공식적으로 발표했다.* 여기에는 세 가지 핵심 요소가 포함되었다. 우선, 국가지휘부는 핵무기 사용에 관해 상호 도시 파괴를 회피하기 위해 전술핵무기부터 전략핵무기까지 포함된 다양한 선택지를 가져야 하며, 확전 가능성도 동시에 고려해야 한다. 둘째, 위협 특성에 맞는 억제 및 보복 행동을 적절하게 선택함으로써 상대방을 설득할 수 있는 '설득적 억제'를 추구해야 한다. 셋째, 특정 표적에 대한 공격을 배제하는 '보류withhold' 전략을 통해 도시에 대한 무차별적 핵공격이나 핵보복을 실행하기에 앞서 상대방이 분쟁을 종결하도록 유도할 수 있는 융통성을 갖춰야 한다.

---

* 슐레진저 장관의 핵교리는 '선택적 표적화 전략(Selective Targeting Strategy)'으로도 알려졌다. 제한 핵옵션의 진수는 대응력이 아니라 표적화의 선택성이다. 제한 핵옵션에 따른 대응력이 상대에게 제2격 능력의 생존을 위태롭게 하는 경우, 분쟁 또는 전면 핵전쟁을 제한한다는 핵심 목표 자체를 훼손시킬 수 있다.

1974년 11월 백악관 브리핑에 참석한 제임스 슐레진저 국방장관(오른쪽)과 제럴드 R. 포드 대통령(가운데)과 헨리 키신저 국무장관(왼쪽)의 모습. 슐레진저는 하버드 대학교에서 경제학으로 학사·석사·박사학위를 받았으며, 이후 버지니아 대학교에서 경제학 교수로 재직하다가 1963년에 랜드 연구소로 자리를 옮겨 핵전략을 분석했다. 1973년부터 닉슨과 포드 행정부에서 국방장관을 역임했는데, 당시 그의 나이는 44세였다. 국방장관으로서 슐레진저는 미국의 핵무기가 소련에 대해 우위에 있다는 점을 바탕으로 제한적 핵전쟁이 가능하다고 주장하며 이른바 '슐레진저 독트린'을 제시했다. 〈출처: WIKIMEDIA COMMONS | Public Domain〉

이러한 슐레진저 독트린Schlesinger Doctrine은 1974년 4월 닉슨 대통령이 승인한 '국가안보결정각서NSDM, National Security Decision Memorandum-242'로 구체화되었다. 무엇보다 NSDM-242는 광범위한 제한 핵사용 전략에 대한 기획 지침을 포함했다. 우선 핵무기 사용은 미국이나 동맹국이 수용할 수 있는 수준에서 전쟁의 조기 종결을 위해 추구되어야 하며, 효용성을 높이기 위해 재래식 전력과 조화롭게 사용되어야 한다는 점이 강조되었다. 또한, 적의 전쟁 지속력을 제한하고, 적과 끊임없는 소통

단일통합작전계획

단일통합작전계획SIOP, Single Integrated Operational Plan은 1961년부터 2003년까지 약 40년간 적용된 미국의 전략적 핵전쟁 계획이다. 'SIOP-62'로 명명된 최초의 단일통합작전계획은 1961년 7월 1일부터 시행되었다. 이후 여러 차례의 개정 과정을 거쳐 마침내 2003년 2월 새로운 '작전계획 8044(OPLAN 8044-03)'에 의해 대체되었다. 단일통합작전계획은 미국의 대통령에게 핵무기 발사 상황에서의 다양한 타격 옵션, 표적 목록, 발사 절차 등을 제공했다. 또한 미국은 단일통합작전계획을 통해 핵 3축 체계의 능력들을 효과적으로 통합할 수 있었다. 최초 단일통합작전계획은 소련 및 동구권에 대한 선제 또는 보복 목적을 달성하기 위한 대규모 단일 핵타격에 대한 계획이었다. 이후 표적의 성격이나 특징, 핵공격 방식(선제 또는 보복)을 토대로 몇 가지 주요 공격 옵션을 포함한 계획으로 발전되었다.

을 보장할 수 있는 제한적 핵공격 전략의 개발이 요구되었다. 이를 위해 적의 몇몇 표적들은 파괴하지 않고 남겨두어야 한다. 이는 적이 공격을 재고하도록 하는 역할을 한다. 또한, 제한 핵공격의 시기와 속도를 통제할 수 있는 유연한 전략의 개발이 강조되었다.

NSDM-242 승인 이후 미국의 선언정책의 변화와 더불어 '핵무기 사용 정책NUWEP-74, Nuclear Weapons Employment Policy'이 수정되었다. 그러나 1975년, 슐레진저는 키신저 국무장관과의 의견 차이로 인해 중도에 해임되었다. 하지만 슐레진저 독트린은 1976년 1월 1일 핵전쟁 계획인 '단일통합작전계획SIOP, Single Integrated Operational Plan'의 개정(SIOP-5)을 이끌었다. 이 개정안에는 다수의 제한적이고 실질적인 제한 핵공격 옵션들이 포함됨으로써, 결국 슐레진저 독트린이 제도화된 것이다. 1983년까지 시행된 SIOP-5는 4만여 개의 개별 표적을 통합하고 이에 대한 제한적이고 엄선된 공격 옵션들을 포함했으며, 소련의 국가 지휘통제망 및 몇몇 지정된 목표물들을 공격 대상에서 보류했다.

한편, 닉슨과 포드Gerald Rudolph Ford Jr. 대통령이 임기를 마친 뒤 1977년 1월 제39대 대통령으로 지미 카터Jimmy Carter가 취임했다. 카터 대통령은 뛰어난 핵물리학자이자 전 공군장관인 해럴드 브라운Harold Brown을 국방장관으로 임명했다. 이전 행정부보다 핵무기 감축에 대한 강한 열의를 가졌던 카터 대통령은 브라운 장관에게 '핵무기 표적화 정책 검토'를 지시했다. 이에 브라운 장관은 국가안보실 윌리엄 오돔 대령William E. Odom*의 도움을 받아 '미국의 핵무기 운용 정책에 관한 대통령 지침Presidential Directives, PD-59호'를 작성했다.

카터 대통령은 1980년 7월 25일에 PD-59를 승인한다. PD-59는 2012년에 기밀 해제되었고 '상쇄전략Countervailing Strategy'으로 불렸는데, 이는 소련의 핵전략이 억제보다는 전쟁에서 승리를 추구한다는 인식과 함께 충분한 제한 핵전쟁 능력을 보유하고 있다는 분석에 기초했다. 따라서 PD-59는 소련의 이러한 제한 핵공격의 실행을 거부하는 데 중점을 두고 소련과 동등한 핵 능력과 태세, 즉 '필수적 동등성essential equivalence'을 보유해야 한다는 점을 강조했다. 또한, 전면 핵전쟁을 억제하기 위한 확전 통제의 중요성과 억제 실패 시 '피해 최소화damage limitation'에 중점을 둘 것을 요구했다.

이러한 요구 사항에 맞춰 PD-59는 다섯 가지를 강조했다. 우선 소련에 대한 공격 목표의 우선순위를 대도시 또는 산업지대로부터 적의 핵전력, 지휘통제체계, 군사지원시설 등 정치·군사 중심counterforce으로 전환할 것을 요구했다. 둘째, 소련의 핵 위기 고조 및 제한 핵전쟁에 유

---

* 윌리엄 오돔 대령은 닉슨·포드 행정부의 NSDM-242에 따라 미 국방부가 유연한 독트린을 실행하기 위한 시스템을 충분히 구축하지 못했다고 비판했다. 이에 소련 지도자들에게 유리한 핵전쟁이 되지 않을 것이라고 설득할 수 있도록 미국이 핵능력을 충분히 갖추어야 한다고 주장했다. 특히 유연성의 중요함, 지속적인 지휘 및 통제, 핵무기 적용의 선택성 등을 강조했다.

해롤드 브라운은 1977년부터 1981년까지 지미 카터 행정부에서 국방장관을 지낸 미국의 핵 물리학자다. 이전 린든 B. 존슨 행정부에서는 공군장관(1965년~1969년)을 역임하면서 미 공군 전력 강화에 힘썼다. 브라운은 15세에 브롱크스 과학고등학교를 졸업하고, 21세에 컬럼비아 대학교에서 물리학 박사학위를 받은 것으로 유명하다. 국방장관 재임 시기에 그는 상쇄전략(Counterveiling Strategy)로 불리는 PD-59를 입안하여 더욱 유연한 핵전략과 강력한 핵 방호체계를 갖추도록 노력했다. 〈출처: WIKIMEDIA COMMONS | Public Domain〉

연하게 대응할 수 있는 다양한 선택지를 갖춰야 한다. 셋째, 소련의 제 3격에 의한 대도시 공격에 응수할 수 있는 강력한 보복력을 지속 유지 해야 한다. 넷째, 국가안보를 위해 필요시 핵 선제 사용도 불사한다. 다 섯째, 소련의 핵공격에 대비하여 핵방공망, 대피시설, 민방위 등 효과 적이고 강력한 방호체계를 갖춰야 한다. 이외에도 최신 및 변화하는 상 황에 대한 신속한 대응을 위해 단기간에 핵 사용 계획을 수립할 수 있 는 기획 능력의 중요성을 강조했다. 결국 브라운은 이를 통해 소련이 핵전쟁에서 얻을 수 있는 것보다 잃는 것이 더 많다는 것을 명백하게 인식하도록 만들고자 했다.

요컨대, 맥나마라에서 슐레진저, 브라운으로 이어지는 국방장관들이 발전시킨 미국의 핵전략은 핵무기 사용과 관련하여 무조건적인 대량 보복보다는 다양한 방안을 선택할 수 있는 유연성과 제한적이고 선택 적인 대응에 중점을 두면서 전면적인 핵전쟁으로의 확전을 회피할 수 있는 유연한 선택지를 개발하는 데 초점을 맞추었다. 이러한 관점은 미 국의 선언정책과 핵전쟁 계획에 그대로 반영되었으며, 오늘날까지도 그 맥락이 면면히 이어지고 있다.

CHAPTER 5

핵군비통제 전략의
기원과 교훈

1962년 쿠바 미사일 위기는 핵무기 군비경쟁이 몰고 오는 위험성을 미국과 소련의 당사자들에게 각인시키는 계기가 되었다. 핵전쟁의 문턱까지 위기가 고조되었던 이 사태를 계기로 미국과 소련은 핵무기 통제의 필요성을 깊이 인식하게 되었다. 냉전 시기 핵무기 통제는 단순히 평화 유지 조치를 넘어서 전쟁의 발발 위험을 줄이고, 지나친 군사비 지출을 막는 동시에 상대방의 강점을 제한함으로써 전략적 우위를 달성하게 하는 중요한 '전략'이었다. 이러한 배경에서 양국은 핵무기 군비통제에 대해 조심스러운 첫걸음을 내딛기 시작한다.

이후 20년간 이어진 핵 군비통제 협상을 통해 미국과 소련은 지속적으로 대화와 교류를 했고 서로 간의 신뢰를 쌓아갔다. 이는 상대방이 자신을 핵무기로 기습공격하지 않을 것이라는 의도에 대해 예측이 가능해지고, 상호 공존Modus Vivendi에 대한 공동의 이익이 존재한다는 믿음이 생겼음을 의미했다. 이렇게 군비통제를 통한 상호 신뢰의 축적은 "경쟁하되 싸우지 않는다Competition without Conflict"로 특징 지어지는 1970년대와 1980년대 미·소 관계를 형성한 중요한 원동력이었으며, 미국과 소련 간 전략적 안정성을 유지하는 핵심 메커니즘으로 자리매김했다.

이번 장에서는 미국이 소련과의 군비통제 추진을 통해 핵전쟁의 위험을 관리하고 군사비를 절약한 과정을 살펴보겠다. 무엇보다 그 중심에는 평화에 대한 열망 못지않게 자신에게 유리한 카드를 지키면서 전략적 우위를 차지하려는 현실적인 동기가 자리하고 있었음을 확인하게 될 것이다.

쿠바 미사일 사태와 상호 공멸의 위기

1962년 10월 14일, 캘리포니아주 에드워즈Edwards 공군기지를 떠나 쿠바 상공을 정찰하던 U-2 정찰기가 미사일로 보이는 의심스러운 영상을 포착한다. 그 다음날 미 공군 루돌프 앤더슨Rudolf Anderson 소령이 조종하는 U-2기도 같은 장소에서 동일한 영상을 수집했다. 촬영된 자료를 분석하던 정보요원들은 식별된 미사일들이 1960년 11월 8일 모스크바의 붉은광장에 모습을 드러냈던 SS-4 중거리 미사일이라고 분석했다. 발사대 주변에는 연료 공급과 정비에 필요한 시설도 세워졌다. 만약 이것이 사실이라면 이는 미국 동부의 주요 도시들이 심각한 핵위협에 처하게 되었음을 의미했다.[72]

미국의 정보요원들은 만약 미국이 이 사실을 알아차렸다는 것을 소련이 알게 된다면, 소련이 먼저 기습공격을 할 수도 있다고 생각했다. 그래서 이들은 예고도 없이 케네디 대통령의 면담을 요청하고 이 사실을 알린다. 케네디 대통령은 즉각 자기 동생이자 정치적 동지였던 로버트 케네디Robert Kennedy 법무장관과 이 사실을 공유했다. 이에 대한 모든 사실은 비밀에 부쳐졌으며, 케네디 대통령은 평소와 다름없이 정상적으로 업무를 수행하는 듯이 행동했다.

10월 16일부터 시작된 백악관의 기밀 대책회의는 소련의 의도를 파악하는 데 있어서 상당히 애를 먹었다. 케네디 대통령과 미국의 전략가들은 소련이 유럽에서 영향력을 확대하고 자유의 상징이었던 서베를린을 점령하고자 한다고 생각했다. 만약 소련이 서베를린과 서독을 공격하려 한다면, 미국이 유럽에 전면적으로 개입하지 못하도록 족쇄를 채워놓고자 할 것이라고 보았다. 그렇다면 쿠바에 미사일을 배치하는

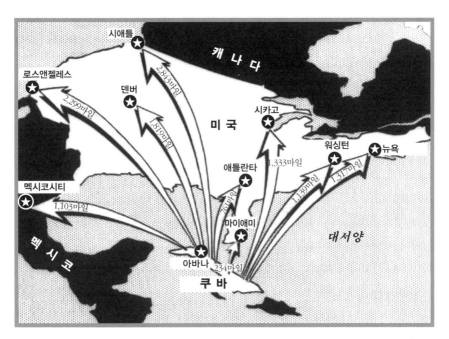

〈그림 5-1〉 쿠바 미사일 위기 당시 쿠바에 배치된 핵미사일 사정권에 있는 미국의 대도시

것은 매우 합리적이고 전략적인 선택일 수 있었다. 워싱턴과 뉴욕을 공격할 수 있는 미사일들이 인접한 쿠바에 배치되어 있다면, 미국은 함부로 유럽에서 소련에 맞서 싸울 수 없기 때문이다. 그러나 이것은 소련 의도에 대한 미국의 명백한 오판이었다.

한편, 소련도 미국처럼 상대방의 의도에 대해 오판하고 있었다. 1959년 피델 카스트로Fidel Castro가 바티스타Batista 정권을 무너뜨리고 쿠바를 공산화한 이래 미국은 계속하여 쿠바에서 카스트로 정권을 몰아내고자 했다. 실례로 미국은 1961년 4월 쿠바 망명자 1,400명을 훈련시켜 쿠바 남부의 피그만The Bay of Pigs을 공격했지만, 결과적으로 실패로 돌아간다. 따라서 소련 지도부는 만약 쿠바에 배치한 소련 핵무기를 철수하면 미국이 다시 쿠바를 공격하리라고 생각했다. 그러나 소련의 이

쿠바 미사일 위기가 최고조에 다다랐던 1962년 10월 29일, 존 F. 케네디 대통령이 로버트 맥나마라 국방장관, 맥조지 번디(McGeorge Bundy) 국가안보좌관 등과 함께 백악관 국무회의실에서 국가안보회의를 열고 있다. 〈출처: WIKIMEDIA COMMONS | Public Domain〉

러한 생각과 다르게 미국은 더는 쿠바를 공격할 의도가 없었다.

　10월 22일 케네디 대통령은 대국민 연설을 통해 쿠바에 소련의 핵무기 발사대가 있음을 밝히며 소련에 이에 대한 철수를 요구했다. 또한, 더는 '공격용 무기'가 쿠바에 배치되지 않도록 '검역quarantine'을 추진하겠다고 발표했다. 이는 무기를 실은 선박이 쿠바로 들어가지 못하도록 해상봉쇄를 하겠다는 말을 완곡하게 표현한 것이다.

　이렇게 위기가 고조되고 있었지만, 양측은 핵전쟁이 미국과 소련 모두의 공멸을 가져오리라는 것을 잘 알고 있었다. 그래서 서로 대치하는 상황에서도 핵전쟁을 피하고자 했다. 미국은 해상봉쇄선을 설치했지만, 무기를 싣지 않은 선박은 검색하지 않고 통과시켰으며, 소련은 무기를 적재한 선박을 자진해서 회항시켰다. 또한, 해상봉쇄선 주변에서 공격적으로 보일 수 있는 상대방의 행동에는 적극적으로 대응하지 않았다.

10월 27일 결정적 사건이 발생했다. 소련군이 앤더슨 소령이 조종하던 U-2기를 쿠바 상공에서 격추한 것이었다. 케네디 대통령은 사태가 더 이상 통제할 수 없는 지점에 이르렀다고 판단했다. 만약 이에 대응하여 무력을 사용하면 핵전쟁까지 위기가 고조될 수 있는 상황이었다. 절체절명의 순간에 케네디 대통령은 동생인 로버트 케네디에게 소련과 담판을 하도록 지시한다. 이에 로버트 케네디는 주미 소련대사였던 아나톨리 도브리닌Anatoly Dobrynin을 만나 양측의 입장을 조율했다. 그 결과, 소련은 쿠바에 배치한 모든 핵무기를 철수하고, 미국은 쿠바를 공격하지 않기로 합의한다. 이에 더해 미국은 터키에 배치한 주피터Jupiter 핵미사일을 조용히 철수하기로 했다. 이렇게 해서 쿠바 미사일 위기는 빠르게 해소되었다.

●

제한적 핵실험 금지와 NPT

쿠바 미사일 위기는 핵전쟁의 위험에 대한 중요한 교훈을 남겼다. 미국과 소련 양국이 서로의 핵심 도시들을 핵무기로 공격할 수 있는 능력이 있는 상황에서 만약 전쟁이 일어난다면 모두가 공멸할 수 있는 상호확증파괴Mutually Assured Destruction 상태의 실재를 확인한 것이다.[73]

쿠바 미사일 사태 이후 미국과 소련은 핵전쟁의 위험을 낮추는 것이 서로에게 이롭다는 것을 확인하고 협력을 모색해야 할 필요성을 느끼기 시작했다. 먼저 손을 내민 것은 소련 측이었다. 니키타 흐루쇼프Nikita Khrushchyov 소련 공산당 서기장은 쿠바 미사일 위기가 진행 중이던 1962년 10월 27일 케네디 대통령에게 보낸 편지에서 핵무기 군비통제 협상의 가능성을 타진했다. 미국도 나름대로 핵무기 개발을 지속해야 할지에 대한 고민이 있었다. 특히 계속되는 핵실험으로 인해 대기 중 방사성 물질의 농도가 높아져서 우려가 커졌다. 심지어는 아이들이 먹는 우유에서도 방사능이 검출될 정도였다.[74] 따라서 1962년 말 케네디가 대기권 핵실험의 재개를 승인했을 때 미국 시민들은 크게 반발했다.[75]

이러한 배경에서 1963년 6월 케네디 대통령은 소련이 잘 따라준다면 미국은 더 이상 대기권 핵실험을 하지 않겠다고 선언했다. 이후 양국은 핵실험 제한을 위한 회담을 시작했는데, 회담은 의외로 순탄하게 진행되었다. 이러한 배경에는 예전에는 상대방이 지하 터널에서 핵실험을 실시하는 것을 알아채기 어려웠으나, 기술의 발전으로 언제, 어디서, 어느 정도 위력의 핵실험을 했는지를 비교적 정확하게 파악하는 것이 가능해진 이유도 있었다. 따라서 미국과 소련 사이에 긴장을 고조시키고 대중의 비난도 받을 수 있는 지상 핵실험을 굳이 실시할 이유가 없어진 것이다.[77]

한편, 소련도 핵실험을 금지하고 미국과의 관계를 개선할 필요성이 있었다. 1958년 스푸트니크 위성 발사 이후, 소련의 미사일 기술 발전은 상대적으로 느렸고, 미국에 대한 우위를 확보하지 못했다. 특히 1963년 당시, 소련의 ICBM 전력은 미국의 6분의 1 수준에 불과했다. 이러한 기술적 열세는 소련으로 하여금 핵실험 금지와 미국과의 관계

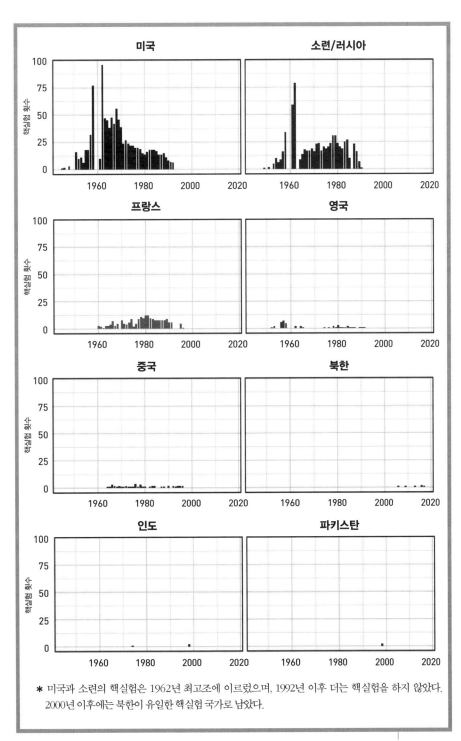

* 미국과 소련의 핵실험은 1962년 최고조에 이르렀으며, 1992년 이후 더는 핵실험을 하지 않았다.
  2000년 이후에는 북한이 유일한 핵실험 국가로 남았다.

〈그림 5-2〉 국가별 핵실험 횟수[76]

변화를 추구하도록 만든 중요한 요인이었다.* 따라서 소련은 당분간 ICBM 개발에 집중하면서도 미국과 지나친 충돌은 피하려 했다. 이는 그간의 무조건적인 대결적 관계에서 벗어나 새로운 관계로 전환하려는 전략적 시도였다.[78]

소련이 핵실험금지조약에 순순히 동의한 배경에는 중국을 견제하려는 의도도 포함되어 있었다. 1950년대 초반부터 소련은 핵무기 제작 기술을 전수하고 과학자들을 교육하는 방식으로 중국의 핵무기 개발을 지원했다. 하지만 1956년부터 중국과 소련 사이의 관계는 서서히 악화되기 시작했다. 특히 스탈린이 사망한 이후 이를 계승한 흐루쇼프가 스탈린을 비판하자, 중국은 소련을 수정주의로 몰아세우며 비난했다. 더욱이 1958년 타이완과 진먼섬金門島 포격 사태 당시 미국의 핵공격 위협에 소련이 소극적으로 대응했고, 1959년 중국-인도 국경 분쟁에서 소련이 겉으로는 중립을 지켰으나 실제로는 인도를 지지하는 태도를 보이자, 양국 간의 갈등은 점점 심화되었다. 이러한 갈등은 소련이 중국의 핵무기 개발 지원을 대가로 중국의 해군기지 사용과 중·소 핵무기의 공동 관리를 요구하면서 더욱 극에 달했다. 결국, 1959년 핵무기 지원 협정은 종료되었다.[79]

한편, 중국이 소련의 영향력에서 벗어나 자체적으로 핵무기 개발을 시도하려 하자, 이에 대응하여 소련은 핵실험 금지와 핵확산 방지에 관심을 갖기 시작했다. 애초 1962년에 미국과 영국이 제안한 핵실험 금지안에 대해 소련은 반대했으나, 중국의 핵개발이 구체적인 진전을 보이자 1963년에는 핵실험 금지에 찬성하는 태도로 바뀐다. 더 나아가, 소

---

* 1963년 미국은 597기의 ICBM을 보유한 반면, 소련은 99기만 보유하고 있었다.

런은 새로운 국가가 핵무기를 만드는 것을 제한하는 조약을 제안하기까지도 했다. 결과적으로, 1963년 8월 5일에 미국의 딘 러스크^{Dean Rusk} 국무장관은 모스크바를 방문해 지상, 우주, 수중에서의 핵실험을 전면 금지하는 '제한핵실험금지조약LTBT, Limited Test Ban Treaty'에 서명했다. 제한핵실험금지조약은 내용 자체도 중요하지만, 지난 20년간 대립해온 미국과 소련이 체결한 최초의 핵군비통제 조약이라는 점과 핵 위기 방지를 위한 양국 협력이 시작되었다는 점에서 기념비적인 사건이었다.

이제 초점은 핵실험의 금지를 넘어 핵무기의 확산을 막는 조약을 만드는 것으로 전환되었다. 1960년대 초부터 미국과 소련은 핵무기 확산에 대해 우려하기 시작했다. 1960년 프랑스가 알제리에서 핵실험을 했고, 중국이 곧 핵무기를 보유할 것으로 예상되었기 때문이었다. 이에 더해 서독도 핵무기 보유를 결정할지 모른다는 걱정도 존재했다. 그러나 1963년 체결된 제한핵실험금지조약만으로는 다른 국가들의 핵무기 개발을 막기에는 충분하지 않다고 느꼈기 때문에 추가적인 조치가 필요했다.

핵무기 확산은 나토 내에서도 중요한 문제였다. 만약 서독이 핵무기를 개발한다면 다른 나토 국가들도 뒤따라 핵무기를 개발하려 들텐데, 어느 나라는 허용하고 어느 나라는 못 하게 막는다면 나토의 결속력에 심각한 타격을 줄 수 있었기 때문이었다. 미국은 나토 국가들의 핵무기 개발 의지를 단념시키려는 방안으로 다국적 핵전력MLF, Multilateral Nuclear Force을 구상했다. 이는 주요 나토 회원국의 병력과 미군 병력이 함께 부대를 편성해 핵미사일로 무장한 잠수함과 전함을 함께 운용하는 개념이었다. 예를 들어, 미국의 폴라리스 핵미사일을 발사할 수 있도록 이탈리아의 가리발디 전함을 개조하고, 이 전함에 미군을 포함한 나토군이 함께 탑승하여 작전을 수행하는 것이다. 이를 통해 영국이나 프랑스 수준의 핵 결정권을 가질 수 있을 것이라고 기대했던 서독이나 이탈리아 등 나토 회원국들은 이에 적극적으로 호응했다.[80]

그러나 다국적 핵전력 구상은 곧 저항에 직면했다. 미국은 다국적 핵전력을 통해 여전히 핵무기 결정권을 독점한 채 나토 동맹국들의 핵무기 개발 의지를 단념시키고 싶어했지만, 나토 동맹국들은 미국이 실질적으로 핵무기를 공유하기를 바라고 있었다. 예를 들어, 특정 상황이나 조건이 되면 미국이 핵무기 발사 키를 나토 동맹국에게 인계하는 계획을 만드는 것이었다. 이러한 기대치의 차이는 다국적 핵전력을 백지화하는 결과를 가져왔다. 미국은 비록 다국적군이 구성된다고 하더라도, 핵무기 사용에 대한 최종결정권만큼은 포기할 의사가 없었기 때문이었다.[81]

다국적 핵전력 구상이 가져온 또 다른 문제는 소련이 이를 문제 삼아 핵비확산조약NPTNuclear nonproliferation treaty(이하 NPT로 표기)을 위한 논의에 적극적으로 협력하지 않는다는 것이었다. 특히 소련은 독일인들이 핵 방아쇠 근처라도 손을 대는 것에 두려움을 느꼈고, 다국적 핵전력의 철회 없이는 협조할 수 없다는 입장이었다. 이러한 이유로 미국 내부에서조차 다국적 핵전력을 포기하고 소련과 NPT를 타결하는 데 집중해야 한다는 의견이 제기되었다.[82]

다국적 핵전력에 대한 미국의 의지는 1964년 10월 15일 중국이 핵실험을 하면서 꺾이기 시작했다. 더 이상의 핵무기 보유국이 생기면 안 되겠다고 생각한 미국은 조속히 NPT를 추진하기 위해 다국적 핵전력 구상을 사실상 철회한다. 1965년 말 미국은 이러한 결정을 소련에게 직접 알렸으며, 이후 소련과 미국 사이에서 NPT에 관한 논의는 급물살을 타기 시작했다.

약 1년여의 협의 끝에 1966년 말에는 NPT의 기본적인 원칙이 합의

핵확산금지조약(NPT)

NPT는 1968년에 체결된 국제 조약으로, 핵무기의 확산 방지와 핵군비경쟁의 억제를 목표로 한다. 이 조약의 핵심 목적은 세 가지로 구분된다. 첫째, 핵무기를 보유하지 않은 국가들이 핵무기를 개발하거나 취득하는 것을 방지하는 것이다. 둘째, 핵무기 보유국들이 비보유국에게 핵무기를 확산하지 않도록 하는 것이다. 셋째, 핵 에너지의 평화적 사용을 촉진하고, 핵 군비 축소 및 궁극적인 핵무기 폐기를 위한 국제 협력을 강화하는 것이다.

NPT에 따라, 핵무기를 보유한 국가들(미국, 러시아, 중국, 영국, 프랑스)은 핵무기의 추가 확산을 방지할 의무가 있으며, 핵무기를 보유하지 않은 국가들은 핵무기를 개발하거나 취득하지 않을 의무를 진다. 또한, 모든 당사국은 핵에너지의 평화적 이용을 위한 국제적 협력을 촉진하고, 핵무기의 확산 방지를 위한 국제원자력기구IAEA의 안전조치Safeguards를 준수한다. 이 조치를 통해 NPT는 핵무기 확산을 방지하며 핵기술의 평화적 이용을 동시에 보장하는 핵보유국과 비핵보유국 간 균형 있는 접근을 추구했다.

NPT의 발전 경과는 국제정치의 복잡한 역동성을 반영한다. 1970년에 발효된 이후, 현재까지 190개 이상의 국가가 가입함으로써 핵무기 비확산을 위한 국제적 노력에 이바지했다. 그럼에도 불구하고, 핵보유국과 비핵보유국 간의 불평등, 핵무기의 완전한 폐기를 향한 진전 부족, 일부 국가의 NPT 탈퇴(북한) 혹은 미가입(인도, 파키스탄, 이스라엘) 등 여러 도전 과제가 지속적으로 제기되었다. 이러한 문제에도 불구하고, NPT는 핵군비경쟁의 제한과 핵무기의 확산 방지라는 중요한 국제적 목표에 기여한 성공적인 국제 조약으로 평가받고 있다. 이러한 공을 인정받아 1995년 NPT 평가회의에서 적용 기한을 무기한 연장했다.

되었다. 이는 핵무기 보유국은 핵무기를 이전하지 않고, 비핵무기 보유국들은 핵무기를 이전받거나 개발하지 않겠다는 내용이 핵심이었다. 이후 부수적인 문제로 인해 조약 서명이 1968년까지 지연되었지만, 합의 내용은 그대로 유지되었다. 이어서 1969년 6월 12일 유엔 총회가 NPT에 대한 결의를 채택했고, 40여 개 국가의 비준을 거쳐 1970년 3월 5일에 NPT가 공식적으로 발효되었다.

초강대국 핵군비경쟁의 격화

1960년대, 미국과 소련의 관계는 '경쟁 속의 협력'으로 요약할 수 있다. 이 시기에 이들은 서로 경쟁하는 동시에 공동의 이익을 위해 협력하기도 했기 때문이다. 예를 들어, 추가적인 핵무기 보유국의 등장을 방지하는 것은 양국의 공통된 관심사였으며, 이를 위해 NPT를 체결했다. 또한, 미국과 소련은 각각의 동맹국들이 NPT에 참여하도록 독려했고, 동맹국들은 자체적인 핵무장을 추진하기보다는 강대국의 핵우산 아래에서 보호받는 것을 선택했다. 이와 동시에 미국과 소련은 핵무기의 우위를 점하려는 군비경쟁을 지속했다. 이러한 군비경쟁은 크게 ICBM과 탄도미사일방어체계의 두 영역에서 이루어졌다.

사실 1960년대 초에 미국이 추구한 전략은 핵전쟁의 피해를 제한하고 자제하는 데 더 주안점을 두었다. 특히, 케네디 행정부의 맥나마라 국방장관은 대량보복전략이 지나치게 파괴적이라고 생각했다. 따라서 소련의 대도시를 직접 겨냥하기보다는 소련 핵무기의 파괴에 초점을 맞춘 '대군사타격counterforce 전략'으로 핵전략을 전환하고자 했다. 만약 전쟁 초기에 소련의 핵무기들을 효과적으로 파괴할 수만 있다면, 미국이 전략적으로 우세를 달성할 수 있을 뿐만 아니라 전쟁의 피해도 줄일 수 있을 것으로 생각했기 때문이다. 또한, 미국의 대도시에 있는 건물에 방호시설을 갖춤으로써 설사 핵전쟁이 일어나더라도 시민들이 대피할 수 있게 하고자 했다. 이와 함께 대도시 주변에 탄도미사일 방어망을 갖춘다면 미국 시민들과 중요 시설들을 소련의 미사일 공격으로부터 최대한 보호할 수 있으리라 생각했다. 이러한 '민방위Civil Defense'와 '피해 제한Damage Limitation' 전략은 맥나마라의 가장 대표적인 정책이었다.

그러나 문제는 1960년대 미국의 기술과 경제적 능력으로는 이를 실현하기 어려웠다는 데 있었다. 예를 들어, 미국의 대도시 건물에 핵전쟁 대피소를 설치하는 데에는 어마어마한 예산이 필요했다. 당시 추산으로 약 320억 달러(현재 가치로 약 3,200억 달러, 즉 약 400조 원 상당액)가 필요할 것으로 예상했는데, 이는 미국 국방예산의 60%에 달하는 금액이었다.[83] 당시 미국의 행정부는 유연반응전략에 따라 재래식 전력을 강화하고 있었고, 탄도미사일 추가 생산과 미사일방어체계 구축도 병행하고 있었기 때문에 이렇게 많은 예산을 민방위에 사용하기는 어려운 상황이었다. 따라서 미국 의회는 민간 방호 프로그램이 현실성이 없다고 판단했고, 1964년 민간 방호를 위해 요청한 예산을 5분의 1로 삭감했다.[84]

탄도미사일방어체계도 또 다른 쟁점이었다. 탄도미사일방어체계는 날아오는 탄도미사일을 공중에서 요격하기 위한 것으로, 애초 미국 국방부는 기술적 한계로 인해 소련의 탄도미사일을 효과적으로 요격하기가 어렵다고 판단했다. 빠르게 움직이는 탄도미사일을 정확히 추적하고 그 위치를 예측하는 데 필요한 레이더 시스템 개발은 매우 도전적인 과제였기 때문이었다. 또한, 탄도미사일을 파괴하기 위해서는 매우 뛰어난 가속력을 가진 요격미사일이 요구되었다. 예를 들어, 스프린트Sprint 요격미사일의 경우 5초 안에 마하 10의 속도를 낼 수 있도록 설계되었다. 만약 요격미사일의 반응 속도가 충분히 빠르지 않으면, 요격 대상 탄도미사일은 이미 지나갔을 것이기 때문이다.

그러나 1963년 소련이 탄도미사일요격체계 개발과 배치를 시작했다는 첩보가 입수되고 이듬해인 1964년 중국이 핵실험에 성공하자, 미국도 어쩔 수 없이 탄도미사일에 대한 방어체계 개발에 착수했다.

이러한 노력의 일환으로 추진된 것이 센티넬Sentinel 프로그램이다. 이 프로그램의 목표는 미국 전역에 소련과 중국의 ICBM을 격추하기 위한 레이더와 요격미사일을 배치하는 것이었다. 만약 소련이나 중국의 ICBM이 미국을 향해 날아오면 핵탄두를 탑재한 요격미사일을 발사해 ICBM 근처까지 접근한 뒤, 핵탄두를 폭발시켜 적의 ICBM을 공중에서 요격하는 방식으로 운용하고자 했다.[85]

그러나 문제는 비용이었다. 탄도미사일방어체계는 ICBM보다 더 비쌌기 때문에, 만약 소련이 미국의 요격미사일보다 더 많은 숫자의 ICBM을 만든다면 미국의 탄도미사일방어체계는 효과적으로 작동하기 어려웠다. 따라서 비용 측면에서 비효율적인 핵방호체계와 탄도미사일방어체계에 집착하기보다는 애초에 소련이 핵공격을 하지 못하게 하는 것이 더 중요하다는 결론에 도달했다.

이러한 이유로 맥나마라는 종국적으로 비용이 많이 드는 대군사전략에서 대가치 기반의 확증파괴전략으로 선회하게 되었다.[86] 맥나마라가 생각한 이상적인 핵전력 규모는 소련의 선제 핵공격을 받더라도 소련의 산업 능력을 50% 이상 파괴하고, 인구의 25% 이상을 살상할 수 있는 충분한 양의 핵무기를 보유하는 것이었다. 맥나마라는 이 정도 능력이면 소련이 함부로 미국에 대한 핵공격을 하지 못하리라고 예상했다.[87] 미국의 분석가들은 이러한 목표를 달성하기 위해 최소 400기의 핵무기가 소련의 선제공격 이후에도 생존할 수 있어야 한다고 보았다. 이는 약 1,000기 정도의 ICBM이 배치될 필요가 있음을 의미했다. 따라서 미국은 1962년 203기에 불과했던 ICBM을 1966년 1,004기로 증강했으며, 이후 냉전이 끝나는 1990년까지 이 규모를 지속해서 유지했다.

한편, 쿠바 미사일 사태 이후 소련도 급속도로 ICBM 전력을 증강하

ICBM 요격미사일인 미국의 스파르탄(Spartan) 미사일 시험발사 모습. 〈출처: WIKIMEDIA COMMONS | CC BY 2.0〉

기 시작했다. 소련은 쿠바 미사일 사태에서 핵전력이 열세했기 때문에 미국에 양보할 수밖에 없었다는 결론에 도달했다. 이후 소련은 미국에 전략적 우위를 달성해야 한다는 강박관념에 사로잡히게 된다. 이에 따라 1964년 흐루쇼프의 뒤를 이어 서기장이 된 레오니트 브레즈네프 Leonid Il'ich Brezhnev는 매년 거의 200기의 ICBM을 생산했으며, 1969년부터 소련의 핵전력은 규모에서 미국을 앞서기 시작했다.

이와 더불어 소련은 자체적인 탄도미사일방어체계를 구축하기 시작했다. 특히 소련은 ICBM 기지 주변에 미사일방어체계를 구축하기보다는 주로 모스크바 주변에 배치했다. 이는 선제 핵공격을 실시한 뒤 미국의 보복공격으로부터 모스크바를 지키는 것에 집중하고 있다는 증거이기도 했다. 미국의 전략가들은 이러한 소련의 미사일방어체계에 대해 깊이 우려했다. 핵공격을 받은 뒤 400기의 미사일로 보복공격을 해야 하는데, 소련이 모스크바 주변으로 촘촘한 미사일방어체계를 구축했다면 400기보다 더 많은 미사일이 필요했고, 이는 전체적인 ICBM 전력 규모를 증강해야 하기 때문이었다. 한편, 소련도 어렵기는 마찬가지였다. 미국이 미사일 방어 기술에서 앞서고 있다는 불안감 때문에 자체적인 미사일방어체계를 구축하고 있었지만, 막상 기술적 한계와 막대한 비용의 문제로 전면적으로 구축하기는 어려운 상황이었다.

이러한 배경에서 미국은 소련과 미사일방어체계에 대해 터놓고 이야기하고 싶어했다. 더욱이 미사일방어체계에 대한 경쟁은 곧장 핵전쟁의 위험을 높이고 있었다. 강력한 미사일방어체계를 가지고 있다면 상대방의 핵공격에 대한 취약성은 줄어들겠지만, 오히려 선제 핵공격을 감행하고픈 유혹은 커질 수 있기 때문이었다. 즉, 자신의 미사일방어체계가 강력하다면 이를 믿고 기꺼이 핵공격을 감행하고픈 유혹에 사로잡힐 수 있다는 것이다. 따라서 미국과 소련의 전략가들은 미사일방어체계와 공격 핵무기의 규모에 대해 적절한 제한을 둠으로써 전략적 취약성을 유지하고 나아가 안정성을 달성하고자 했다.

●

마침내 핵군비통제 시대의 서막이 열리다

미국과 소련 간의 핵군비통제에 관한 논의는 1967년 6월 미국의 존슨 대통령과 소련의 알렉세이 코시킨Alexei Kosygin 국가주석이 뉴저지주 글래스보로Glassboro에서 만나면서 시작되었다. 그러나 이내 1968년에 체코슬로바키아에서 발생한 민주화운동을 소련이 무력으로 진압하는 '프라하의 봄' 사태가 발생하자, 미국과 소련의 관계는 다시 멀어졌다.

1969년에 출범한 닉슨 행정부는 이러한 배경을 딛고 적극적으로 소련과의 군비통제 협상을 추진했다. 회담을 준비하면서 미국의 초점은 다탄두개별목표재진입체MIRV를 군비통제의 대상에 포함해야 하는가에 맞추어져 있었다. 미사일방어체계의 경우 비용도 많이 들뿐더러 핵탄두를 탑재한 요격미사일을 대도시 인근에 배치하는 것에 대한 미국 시민의 반대도 심했다. 따라서 미사일방어체계가 군비통제의 핵심 대상이라는 데에는 이견이 없었다. 그러나 다탄두개별목표재진입체 MIRV(이하 MIRV로 표기)의 경우 미국 전략가들 사이에서 찬반 의견이 나뉘었다.

일부 전략가들은 MIRV를 군비통제 대상에서 제외해야 한다고 주장했다.[88] 이들은 미국이 MIRV를 배치함으로써 소련의 핵공격에 대한 보복능력을 유지할 수 있다고 봤다. 특히, ICBM의 정확도가 향상되면서 고정된 사일로에 배치된 미국의 ICBM들이 소련의 선제공격에 의해 대부분 파괴될 가능성이 커졌다. 이에 따라, MIRV가 아니면 소련에 효

다탄두개별목표재진입체(MIRV)

MIRV는 하나의 탄도미사일에 여러 개의 핵탄두를 탑재하여 각각 다른 목표를 독립적으로 공격하는 기술이다. 이 기술은 1960년대 후반 미국에서 처음 개발되었다. MIRV는 단일 미사일로부터 발사된 후, 상공에서 여러 개의 탄두가 분리되어 각각 다른 경로로 재진입하여 서로 다른 목표를 정밀하게 공격할 수 있기 때문에 미사일방어체계를 우회하거나 무력화하는 데 효과적이다. 또한, 한 번의 발사로 여러 개의 중요한 목표를 동시에 타격할 수 있다는 전략적 이점을 제공한다.

이러한 MIRV의 전략적 가치는 핵억제력을 강화하는 한편, 군비경쟁에도 중요한 영향을 미쳤다는 데 있다. 여러 개의 탄두를 탑재한 MIRV 미사일은 적의 선제공격으로 인해 단 몇 발의 ICBM만이 남게 되더라도, 적의 주요 군사 및 전략적 목표물에 대한 효과적인 보복을 가능하게 한다. 따라서 억제전략의 핵심인 보복 능력을 현저히 강화하며, 상대방이 핵공격을 감행하는 것에 대한 위험을 증대시킨다. 그러나 동시에 MIRV는 군비경쟁을 가속화하는 요인으로 작용했으며, 불안정성을 증가시키는 결과를 낳았다. 따라서 MIRV는 핵전략과 군비통제 협상에서 중요한 논의 대상이 되었으며, 전략적 안정을 유지하려는 노력 속에서 그 사용과 배치에 대한 제한을 둘 필요성이 지속적으로 제기되었다.

과적으로 보복하기 어려웠다. 또한, MIRV를 군비통제 대상으로 지정하는 경우 검증 방법에 대한 문제도 발생했다. 미국과 소련 사이에 신뢰가 부족한 상황에서는 약속이 잘 지켜지고 있는지를 확인하기 위해 미사일 내부를 공개해야 하는데, 이러한 과정에서 자국의 민감한 비밀이 노출될 수 있으므로 정밀한 현장 검증은 서로 꺼리고 있었기 때문이다.

반면 미국의 군비통제국장이었던 제라드 스미스^{Gerard Smith}는 MIRV를 군비통제 대상에 포함시켜야 한다고 주장했다.[89] 당시 미국은 MIRV 기술에서 소련보다 약 5년 정도 앞서 있었는데, 스미스는 이러한 기술 격차가 안심할 수준이 아니라고 보았다. 따라서 소련이 MIRV 기술을 신속히 개발하지 못하도록 통제하는 것이 필요하다고 생각했다. 특히, 소련이 개발한 SS-9 미사일은 미국의 ICBM보다 약 5배 무거운 탄두를 탑재할 수 있는 초대형 미사일이었다. 스미스는 소련이 SS-9에 MIRV를 탑재할 경우, 전략적으로 소련이 크게 유리한 위치에 오를 수 있음을 우려했다.

이러한 상황에서 헨리 키신저는 MIRV를 군비통제 대상에 포함해야 할지를 논의하기 위해 특별위원회를 소집한다. 결론은 MIRV를 군비통제 대상에 포함하지 않는 것이었다. 이 결정의 배경에는 미국이 MIRV를 통제하자고 주장해도 소련이 이를 받아들일 가능성이 적다는 현실적인 이유가 있었다. 당시 미국은 다탄두 미사일의 초기 기술을 이미 SLBM에 적용하고 있었으며, 더 진보한 MIRV 기술 개발에도 거의 도달한 상태였다. 이러한 상황에서 미국이 소련에 MIRV 개발을 중단하라고 요구하면 소련이 이를 받아들일 리 만무했다.[90]

미국이 소련과의 군비통제를 추진할 때, 나토 동맹국들의 입장도 중요한 고려사항이었다.[91] 동맹국들은 미국이 군비통제 조약을 통해 핵능력을 줄이면 유럽에 대한 확장억제력이 약화될 것을 우려했다. 핵능력의 축소는 소련의 핵위협으로부터 유럽을 방위하겠다는 약속을 저버리는 행동이라는 시각이었다. 따라서 나토 동맹국들은 강대국들이 상호 군비통제를 통해 동맹국의 안보를 희생시키면서 자국의 이익만 추구한다고 비판했다.

물론 군비통제 대상에 중거리 핵미사일과 같이 유럽 방위에 직접적으로 연관된 무기는 포함되지 않았다. 미국 본토 방위에 관계되는 미사일방어체계와 ICBM만 논의할 뿐이었다. 그러나 나토 동맹국들은 미국이 기존에 추구해온 핵전력의 우위를 포기하고 소련과의 대등한 핵능력Nuclear Parity에 만족하면 유럽에 대한 소련의 압박이 증가할 수 있다고 걱정했다.

이에 닉슨 행정부는 나토 동맹국들을 안심시키기 위해 상당한 노력을 기울였다. 특히 미국과 소련이 같은 수의 핵무기를 보유한다고 하더라도 질적으로 미국이 우위에 있다는 논리를 내세워 동맹국들을 설득하고자 했다. 나토 동맹국들이 이 논리에 완벽히 동의한 것은 아니었지만, 다른 대안이 없었던 것도 사실이다. 미국은 동맹국들을 안심시키기 위해서라도 계속해서 최신 핵무기를 개발해야 했고, 이러한 논리는 오늘날까지도 지속해서 핵전력을 현대화해야 하는 중요한 이유 중 하나로 인식되고 있다.

한편, 소련은 미사일방어체계의 천문학적인 비용 문제가 미국과의 군비통제 협상에 참여하게 된 결정적인 동기였다. 처음에 소련은 미사일방어체계를 모스크바 주변에 대규모로 배치하려고 했다. 하지만 시간이 지남에 따라 비용은 점차 증가했고, 요격미사일 기술의 발전은 더뎠다. 그 와중에 미국이 MIRV 개발을 거의 완성했다는 사실이 알려지면서, MIRV를 요격할 수 있는 더 발전된 미사일방어체계가 필요하게 되었다. 더욱이 1969년에 들어선 닉슨 행정부가 미사일방어체계 개발을 가속하자, 미국에 비해 기술적으로 뒤처질 것이라는 우려도 커지는 상황이었다.

결국, 미국은 증가하는 소련의 ICBM 능력에 대한 우려로, 반면 소련은 미국의 미사일방어체계 개발에 대한 우려로 인해 군비통제 협상에 나서게 되었다. 따라서 미국은 협상에서 소련의 ICBM 능력을 제한하는 데 초점을 맞췄고, 소련은 미국의 미사일방어체계를 제한하는 데 초점을 맞췄다. 이처럼 공격무기와 방어무기 간의 교환은 1972년부터 시작된 미·소 군비통제 역사의 중요한 특징이 되었다.

최초의 핵군비통제 협상은 '전략무기제한조약SALT, Strategic Arms Limitation

Talks'이다. 전략무기제한조약 협상은 3년에 걸쳐 진행되었는데, 유럽에 배치된 미국의 핵무기를 어떻게 볼 것인가를 놓고 난항을 겪었다.[92] 소련으로서는 중부 유럽에 전진 배치된 미국의 핵무기Forward-Based Systems는 사거리에 상관없이 언제든지 소련 영토를 공격할 수 있어서 '전략무기'로 간주해야 하며, 군비통제 대상이 되어야 한다고 주장했다. 그러나 미국은 각국의 본토에서 발사하여 상대방의 수도나 핵심 산업시설 등을 공격할 수 있는 핵무기만을 전략무기로 정의하고자 했다.

특히, 소련과의 핵군비통제 협상에 대해 나토 동맹국들이 우려를 제기하는 상황에서 미국이 유럽에 배치된 핵무기까지 제한하겠다고 한다면 동맹국들의 반발은 불 보듯 뻔한 일이었다.[93] 만약 중거리 핵미사일이나 기타 전술핵무기들에 제한이 가해졌는데 소련이 이에 대한 약속을 어기고 핵무기를 배치하거나 막대한 재래식 군사력으로 유럽을 침공한다면 나토 동맹국들은 이를 저지할 마땅한 수단이 없어지게 되기 때문이었다. 따라서 미국은 동맹국들이 반발할 것을 우려하여 유럽 전역에 배치된 핵무기들은 군비통제의 대상이 될 수 없다고 선을 그었다.

또 다른 쟁점은 합의 이행 여부에 대한 검증verification을 어떻게 수행할 것인가였다. 예를 들어, 전면적 핵감축과 같은 포괄적인 군축 조치는 상대방이 약속을 어기고 핵무기를 다시 생산한다고 하더라도 재무장에 필요한 시간을 늘려 위반에 따른 위험을 줄이는 역할을 한다. 그러나 이러한 포괄적인 조치는 더욱 강화된 검증 절차가 있어야 한다. 특히 이동식 발사대와 같은 일부 무기체계들은 현장 확인 없이는 제대로 검증하기가 어렵다.

그러나 엄격한 검증은 안보와 투명성 사이의 딜레마를 유발한다. 강력한 검증 절차가 국가의 군비통제 의무 준수 여부뿐만 아니라 국가 안보에 민감한 다른 정보, 예를 들어 주요 무기체계의 기술적 수준 등을 드러낼 수 있기 때문이다. 결과적으로, 미국과 소련의 협상 대표들은 현장 사찰on-site inspection이 아니라 인공위성과 같은 국가기술수단NTM, National Technical Means으로만 검증하기로 합의했다. 이러한 접근 방식은 국가의 안보적 민감성을 보호하면서 동시에 협정의 지속성을 보장하는 합리적인 수준의 검증을 가능하게 했다.

1972년 5월 26일 체결된 전략무기제한조약-ISALT-I은 미국과 소련의 서로 다른 관심사를 반영하여 두 가지 별개의 군비통제 협정으로 이루어졌다. 첫 번째 협정은 미사일방어체계에 관한 것으로, 탄도탄요격미사일제한협정ABM Treaty, Anti-Ballistic Missile Treaty(이후 ABM 협정으로 표기)이라고 불린다. 이 협정은 미국과 소련이 각각 수도 주변과 ICBM 기지 주변 150킬로미터 이내에만 미사일방어체계를 설치하도록 제한했다. 이에 따라 소련은 모스크바 주변에, 미국은 ICBM 기지 인근에 미사일방어체계를 배치했다. 두 번째 협정은 공격용 전략핵무기의 수를 제한하는 조약이다. 미국의 ICBM은 1,054대, 소련은 1,618대로 제한했으며, SLBM의 경우에는 미국 656대, 소련 950대로 각각 제한했다.

그러나 협상 타결 후 의회의 조약 비준 과정에서 닉슨 행정부에 대한 비난이 이어졌다.[94] 특히, 헨리 잭슨Henry Jackson 상원의원은 소련의 경우 1,600대 이상의 ICBM을 보유할 수 있도록 허용했지만, 미국은 단지 1,054대만을 보유할 수 있게 한 것을 두고는 '과도한 양보'라고 비판하면서 이러한 양보가 미국과 소련 간의 전략적 불균형을 초래하고 미국의 안보를 위협할 것이라고 주장했다. 또한 잭슨 상원의원은 앞으로 미국이 추가 군비통제 협상을 할 때, 상대방에 비해 불리한 조건은 수용하지 말라고 요구했다. 이후 그는 상대방보다 더 많은 ICBM을 감축하지 못하도록 하는 법안을 통과시켰고, 이는 미국의 향후 군비통제 조약에 대한 중요한 지침이 되었다.

전략무기제한조약-Ⅱ(SALT-Ⅱ)

SALT-I은 미사일방어체계에 대한 ABM 협정과 공격용 전략핵무기에 관한 조약 등 2개의 조약으로 이루어졌다. 두 조약의 유효기간에는 차이가 있었는데, ABM 협정은 미국이나 소련 중 어느 한쪽이 철회하기 전까지 유효한 영구 조약으로 설정되었다. 그러나 실제로는 2002년 조지 W. 부시George W. Bush 행정부가 ABM 협정에서 탈퇴할 때까지 지속되었다. 반면, 공격용 핵무기에 관한 조약은 후속 논의가 있을 때까지 한시적으로 핵무기 수를 제한할 것을 상정하는 임시 조약이었다.

이에 따라 1972년 5월에 SALT-I이 체결된 이후, 같은 해 11월부터는 공격핵무기에 대한 후속 논의가 본격적으로 시작되었다. 이 논의는 SALT-I에서 일시적으로 미뤄둔 MIRV, 미국의 전진 배치 핵전력Forward-Based Systems, 그리고 새로 개발되는 최신 핵무기의 통제에 초점을 맞추었다. 추가로, 미국 협상팀은 소련보다 수적으로 불리한 군비통제 결과를 받아들일 수 없다는 제약 조건을 충족해야 했다.

전반적으로 협상 과정은 미국에 불리하게 전개되었다. 특히 미국 민주당 선거본부에 대한 불법 침입과 도청에 기인한 워터게이트Watergate 사건으로 인해 닉슨 대통령은 정치적으로 어려운 상황에 처하게 되었고, 이는 1973년 8월 9일 닉슨이 대통령직에서 사임하는 결과로 이어졌다. 소련은 닉슨 대통령이 더 이상 정치적 힘이 없다는 것을 알게 되었고, 군비통제 협상에서 약속을 끌어내더라도 이것이 지켜지기 어렵겠다고 생각했다.[95]

2년 동안 별다른 진척 없이 이어지던 협상에 전환점이 마련된 것은 닉슨 대통령이 사임하고 제럴드 포드Gerald Ford 대통령이 그 뒤를 이은 후였다. 1974년 11월, 포드 대통령은 소련의 블라디보스토크^{Vladivostok}에서 브레즈네프 서기장을 만나 미·소 핵군비통제에 대해 논의했다. 이 자리에서 전략무기제한조약-II(이하 SALT-II로 표기)의 주요 방향이 결정되었는데, 미국과 소련이 각각 MIRV 보유량을 1,320기로, 전략핵무기 발사대(ICBM, SLBM, 전략폭격기)를 총 2,400기로 제한한다는 내용이었다.

블라디보스토크 회담을 계기로 양국의 군비통제 협상은 새로운 동력을 얻었다. 이제 남은 것은 무엇이 MIRV와 전략핵무기에 포함되는지를 정하는 것이었다. 하지만 이번에는 순항미사일을 어떻게 처리할지를 놓고 양측 사이에 이견이 형성되었다. 소련은 600킬로미터 이상의 사거리를 가진 순항미사일을 제한하기를 원했다. 이는 발트해와 모스크바 사이의 거리였는데, 600킬로미터 밖에서 미국의 폭격기가 순항미사일을 발사할 수 있다고 우려했기 때문이다. 특히 순항미사일의 경우 저고도로 비행하면 레이더에 잡히지 않는데, 만약 미국의 폭격기가 원거리에서 순항미사일을 발사하면 소련이 이를 알아차리지 못해 기습공격을 당할 수밖에 없다. 따라서 소련은 장거리 순항미사일을 제한하지 않으면 자신들이 전략적으로 불리한 위치에 처하게 될 것이라고 생각했다.[96]

반면, 미국은 소련의 신형 폭격기인 Tu-22M 백파이어^{Backfire}를 군비통제 대상에 포함해야 한다고 주장했다. Tu-22M은 초음속 비행이 가능한 폭격기로, 공대지 핵공격을 가할 수 있는 능력을 가지고 있었다. 그러나 탑재할 수 있는 폭탄의 양이나 비행거리 면에서 미국 본토 공격에는 부족했으며, 전략폭격기로 간주하기에는 다소 무리가 있었다. 실제로 당시 B-52 폭격기는 31톤의 폭탄을 탑재할 수 있었지만, Tu-22M의 폭장량은 12톤으로 B-52의 절반이 채 되지 않았다. 비행거리

순항미사일

순항미사일(Cruise Missile)은 고정된 날개를 사용하여 장거리를 비행할 수 있는 유도 무기로, 특정 목표를 정밀하게 파괴하기 위해 개발되었다. 이 미사일은 제트엔진을 사용하여 낮은 고도에서 비행하며, 지형추적기술(TERCOM, Terrain Contour Matching)과 GPS를 통해 정확한 경로 유도가 가능하다. 순항미사일은 속도, 비행 고도, 그리고 거리에 따라 다양하게 분류될 수 있으며, 발사 플랫폼의 유형에 따라 지상발사·해상발사·공중발사 순항미사일로 나뉜다.

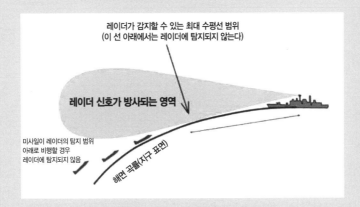

레이더가 감지할 수 있는 최대 수평선 범위
(이 선 아래에서는 레이더에 탐지되지 않는다)

레이더 신호가 방사되는 영역

미사일이 레이더의 탐지 범위
아래로 비행할 경우
레이더에 탐지되지 않음

해면 곡률(지구 표면)

순항미사일의 레이더 회피 기능은 중요한 전략적 이점을 제공한다. 미사일은 지표면이나 수평면에 근접하여 지구의 곡면을 따라 비행한다. 이는 위의 그림에서 보듯 미사일방어체계의 레이더 탐지 각도에 걸리지 않는다. 따라서 미사일방어체계를 피해 목표물에 접근함으로써 기습적으로 목표물을 타격할 수 있다. 또한, 순항미사일은 고도의 정밀성을 가지고 있어, 특정 목표물을 정확히 타격할 수 있다. 순항미사일의 이러한 전략적 가치는 현대 군사전략에서 중요한 역할을 하며, 적의 지휘시설이나 방어체계를 무력화하는 데 중요한 수단으로 평가받고 있다.

도 B-52는 1만 4,000킬로미터인 데 비해, Tu-22M은 6,800킬로미터 밖에 되지 않아서 중간에 공중급유를 몇 차례 받아야만 미국 본토에 도달할 수 있었다. 그럼에도 불구하고, 미국 전략가들은 Tu-22M이 유럽에서 핵폭격 임무를 수행하면 동맹국에 상당한 피해를 입힐 수 있는

Tu-22M 백파이어는 1960년대 소련 투폴레프 설계국이 개발한 가변익 초음속 전략폭격기로, 1969년 첫 비행을 마치고 1972년부터 본격적으로 배치되기 시작했다. 이는 미국이 B-1A 초음속 폭격기를 생산하기 시작한 1974년보다 약 5년이나 앞서는 것이었다. 이로써 서방 국가에 소련의 항공 기술 및 공군력의 발전에 대한 강렬한 인상을 심어주었다. 특히 Tu-22M의 저공비행 침투능력이 과대평가되면서, 미국과 나토의 군사 관계자들은 핵 방공망에 심각한 취약점이 드러났다고크게 우려했다. 이러한 우려는 1970년대 소련의 군사 위협이 증가하고 있다는 주장에 힘을 실어주었다. 〈출처: WIKIMEDIA COMMONS | CC BY-SA 2.0〉

위협적인 폭격기라고 평가했다. 따라서 미국은 백파이어를 전략폭격기로 분류하여 소련의 능력을 제한하고자 했다.[97]

이렇게 협상이 지지부진하던 사이 미국에는 어느새 새로운 행정부가 들어섰다. 1976년 대선에서 포드를 이기고 대통령이 된 지미 카터는 진보적인 성향으로, 소련과의 군비통제 협상에서도 뚜렷한 진전을

1976년 대선에서 이긴 진보적 성향의 지미 카터 대통령은 소련과의 군비통제 협상에서도 뚜렷한 진전을 보고 싶어했다. 따라서 조속한 협상 타결을 위해 쟁점이 되는 Tu-22M 폭격기와 순항미사일 문제를 향후에 있을 전략무기제한조약-III(SALT-III) 협상으로 넘기고 일단 합의된 것만 처리하자고 주장했다. 그 결과, 1979년 6월 18일 오스트리아 빈에서 카터와 브레즈네프가 SALT-II에 서명하기에 이른다. 위 사진은 당시 미국 카터 대통령(왼쪽)과 소련 브레즈네프 서기장(오른쪽)이 서명하는 모습이다. 〈출처: WIKIMEDIA COMMONS | Public Domain〉

보고 싶어했다. 따라서 조속한 협상 타결을 위해 쟁점이 되는 Tu-22M 폭격기와 순항미사일 문제를 향후에 있을 전략무기제한조약-III(이하 SALT-III로 표기) 협상으로 넘기고 일단 합의된 것만 처리하자고 주장했다.

　결과적으로 1979년 6월 18일 오스트리아 빈Wien에서 카터와 브레즈네프 간 SALT-II 합의에 대한 서명이 이루어졌다. 합의된 SALT-II에 따라 미국과 소련은 MIRV 미사일과 장거리 순항미사일을 탑재한 전략 폭격기를 각각 1,320기 이하로 보유하기로 했다. 또한 ICBM과 SLBM, 전략폭격기, 공대지 탄도미사일의 총 수량을 2,250기 이하로만 보유하기로 합의했다.

이제 미국은 의회의 비준 절차만 남겨두고 있었다. 그러나 1979년, 예상치 못한 사건이 발생한다. 바로 소련의 아프가니스탄 침공이었다. 이 사건으로 인해 카터 행정부는 의회에 비준 절차의 중단을 요청했고, SALT-II는 의회의 비준을 받지 못하고 미완성된 조약으로 남게 되었다.[98] 그러나 미국과 소련은 SALT-II에서 도달한 합의를 폐기할 의사가 전혀 없었다. 양국에게 SALT-II에서 조율된 합의는 상호 이익을 보호하는 최선의 방안이었기 때문이었다. 만약 양국이 합의를 깨고 다시 군비경쟁으로 돌아간다면, 경제적 비용뿐만 아니라 초강대국 간의 충돌 위험도 증가할 것이었다. 따라서 카터 행정부는 소련이 합의 내용을 준수하는 한, 미국도 합의를 지킬 것임을 대외에 선언했고, 소련 또한 유사한 선언을 함으로써 전략무기 제한이 유지될 수 있었다.

●
레이건,
유럽에서 중거리 핵미사일을 완전히 없애다[99]

미국과 소련 사이에 전략핵무기에 대한 논의는 때로는 더디게 진행되기도 했지만, 양측은 인내심을 갖고 계속해서 대화를 이어갔다. 이것은 미국과 소련이 전략핵무기 군비통제에 대한 분명한 이익을 공유하고 있었기 때문이었다.

미국과 소련은 전략핵무기의 통제를 통해 핵전쟁의 위험을 낮추고

안정성을 높이고자 했다. 만약 양측이 핵전쟁을 한다면 공멸할 것이고 원시시대로 돌아가는 결과가 초래될 것이기 때문이었다. 이는 미국과 소련 모두 바라지 않는 결과였다. 따라서 전면적인 핵전쟁을 피하는 데 대해 양측은 뜻을 같이하고 있었다. 또한 미국과 소련이 핵무기 보유량에 제한을 두고 서로가 이를 지켜나간다면 지나친 군사비 지출을 방지할 수 있었다. 불필요한 핵군비경쟁에 소모되는 군사비는 이미 국가 재정에 중대한 압박이었기 때문에 상호 합의로 불필요한 핵무기 경쟁을 제한하는 것은 양측 모두에게 명백한 이득이었다.

동시에 양측은 상대방이 우위를 가졌다고 여겨지는 무기의 개발이나 보유량을 제한함으로써 전략적 우위를 가져가고자 했다. 미국은 소련이 너무 크고 강력한 ICBM을 만들지 못하도록 하고, 소련은 미국의 순항미사일 개발을 제한하는 것이 자국의 약점을 어느 정도 상쇄하는 결과를 가져왔다. 따라서 미국과 소련에 있어서 전략핵무기 군비통제는 당위적이며 도덕적인 선택이기보다는 자신들의 이익을 달성하기 위한 하나의 전략 그 자체였다.

한편, 전략적 수준에서의 군비통제와 달리 유럽에서의 중거리 핵무기 경쟁은 날로 격화되고 있었다. 특히 우려스러운 것은 소련이 SS-20 중거리 미사일을 동유럽에 배치한 것이었다. 사실 소련은 1950년대 말부터 사거리 2,000킬로미터의 SS-4와 사거리 4,500킬로미터의 SS-5 중거리 미사일을 동부 유럽에 배치하고 있었다. 그러나 이 미사일들은 정확성이 낮았고, 액체연료를 사용하여 발사 준비에 상당한 시간이 요구되었다. 또한, 이동식 발사대가 아닌 고정식 사일로에서 발사되었고, 탄두를 1개만 탑재할 수 있었기 때문에 나토는 위협적이라고 평가하지 않았다.

그러나 SS-20은 달랐다. 명중률이 훨씬 높았고 고체연료를 사용했으

전략핵무기와 중거리 핵무기

미국과 소련은 서로의 본토에 대한 공격 능력을 갖춘 무기들을 '전략핵무기 Strategic Nuclear Weapons'로 정의했다. 이러한 전략핵무기에는 ① 사거리가 5,500킬로미터 이상인 탄도미사일, ② 사거리가 600킬로미터 이상인 잠수함발사탄도미사일SLBM, 그리고 ③ 항속거리가 8,000킬로미터 이상인 폭격기 또는 사거리가 600킬로미터 이상인 순항미사일을 장착한 폭격기가 포함된다. 여기서 5,500킬로미터의 사거리는 알래스카를 제외한 미국과 소련 본토 사이의 최소 거리로, 탄도미사일이 상대방 본토를 기습 공격하기 위해 필요한 거리다. 폭격기의 8,000킬로미터 항속거리는 본토에서 이륙하여 한 번의 공중급유를 통해 상대방 본토를 폭격한 뒤 기지로 돌아올 수 있는 최소 거리를 의미한다. 또한, SLBM과 순항미사일의 600킬로미터 사거리는 미국의 잠수함이나 폭격기가 소련 국경 인근에서 발사하여 모스크바를 타격하기 위해 필요한 최소 거리를 나타낸다.

반면, '중거리 핵무기Intermediate-Range Nuclear Forces'는 사거리가 500~5,500킬로미터에 달하는 미사일을 말하는데, 유럽의 미국 및 소련의 동맹국들은 이것을 위협으로 여긴다. 중거리 핵무기와 전구핵무기Theater Nuclear Forces는 서로 다른 개념이다. 전자는 사거리에 중점을 둔 핵무기로, 전략적 또는 전술적 임무에 모두 활용될 수 있는 반면, 후자는 전장에서의 작전적 사용을 목적으로 하는 핵무기를 지칭한다. 따라서 전구핵무기는 중거리 핵무기뿐만 아니라 단거리 핵미사일, 핵포탄, 핵지뢰와 같은 다양한 전술 핵무기를 포함한다.

며, 이동식 발사차량에서 발사하다 보니 기습적인 공격이 가능했다. 게다가 3개의 탄두를 탑재할 수 있었으며, 동유럽에서 영국과 북아프리카를 포함한 전 유럽지역을 공격할 수 있는 사거리를 가지고 있었기 때문에 나토와 소련 간 핵 균형을 무너뜨리는 비장의 무기로 여겨졌다. 소련은 SS-20를 1976년에 배치하기 시작하여 무려 441발을 배치했는데, 이는 1,200개가 넘는 표적을 기습적으로 공격할 수 있는 규모였다.

소련의 SS-20 배치에 대해 미국의 나토 동맹국들은 즉각 우려를 표명했다.[100] 특히 독일의 수상이었던 헬무트 슈미트Helmut Schmidt는 영국의 국제전략문제연구소IISS, International Institution for Strategic Studies에서 이 문제를 거론했다. 그는 미국과 소련이 전략핵무기 군비통제를 통해 전략적 균형과 안정을 달성했지만, 유럽에서는 소련이 SALT에 제한받지 않는 중거리 미사일을 대량으로 배치함으로써 전략적 균형이 무너지고 유럽이 소련의 핵위협에 놓이는 '회색지대Grey Zone'가 되었다고 우려를 표명했다.

슈미트의 비판은 나토 내부에 이미 존재하던 힘의 공백과 소련의 핵위협에 대한 우려에 힘을 실어주었다. 특히 소련의 SS-20 배치는 미국의 확장억제에 의존하는 나토의 전략적 취약점을 여실히 드러냈으며, 유럽 동맹국들이 미국의 핵우산 아래에서 충분히 보호받고 있지 않다는 인식을 강화했다.

이에 대응하기 위해 1979년 12월 12일, 벨기에 브뤼셀Brussel에 모인 나토 외교 및 국방장관들은 소위 '이중 결정Dual-Track Decision' 정책을 채택했다. 군비증강을 통해 전략적 균형을 복원하는 동시에 소련과의 군비통제를 추진한다는 의미에서 이중 결정이라고 일컬어지는 이 정책은 ① 미국의 퍼싱Pershing-II 미사일과 그리폰Gryphon 지상발사순항미사일GLCM을 배치해 소련에 대응하고, ② 전구핵무기Theater Nuclear Weapons에 대한 군축을 통해 전략적 안정성을 높인다는 것을 내용으로 했다.

그러던 중 1980년 대선에서 로널드 레이건Ronald Reagan이 제40대 대통령으로 당선된다. 기독교와 보수주의 이념으로 무장한 레이건 대통령은 선거 기간부터 소련에 대한 강경한 태도를 보였다. 1981년 그는 대통령으로 취임하자 강력한 ICBM이었던 MX 미사일, 트라이던트 SLBM, B-1 폭격기 등을 개발하는 군비증강 정책을 천명했다. 또한, 1981년 10월 공식적으로 채택한 '억제전략에 관한 대통령 지침NSDD-13, National Security Decision Directive-13'은 핵무기가 억제 목적을 넘어 군사적 승리를 위해 사용될 수 있다는 의도를 내비침으로써 상당한 논쟁을 불러일으켰다.

> **"가장 근본적인 국가안보 목표는 미국과 동맹국에 대한 직접 공격, 특히 핵공격을 억제하는 것이다. 만약 그럼에도 불구하고 핵공격이 일어난다면, 미국과 동맹국들은 승리^{prevail}해야 한다. … 그 외에도 우리는 성공적으로 전쟁을 수행할 수 있도록 준비해야 한다."[101]**

이는 평상시 "핵전쟁에서 승자는 없으며, 결코 싸워서도 안 된다"라고 대중에게 강조한 레이건 대통령의 발언과 정면으로 배치되었다.[102]

레이건 대통령이 이러한 강경한 태도를 취하기는 했지만, 사실 그는 근본적으로 핵무기와 상호확증파괴에 기반한 억제전략에 대한 거부감을 갖고 있었다. 이러한 거부감은 상호확증파괴 자체에 대한 의문뿐만 아니라 핵전쟁 시 수많은 무고한 시민들이 죽을 수 있다는 도덕적 신념에 기인했다. 이러한 신념을 기반으로 레이건은 미국 핵억제력의 기본 구조를 바꿀 만한 '전략무기방어구상^{SDI, Strategic Defense Initiative}'(이하 SDI로 표기) 추진을 발표했다. 이 프로그램은 우주 기반의 미사일방어체계를 통해 적의 ICBM을 발사 단계부터 요격하고 핵무기를 무용지물로 만들겠다는 의도로 시작되었다. 이를 통해 핵무기의 보복력에만 의존하는 기존의 억제전략을 넘어서 방어적인 거부 수단으로 핵무기의 효용 자체를 무력화시키고 전략의 패러다임을 바꾸겠다는 것이었다.

핵무기에 대한 레이건 대통령의 거부감은 유럽에서의 핵무기 군비통제 제안에서도 드러났다. 1981년 11월 소련의 브레즈네프 서기장

레이건 행정부의 핵전략

레이건 행정부는 억제전략 지침에서 만약 핵전쟁이 일어난다면 승리prevail을 달성해야 한다고 함으로써 논쟁에 불을 지폈다. 오늘날의 관점에서 생각해보면 당연하게 보이지만, 레이건의 지침은 당시 핵무기의 존재 목적은 억제에 있다고 생각했던 미국의 일부 전략가들 사이에서 엄청난 이의 제기와 반대에 직면하게 되었다. 그러나 시간이 지나면서 만약 할 수 없이 핵전쟁을 치러야만 한다면 패배losing보다는 승리prevailing를 국가 목표로 하는 것이 바람직한 것이 아닌가라는 인식을 불러일으키게 되었다.

결국 레이건 대통령의 지침은 미국에 필요한 핵능력이 무엇이고 만약 핵전쟁을 한다면 목표를 무엇으로 해야 하는가에 대한 논쟁을 불러일으켰다. 이후 콜린 그레이Colin Gray는 이것을 '승리 이론A Theory of Victory'의 관점에서 정리했다. 그의 승리 이론에 따르면, 바람직한 전쟁의 종결 상태나 전후 세력균형에 대한 뚜렷한 그림이 없다면 그에 맞는 핵전략을 갖추기 어렵다. 레이건 행정부는 이러한 승리 이론에 맞춰 방대한 예산의 투입을 통해 다양한 지상·해상·공중발사 전술핵무기 배치와 함께 이동형 발사대 및 MIRV를 탑재한 전략핵 3축 체계의 개발과 현대화를 추진했다.

이 독일을 방문하기 전 의제를 논의하는 시점에 레이건 대통령은 소위 '제로 옵션Zero Option'을 제시했다. 이는 소련이 동유럽에 배치된 SS-20, SS-5, SS-4 등 중거리 미사일 600기 모두를 철수한다면 미국은 나토 회의에서 결정한 퍼싱-II 미사일과 그리폰 순항미사일 572기의 배치 계획을 철회하겠다는 것이었다.[103] 즉, 레이건 대통령은 미국과 소련이 중거리 핵무기에 대한 상호 등가성 교환으로 유럽에서 중거리 핵무기를 완전히 제거하자고 제안한 것이었다.

소련의 관점에서 레이건의 제안은 소련을 무너뜨리기 위한 미국의 계략으로밖에는 보이지 않았다. 특히 레이건 행정부가 군사력을 강화하고 SDI를 통해 소련의 억제력을 무력화하려는 상황에서 유럽에서

미국 스미소니언 박물관(Smithsonian Museum)에 전시된 SS-20(왼쪽)과 퍼싱-II 미사일 모형(오른쪽). 〈출처: WIKIMEDIA COMMONS | CC BY-SA 3.0〉

중거리 핵무기를 완전히 제거하자는 레이건의 제안은 순순히 받아들여지지 않았다. 특히 소련은 SS-20 배치를 유럽에서 전략적 균형을 달성하기 위한 중요한 조치로 인식했기 때문에 레이건의 제로 옵션은 더더욱 받아들일 수 없었다. 급기야 1983년 11월, 미국은 퍼싱-II와 그리폰 순항미사일을 서독과 영국 등 서유럽에 배치했고, 나토와 소련 간의 긴장은 점점 고조되어갔다.

사실 소련은 미국의 중거리 핵미사일에 대해 매우 우려했다. 그리폰 순항미사일의 경우, 속도는 음속보다 느렸지만 2,500킬로미터를 비행하여 목표물을 30미터 이내에서 명중시킬 수 있었다. 또한 지표면 가까이에서 저공으로 비행함에 따라 레이더에 잡히지 않았고 그만큼 기습적인 공격이 가능했다. 따라서 소련의 조기경보망을 파괴하거나 고정 목표를 제거하는 데 효과적으로 사용될 수 있었다. 또한 퍼싱-II 탄도미사일은 사거리가 1,800킬로미터로 비교적 짧았지만, 공산오차가 30미터에 불과할 정도로 높은 정확도를 가지고 있었다. 소련의 최신 미사일인 SS-20의 정확도가 150~450미터라는 점을 고려할 때 미국의 미사일 성능이 얼마나 뛰어났는지를 알 수 있는 부분이다.

소련은 특히 퍼싱-II 탄도미사일을 두려워했다. 소련은 1962년 쿠바에서 중거리 탄도미사일을 전부 철수함에 따라 미국 본토를 직접적으로 타격할 수 있는 중거리 미사일이 전무했다. 미국도 쿠바 사태를 계기로 주피터Jupiter 미사일을 터키와 이탈리아에서 철수했고, 서독에 배치된 퍼싱-I 미사일의 경우 사거리가 740킬로미터로, 소련의 핵심 지역을 직접적으로 위협하지는 않았다. 따라서 퍼싱-II 미사일을 배치하기 이전 유럽에는 소련의 핵심 지역을 직접적으로 겨냥한 중거리 미사일이 없었다. 그러나 퍼싱-II 미사일이 배치됨에 따라 모스크바를 비롯한 핵심 지역이 위협에 그대로 노출된 것이었다. 특히 퍼싱-II 미사일의 경우 발사 후 6분 만에 목표에 도달할 수 있었기 때문에 조기경보를 발령하고 대응할 수 있는 시간이 턱없이 부족했다. 발사 후 목표에 도달하기까지 30분이 걸리는 ICBM에 비하면, 퍼싱-II 미사일은 기습효과가 아주 뛰어났던 것이다. 이런 이유로 소련은 미국이 실제로 퍼싱-II와 그리폰 순항미사일을 배치하자 크게 걱정했다.[104]

소련과 미국 간의 대립에 변화가 생긴 것은 1985년 미하일 고르바초프Mikhail Gorbachev가 서기장으로 취임하면서부터다. 고르바초프는 이전의 소련 지도자들과는 다른 새로운 가치관을 지닌 인물로, 소련의 생존을 위해서는 체제 개혁이 필수적이라고 여겼다. 또한, 국가안보를 바라보는 시각도 이전 지도자들과 달랐다. 그는 군사적·정치적·경제적 요소가 통합된 포괄적인 안보전략의 필요성을 인식했다. 그뿐만 아니라 우발적인 핵전쟁의 위협을 관리할 필요성을 강조하면서 핵무기의 증가가 실제로는 안보를 위협한다고 보았다.

물론 고르바초프가 아니더라도 당시 소련은 미국과 더는 군비경쟁을 할 수 있는 상황이 아니었다. 특히, 소련은 1979년부터 이어진 아프가니스탄 전쟁, GDP의 15%를 차지하는 과도한 국방비 지출, 공산주의 계획경제의 낮은 생산성, 유가 하락으로 인한 에너지 수입 감소 등으로 인해 가뜩이나 취약한 경제가 무너지고 있었다. 고르바초프로서는 이러한 경제 문제를 해결하고 소련 체제를 지속하기 위해 군사비 감축이 절실했다.

이러한 배경에서 고르바초프는 미국과의 군비통제 협상을 다시 추진했다. 1985년 11월 제네바Geneva에서 열린 레이건 대통령과의 정상회담에서 양측은 전략핵무기 감축과 유럽 내 중거리 핵미사일에 대한 군비통제를 논의하기로 하고, SDI 문제도 논의해가기로 했다. 결국 레이건 대통령의 제로 옵션 제안을 고르바초프가 제대로 수용한 것이었다.

1987년 12월 8일, 중거리핵미사일폐기조약((INF Treaty)에 서명하는 고르바초프 서기장(왼쪽)과 레이건 대통령(오른쪽). 〈출처: WIKIMEDIA COMMONS | Public Domain〉

이미 유럽 동맹국들도 중거리 핵미사일의 완전 철수를 지지하고 있었기 때문에 군비통제 논의는 신속히 추진되었다. 이듬해인 1986년 레이건과 고르바초프는 다시 만났다. 이번에는 아이슬란드의 레이캬비크^{Reykjavik}였다. 이전과 달리 이번에는 고르바초프가 더욱더 적극적이었으며 유럽에서의 중거리 핵미사일 제거뿐만 아니라 전략핵무기 군비통제와 SDI 문제를 한꺼번에 처리하고 싶어했다. 그러나 미국은 이를 분리하여 추진하기를 원했다. 이처럼 서로 뜻이 맞지 않자, 레이건 대통령은 자리를 박차고 일어났다. 미국이 협상에서 우위에 있음을 확실히 보여주는 장면이었다. 그러나 이미 중거리 핵미사일 제거에 대해 동의한 상황이었던 양측은 마침내 1987년 12월 8일에 사거리 500~5,500킬로미터의 중거리 미사일의 완전한 제거와 이를 검증하기 위해 현장 사찰을 허용하는 내용을 담은 중거리핵미사일폐기조약^{INF Treaty, Intermediate-range Nuclear Forces Treaty}을 체결하게 되었다.

●

핵군비통제의 교훈

미국과 소련의 핵군비통제 역사는 두 가지 큰 교훈을 제공한다. 첫 번째 교훈은 군비통제가 미국과 소련 간의 전략적 안정성을 높이는 데 중요한 역할을 했다는 것이다. 초기에는 전쟁의 위험을 줄이고 지나친 군사비 지출을 줄이기 위한 전략적 측면이 강하게 보였지만, 미국과 소련은 군비통제 협상을 진행했던 20년 동안의 지난한 과정에서 대화를 통해 서로에 대한 신뢰를 쌓고, 위기 상황에서도 안정적으로 대처할 수 있는 장치 등을 마련할 수 있었다.

두 번째 교훈은 미국과 소련이 협상 과정에서 장기적으로 어떻게 상대에게 우위를 점하려고 노력했는지를 보여준다는 것이다. 양측은 서로 전략적 상대우위를 점하기 위해 어떤 부분에서는 절대 양보하지 않으려고 했다. 예를 들어, 자신이 기술적으로 앞서 있다고 생각하는 무기체계는 결코 군비통제 대상에 포함하지 않으려고 했던 반면, 상대방이 앞서 있다고 생각하는 무기체계는 어떻게든지 군비통제 대상에 포함하려고 애썼다. 또한 미국의 전진 배치 핵무기와 같이 지정학적으로 유리한 위치에 있는 것은 양보하지 않으려고 했다.

흥미로운 부분은 상대방이 약속을 지키고 있는지를 확인하기 위한 검증 조치였다. 미국은 자국의 기술에 자신이 있었기 때문에 현장 사찰과 같은 강력한 검증 조치를 선호했다. 그러나 소련은 자신들의 약점이 드러날 것을 두려워해 처음에는 강력한 검증 조치를 회피했지만, 경제가 붕괴하고 군사력의 허점이 드러난 1985년 이후에는 오히려 강력한 검증 조치를 먼저 제안하기도 했다.

"경쟁하되 싸우지 않는다Competition without Conflict," 그리고 "신뢰하되 검증하라Trust, but Verify"는 문구는 군비통제의 특징을 가장 함축적으로 나타낸다. 군비통제는 데탕트détente 시기에 미국과 소련의 관계를 정의하는 중요한 특징이다. 이렇게 미국과 소련의 군비통제 경험은 우리에게 두 경쟁국 사이에 신뢰를 쌓고 전략적 안정성을 높이는 것이 얼마나 중요한지를 여실히 보여준다. 군비통제는 단순히 군사비 지출을 줄이려는 전략 이상의 의미가 있다. 즉, 국가들이 서로 협력하여 위험을 줄이고, 위기 상황을 잘 관리할 수 있게 도와주는 근본적인 방법이었다. 이는 오늘날에도 여전히 작동하는 중요한 원칙으로서 국가안보정책을 만들고 실행할 때 반드시 고려해야 할 것이다.

CHAPTER 6

냉전의 종식과
핵전략의 대전환

1991년 12월 25일, 소련은 해체되어 역사의 한 페이지에 남게 되었다. 냉전 해체를 주도한 부시 행정부는 세계 유일의 초강대국으로 남게 된 이 중대한 순간에 모처럼 찾아온 기회를 놓치지 않기 위해 동분서주했다. 가장 핵심적인 과제는 새로 독립한 국가들을 자유주의 세계질서의 일원으로 통합하고, 미국의 영향력과 리더십에 도전할 수 있는 세력이 등장하지 않도록 관리하는 것이었다. 이러한 노력은 미국이 장기간에 걸쳐 세계질서를 주도해나가기 위한 기반을 마련하기 위한 차원이었다.

이러한 상황에서 부시 대통령은 미국과 러시아 사이의 안정적인 상호억제 관계 유지와 위협 감소를 위한 협력적 접근을 주요 관심사로 삼았다. 특히 부시 대통령은 국가안보에서 핵무기에 대한 의존도를 낮추고, 소련을 승계한 러시아와의 지속적인 군비통제를 통해 전쟁의 위험성을 낮추며, 우크라이나, 벨라루스, 카자흐스탄 등 신생독립국가들이 비핵화를 수용하도록 설득하는 것에 우선순위를 두었다. 이는 당시 소련의 핵무기와 핵물질에 관한 안전 및 안보 문제가 대두되었기 때문이다. 그중에서도 특히 핵무기와 핵물질이 테러리스트의 수중에 넘어갈 가능성이 있다는 것은 심각한 문제로 여겨졌다. 이 문제를 놓고 행정부는 물론 의회 내부에 공화당과 민주당을 아우르는 초당적인 공감대가 형성되었다. 의회는 이 문제를 해결하기 위해 공동발의 법안을 통해 향후 30년간 지속적으로 예산을 지원하기로 한다.

한편 부시 행정부는 1991년 걸프 전쟁을 수행하는 과정에서 이라크 후세인Saddam Hussein 정권이 대량살상무기WMD, Weapons of Mass Destruction를 개발한 사실을 발견하면서 이에 대해 심각한 우려를 하게 된다. 이후 딕 체니Dick Cheney 국방장관에 의해 수행된 국방태세검토는 최초로 '불량국가rogue state' 개념을 정의했고, 미국은 대량살상무기로 무장한 불안정한 국가들에 대해 핵무기를 억제 수단으로 사용할 수 있다는 새로운 지침을 제시했다. 제6장에서는 이러한 탈냉전기 핵심적인 사건들을 살펴보고, 이 사건들이 미국의 핵전략에 어떻게 영향을 미쳤는지를 알아보고자 한다.

●

소련의 몰락

1991년 12월 8일, 소련(소비에트사회주의공화국연방)의 종말로 향하는 결정적인 첫걸음이 내디뎌졌다. 러시아연방공화국, 벨라루스, 우크라이나 등의 정상들은 벨라루스의 '비아워비에자 숲Białowieża Forest'의 한 별장에서 모여, 소련 해체와 함께 '독립국가연합CIS, Commonwealth of Independent States'이라는 더욱 느슨한 연합을 형성하는 협정에 서명한다. 그리고 마침내 1991년 12월 25일 미하일 고르바초프가 소련의 대통령직을 공식 사임하면서 연방 해체가 현실화했고, 다음날인 12월 26일에는 소련을 대표하는 최고 의결 기구인 최고회의가 15개 신생 독립국의 독립을 공식 승인하며 소련의 해체를 공식 선언했다. 이로써 1917년 사회주의 혁명을 거쳐 1922년에 탄생한 소련은 70년의 역사를 마감하고 역사 속으로 사라지게 되었다.

소련의 붕괴는 그 구조적 결함에서 비롯된 것이었다. 그러나 소련에 내재한 문제들이 본격적으로 표면화되기 시작한 것은, 1985년 미하일 고르바초프가 지도자로 등장하면서부터였다. 고르바초프는 소련 사회에 신선한 바람을 불어넣고자 '페레스트로이카perestroika'(경제적 · 정치적 구조의 개혁)와 '글라스노스트glasnost'(사회적 · 정치적 개방과 투명성 증진)라는 두 가지 혁신적인 정책을 도입했다. 페레스트로이카는 시장경제 요소의 점진적 도입과 국가 기업의 자율성 확대를 통해 경제 활성화를 목표로 했으며, 글라스노스트는 언론의 자유 확대와 공개토론 허용을 통해 사회 내 비판적인 목소리와 창의적인 표현을 장려했다.

그러나 당시 소련의 경제는 심각한 어려움을 겪고 있었고, 이러한 변화를 받아들일 상태가 아니었다. 이는 장기간에 걸친 산업 불균형, 공산주의 경제체제가 가져온 생산성 저하, 아프가니스탄 전쟁과 지나친 군사력 경쟁이 가져온 과도한 군사비 지출 등의 복합적인 문제들에 기인했다. 특히, 경제성장률은 점차 둔화되어 2% 미만으로 하락했으며, 외채는 급격히 증가하여 1985년경에는 국가 재정에 큰 부담을 주는 수준에 이르렀다. 이는 서방과의 무역적자와 국제 유가의 하락으로 인한 수입 감소 때문이었다. 소비재 부족 현상도 심각했는데, 이는 일반 시민들 사이에서 식료품, 의류 등 필수품에 대한 큰 수요와 불만을 초래했다.

이러한 경제적 어려움 속에서 고르바초프가 주도한 페레스트로이카 정책은 당면한 경제 문제들을 해결하기는커녕, 오히려 중앙집권적 권력 구조를 약화시키고 경제에 더 깊은 혼란을 야기했다. 이러한 상황 속에서 소련이 가진 근본적인 문제는 더욱 뚜렷하게 드러났으며, 결국 소련의 몰락으로 이어지는 중요한 배경이 되었다.

이에 더해, 글라스노스트 정책의 도입으로 언론의 자유가 전례 없이 확장되면서, 소련 내부의 심각한 문제들이 대중의 눈앞에 드러나기 시작했다. 특히, 체르노빌Chernobyl 원자력 발전소 사고와 아프가니스탄 전쟁과 같은 중대한 사건들이 널리 보도됨으로써, 이전에는 잘 알려지지 않았던 정보가 공개되었다. 체르노빌 사고의 경우, 소련 정부가 초기에 사고의 심각성을 축소하려 했던 사실이 밝혀지면서 정부에 대한 신뢰가 크게 훼손되었다.[105] 아프가니스탄 전쟁에 대해서도 무리한 진행과 인적·경제적 손실에 대한 실상이 대중에게 공개되어, 많은 사람이

정부의 정책과 결정에 의문을 제기하기 시작했다. 결과적으로 글라스노스트 정책은 의도치 않게 소련 체제 내부의 문제를 드러내고, 변화에 대한 대중의 요구를 촉발하는 중요한 계기가 된다.

이러한 소련의 내부 문제에 더해, 동맹국들의 붕괴와 이탈은 소련 체제의 몰락을 가속했다. 소련의 힘이 약해지자, 동유럽에서 소련의 영향 아래 있던 국가들은 자유와 독립을 향한 열망을 드러내며 변혁의 물결을 일으켰다. 그중 헝가리는 서서히 정치개혁을 시작하고 1989년 다당제로의 전환과 국경 개방을 단행했으며, 많은 동독 주민이 헝가리를 통해 오스트리아로 탈출하는 통로를 열어줬다. 이는 동독의 붕괴로 이어졌으며, 베를린 장벽이 개방되어 동서독 간의 장벽이 허물어지기 시작했다. 체코슬로바키아에서는 1989년 11월 벨벳 혁명Velvet Revolution이 일어나 평화적인 대규모 시위를 통해 공산당 정부를 종식했다. 같은 해 루마니아에서도 혁명이 발생하여 니콜라에 차우셰스쿠Nicolae Ceausescu 독재정권이 붕괴했다.

이러한 사건들은 동유럽에서 소련의 영향력이 급격히 약화되고 있음을 전 세계에 보여주었다. 베를린 장벽의 붕괴는 단순히 독일 내의 변화를 의미하는 것이 아니라, 냉전 체제 하에서 소련이 유지해온 영향력의 종말을 상징하는 이정표였다. 이러한 동유럽 국가들의 변화는 소련 내부에도 큰 영향을 미치며, 결국 소련 자체의 붕괴로 이어지는 중요한 원인 중 하나가 되었다.

소련 내부에서도 다양한 민족과 지역 공동체가 자신들의 독립과 자율성을 강력하게 주장하기 시작했다. 그중에서도 리투아니아, 라트비아, 에스토니아 등 발트 3국이 선두에 서서 1990년과 1991년에 걸쳐 독립을 공식적으로 선언했다. 이러한 독립 선언은 민족적 자결권을 향한 강렬한 열망을 바탕으로 이루어졌으며, 소련 중앙 정부로부터의 자

1989년 11월 9일 베를린 장벽 붕괴 당시 브란덴부르크 문 앞에 있는 장벽 위에 올라가 있는 동독과 서독 사람들의 모습. 베를린 장벽 붕괴는 단순히 독일 내의 변화를 의미하는 것이 아니라, 냉전 체제 하에서 소련이 유지해온 영향력의 종말을 상징하는 이정표였다. 이러한 변화가 소련 내부에도 큰 영향을 미치며, 결국 소련 자체의 붕괴로 이어지는 중요한 원인 중 하나가 되었다. 〈출처: WIKIMEDIA COMMONS | CC BY-SA 3.0〉

유를 쟁취하려는 결연한 의지의 표현이었다. 발트 3국의 이러한 과감한 행동은 소련의 다른 공화국들에도 영감을 주었고, 우크라이나, 조지아, 몰도바, 아르메니아, 아제르바이잔 등에서도 독립을 향한 움직임이 활발해졌다. 이처럼 소련 내부의 민족적·지역적 독립운동은 소련의 국가적 정체성에 대한 재평가를 촉발시켰고, 궁극적으로 소련 해체의 중요한 동력 중 하나가 되었다.

이러한 사건 속에서 소련이 무너지게 된 결정적인 계기는 1991년 8월, 보수적인 공산당원들이 고르바초프를 축출하려고 일으킨 쿠데타 시도였다. 이 쿠데타는 종국적으로 실패로 돌아갔지만, 소련의 약화한 상태와 국가의 분열상을 전 세계에 드러냈으며, 쿠데타 이후 보리스 옐친을 중심으로 한 러시아연방공화국은 독립을 선언하고, 소련으로부터의 탈퇴를 가속했다. 결국, 1991년 12월 25일, 소련은 해체된다.

소련의 핵무기를 물려받은 국가들

소련이 해체되기 직전, 미국과 소련은 핵무기 경쟁을 제한하고 핵전쟁의 위험을 줄이며 전략적 안정성을 강화하기 위한 군비통제 협정을 한 차례 더 체결했다. 바로 '전략무기감축조약START, Strategic Arms Reduction Treaty'(이하 START로 표기)이다. START의 주요 초점은 핵무기와 발사대의 수를 과감하게 감축하고 강력한 상호검증체계를 마련하는 것이었다. 1991년에 7월 31일 체결된 START에 따라, 미국과 소련은 각각 전략핵탄두를 6,000개 이하로, 그리고 ICMB 및 SLBM의 발사대와 중거리 폭격기를 1,600기 이하로 감축하기로 합의했다. 이는 한때 6만 발이 넘었던 미국과 소련의 핵탄두 양을 절반 가까이 줄이는 과감한 조치였다. 또한, START는 INF 조약과 같이 서로의 핵시설을 방문하여 확인하는 엄격한 검증 절차를 포함함으로써, 양국이 서로의 핵무기 감축을 상호 검증할 수 있는 체계를 마련했다.

START의 비준이 완료되고 정식으로 발효된 1991년 12월 5일이 얼마 지나지 않아 소련은 해체되었다. 이는 미국이 유일한 초강대국인 단

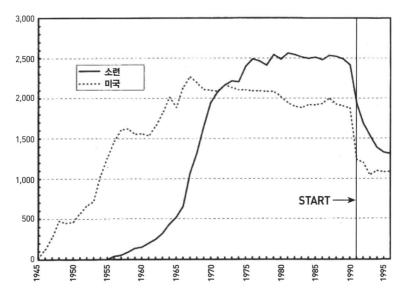

〈그림 6-1〉 START 조약과 미·러 핵무기 발사대 수의 변화[106]

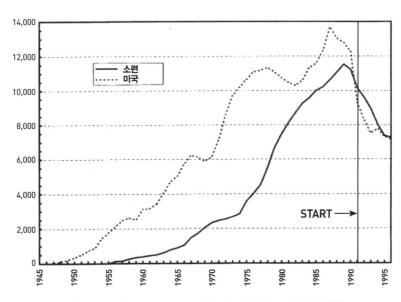

〈그림 6-2〉 START 조약에 따른 미·러 핵탄두 수의 변화[107]

극체제의 시대Unipolar Moment가 열렸음을 의미했다. 그러나 소련이 붕괴하면서 연방 내에 있던 몇몇 국가가 소련이 보유 및 운용하던 방대한 양의 핵무기를 물려받게 되었고, 미국은 이를 어떻게 처리할지에 대한 문제에 맞닥뜨리게 되었다. 소련으로부터 핵무기를 물려받은 우크라이나, 벨라루스, 카자흐스탄이 핵무기를 자국의 소유라고 선언한다면 졸지에 3개의 핵보유국이 늘어날 수도 있는 상황이었다. 이는 미국이 추구하는 핵비확산 체제 유지에 중대한 도전이었다.

문제는 소련의 뒤를 이은 러시아 혼자서는 이 국가들을 설득하여 핵무기를 회수할 능력이 없다는 것이었다. 러시아는 이미 경제적으로 파탄 상태에 직면해 있었고, 자국 내에 있는 핵무기와 기술자를 관리하기에도 벅찬 상태였다. GDP는 역성장하고 있었고, 인플레이션은 12%였으며, 빈곤선 아래 있는 국민의 비율이 3%에서 12%로 폭증한 상태였다. 만약 러시아의 핵무기와 핵물질, 핵과학자들이 다른 국가나 테러단체로 유출된다면 문제는 더욱 심각해질 것이 명백했고, 이미 중국, 이란, 북한으로 구소련의 기술자들이 넘어갔다는 소문이 돌고 있었다. 이러한 배경에서 러시아가 자국의 핵무기를 잘 관리할 수 있도록 지원하고, 우크라이나, 벨라루스, 카자흐스탄이 핵무기를 포기하도록 하는 것이 미국 핵안보 정책의 중요한 과제로 떠올랐다.

〈표 6-1〉 소련으로부터 핵무기를 물려받은 국가들의 핵무기 보유 현황[108]

구분	대륙간탄도미사일(ICBM)	순항미사일 및 중력핵폭탄
우크라이나	SS-19 133기, SS-24 46기, 핵탄두 1,240개	324발
벨라루스	SS-25 81기	-
카자흐스탄	SS-18 104기, 핵탄두 1,040개	370발

우크라이나, 벨라루스, 카자흐스탄으로부터 핵무기를 회수하고 비핵국가로 남도록 하는 데에는 두 가지 조치가 필요했다. 첫째, 이 국가들이 미국과 소련 사이에 맺은 START 조약을 비준하고 핵무기를 러시아로 이전하는 데 동의하도록 하는 것이다. 이는 소련을 외교적으로 승계한 러시아에 핵무기의 소유권이 있음을 인정하고 핵무기를 감축하는 노력에 참여하는 것을 의미했다. 두 번째 조치는 우크라이나, 벨라루스, 카자흐스탄이 모두 NPT에 가입함으로써 핵물질을 이전하고 자국 내 핵시설에 대한 국제원자력기구IAEA, International Atomic Energy Agency(이하 IAEA로 표기)의 사찰을 받도록 하는 것이었다. 이는 3개국이 비핵보유국으로서 국제 핵비확산 체제에 동참하는 것을 의미했다.

문제는 이 국가들이 핵무기 포기의 조건으로 경제적 보상과 안보 보장을 요구한다는 것이었다. 미국으로서는 어느 정도의 재정적 지출이 있더라도 소련에서 독립한 국가들의 핵 및 기타 대량살상무기(화학 및 생물무기)를 안전하게 해체하고 확산을 방지하는 것이 더욱 급하고 중요한 일이었다. 미국 의회도 강력한 지지를 보냈고, 민주당의 샘 넌Sam Nunn 상원의원과 공화당의 리처드 누가Richard Lugar 상원의원이 지원 법안을 초당적으로 발의했다. 소위 '넌–루가 법안Nunn-Lugar Act'이라고 불리는 이 지원 법안의 핵심은 협력적 위협 감소CTR, Cooperative Threat Reduction 프로그램을 통해 러시아, 우크라이나, 벨라루스, 카자흐스탄 등 독립국가들이 대량살상무기를 해체 및 이전하고, 핵무기 제조시설을 민수용으로 전환하며, 과학자들이 재교육 및 재취업하도록 지원하는 것이었다.

특히 협력적 위협 감소 프로그램은 국가별 상황과 보상 요구에 따라 맞춤형 지원을 했다. 예를 들어, 벨라루스는 국내 경제가 피폐했고, 소련으로부터 물려받은 핵무기와 시설, 인력을 관리할 능력이 없었다. 따라서 비교적 수월하게 START 조약 비준과 NPT 가입이 이루어졌다. 이에 대해 미국은 핵군축에 소요되는 금융 지원과 더불어 벨라루스 영토 내에 있는 핵무기 통제 인력에 대한 임금 및 주거시설, 민간 부문으로 전환할 수 있도록 하는 재교육 프로그램을 지원했다. 또한, 소련의 미사일 발사대 등을 민수용 트럭이나 기계로 전환하여 경제 발전을 지원했다.

카자흐스탄의 상황은 이보다 더 복잡했다. 특히, 카자흐스탄에는 소련에서 가장 큰 세미팔라틴스크Semipalatinsk 핵실험장이 자리 잡고 있었는데, 이곳에서 1950년대와 1960년대 100여 회의 대기권 핵실험과 300여 회의 지하 핵실험이 이루어졌고, 이로 인해 카자흐스탄 주민들은 많은 피해를 입었다.[109] 따라서 카자흐스탄은 소련으로부터 당했던 인종적·경제적 피해와 함께 방사선 피해에 대한 충분한 물질적 보상을 받기 원했다. 이에 대해 미국은 핵무기 해체와 핵물질 안전조치를 위해 3억 1,100만 달러를 지원하기로 한다. 이에 더해 고농축 우라늄을 저농축 우라늄으로 전환하는 데에도 자금을 지원했다.

가장 복잡한 문제는 우크라이나를 설득하는 일이었다. 1930년대 대기근으로 약 300만 명이 사망한 사건부터 1986년 체르노빌 사고에 이르기까지, 우크라이나 내부에서는 반러 감정이 존재했다. 따라서 소련의 붕괴로 우크라이나가 독립하게 되자, 러시아로부터 주권과 영토의 완전성, 그리고 안보를 어떻게 보장받을 것인지가 우크라이나에 가장 중요한 문제가 되었다. 우크라이나는 핵 포기, START 비준, 그리고 NPT 가입의 조건으로 자국의 주권을 보장하는 안보 보장Security Assurance을 요구했으며, 핵무기 폐기 비용으로 28억 달러의 원조를 요구했다. 이에 미국과 러시아는 우크라이나에 상당한 규모의 경제 원조를 제공했다. 그런데도 우크라이나 의회가 NPT 가입을 거부하자, 미국, 영국, 러시아는 우크라이나에 안보 보장을 약속하는 부다페스트 각서Budapest Memorandum에 서명했다. 이를 통해 우크라이나의 NPT 가입이 성사되었다. 그러나 부다페스트 각서는 2014년 러시아가 크림 반도를 합병하고, 2022년 우크라이나를 침공함으로써 사실상 무효가 되었다.

●

부시 대통령의 일방적 핵군축구상(PNI)

국가안보전략에서 핵무기에 대한 의존도를 낮추고 핵확산 위험을 관리하기 위한 두 번째 노력은 미국의 일방적 핵무기 감축 조치였다. 냉전이 해체되는 시점에 미국의 비전략 핵무기는 약 7,000기에 달했으며, 그중 일부는 유럽과 동아시아에 전진 배치되어 있었다. 이러한 상황에서 1989년 1월 출범한 부시 행정부는 탈냉전기를 미국의 핵전략과 핵태세를 전환할 기회로 만들기 위해 발 빠르게 움직여나갔다.

이러한 노력의 일환으로 미·소 START 협정과 함께 주목받은 정책은 소위 '대통령의 핵구상PNI, Presidential Nuclear Initiative'(이하 PNI로 표기)이라 불리는 일방적인 핵 군축 조치다. 이 조치는 1991년과 1992년에 걸친 두 차례의 TV 연설을 통해 발표되었으며, 적용된 군축 조치의 규모, 쌍방의 법적 의무를 요구하지 않는 일방적 조치의 형태, 그리고 다른 군비통제 협상에 비해 짧은 시간에 일부 인원에 의해 전격적으로 준비된 점 등에서 파격적이었다.

PNI 결정은 채 한 달도 안 되는 짧은 기간에 이루어졌지만, PNI가 출현하기까지 미국은 몇 가지 준비 조치를 취하고 있었다. 먼저 1989년 11월 베를린 장벽의 붕괴로 바르샤바 조약기구가 사실상 해체되자 미국은 나토의 안보전략과 태세에 대해 재검토했다. 그 후속 조치로서 부시 대통령은 유럽에 배치된 핵포탄의 현대화 계획뿐만 아니라 지상발사 핵미사일인 랜스Lance 미사일의 개량 작업을 전면 중단시켰다.

1991년 7월 31일 전략무기감축협정(START)에 서명하는 미국 대통령 H. W. 부시(왼쪽)과 소련 대통령 미하일 고르바초프(오른쪽). 〈출처: WIKIMEDIA COMMONS | Public Domain〉

이와 같은 유럽 배치 전술핵에 대한 극적인 제한 조치 외에도, 1989년 11월 딕 체니 국방장관은 미국의 핵 전쟁계획인 SIOP의 전면적인 재검토를 지시했다. SIOP 재검토는 1991년 4월에 완료되었으며, 미국이 소련 억제에 필요한 수준을 훨씬 초과해 핵무기를 보유하고 있다는 결론을 내렸다. 이로 인해 SIOP 재검토는 대통령과 국방장관에게 상당한 수준의 핵전력 감축이 가능하다는 확신을 제공했다. 이를 바탕으로, 미국은 1991년 7월 31일 주저 없이 소련과 START 협정을 체결했으며, 그해 말 소련의 몰락이라는 지정학적 변동은 부시 대통령에게 더욱 적극적인 핵 감축 조치를 취할 기회와 명분을 제공했다.

부시 대통령이 일방적 핵무기 감축 조치, 즉 PNI를 결심하게 된 배경은 크게 몇 가지로 요약할 수 있다. 첫째, 1991년 8월 소련에서 발생한 쿠데타 시도 중 핵무기 확보 시도가 있었으며, 이는 소련 핵 지휘통제의 신뢰성에 대한 우려를 낳았다. 둘째, 부시 대통령은 START를 통한 핵무기의 극적 감축이 소련과의 관계 개선을 반영하고 가속화할 수 있다는 점을 인식했다. 셋째, 1991년 9월 5일에 열린 국가안전보장회의 NSC, National Security Council에서 핵전력 유지 및 현대화에 필요한 막대한 국방예산 절감과 새로운 자유주의 세계질서를 효과적으로 알릴 수 있는 조치의 필요성을 인식했다. 넷째, 해군과 육군 모두 전술핵무기의 군사적 효용성이 과거에 비해 감소했다고 판단했다. 따라서 미국이 먼저 핵군축의 모범을 보임으로써 소련도 같은 행동을 취하도록 한다면 핵확산의 위험도 낮추면서, 국제적 리더십을 보일 수 있고, 비용도 절감할 수 있을 것이라는 계산이었다.

이러한 배경 하에 부시 대통령의 구상은 브렌트 스코우크로프트Brent Scowcroft 국가안보보좌관, 딕 체니 국방장관, 콜린 파월Colin Powell 합참의장 등의 조언을 바탕으로 구체화되었다. 파월은 보안을 유지하며 신속하게 실행 방안을 준비했고, 이를 체니에게 보고한 후 대통령에게 직접 보고했다. 미국 합동참모본부는 미국이 먼저 일방적으로 핵군축을 단행하고 이를 극소수의 유럽 정치지도자들에게 통보하는 방식을 추구했다. 특히 부시 대통령은 고르바초프와 옐친Boris Yeltsin과의 직접 통화를 통해 긍정적인 반응을 얻는다.

1991년 9월 27일, 부시 대통령은 전국 방송을 통해 PNI 조치를 발표했다. 이 조치는 주로 전술핵무기의 감축에 초점을 맞췄다. 유럽에서는 1,000개의 핵포탄과 700개의 랜스 미사일을 즉시 철수했으며, 미국 본토에 위치한 400개의 핵포탄과 랜스 미사일의 핵탄두도 해체했다. 이와 함께 수상함, 공격 잠수함, 지상 기반의 해군 항공기가 운용하는 모든 핵무기도 제거했다. 그러나 아시아 동맹국을 위한 확장억제 목적의 토마호크Tomahawk 잠수함발사 핵순항미사일TLAM-N은 비상시를 대비해 보관했다.

미 전략사령부(U.S. Strategic Command)

미 전략사령부는 1992년 6월 1일 창설되었으며, 현재 전략적 억제, 핵작전, 전자기스펙트럼작전, 미사일 방어(위협 분석), 글로벌 타격 및 국방부의 글로벌 정보 그리드 운영을 담당하고 있다. 전략사령부는 국방부 산하 11개 통합전투사령부 중 하나로, 네브래스카주 오펏Offutt 공군기지에 본부를 두고 있다. 모든 전략핵무기에 관한 단일 지휘구조를 규정한 골드워터-니콜라스 법Goldwater-Nicholas Act(1986년)과 부시 대통령의 PNI에 의해 전략공군사령부SAC의 후신으로 창설되었다. 주요 임무는 적대국의 핵(전략) 공격 또는 대규모 침략 공격을 억제하고, 억제 실패 시 핵무기를 사용한 결정적 대응을 수행하는 것이다. 창설 이후 여러 차례 구조적 변화를 거쳤다. 현재는 독립한 미 우주사령부와 미 사이버사령부 등이 이에 해당한다. 현재 전략사령부 예하에 합동해군구성군사령부(미 함대사령부)와 합동공군구성군사령부(공군글로벌타격사령부)를 두고 있으며, 전략핵 3축 체계에 대한 지휘 통제 및 전 세계 전략 상황 유지를 위해 글로벌 작전센터GOC, Global Operation Center를 운영하고 있다. 이를 통해 전략사령관은 평시 억제작전, 핵작전 기획, 연습, 지휘통제통신(NC3) 등의 임무를 수행하고 있다.

이러한 1차 PNI 조치로 인해 해군이 운용하던 전술핵무기의 약 절반가량이 폐기되었다. 유럽에서 운용되던 중력 핵폭탄도 나토의 핵기획협의그룹NPG의 결정에 따라 1,400개에서 700개로 대폭 축소되었다. 또한, 전략핵무기에 관한 몇 가지 상징적 조치도 포함되었는데, 가장 주목할 만한 것은 전략공군사령부SAC, Strategic Air Command를 전략사령부U.S. Strategic Command로 대체하는 것이었다. 이는 각 군별로 운용되던 전략핵무기를 하나의 지휘체계 아래 통합함으로써 전반적인 핵 지휘체계를 조정하겠다는 의지의 표현이었다. 이에 고르바초프는 10월 5일에 미국이 발표한 조치와 유사한 조치를 취했으며, 대체로 긍정적인 반응을 보였다. 특히, 핵전력 유지 및 현대화에 따른 경제적 부담을 느끼던 고르바초프는 미국의 조치를 뛰어넘는 과감한 상호 조치를 요구하기도 했다.

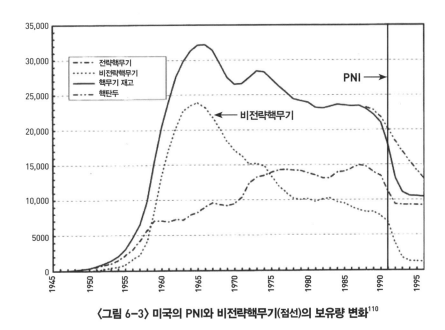

〈그림 6-3〉 미국의 PNI와 비전략핵무기(점선)의 보유량 변화[110]

1991년 12월 25일, 소련이 해체되고 고르바초프가 사임한 후, 부시 대통령은 2차 PNI를 단행한다. 2차 PNI는 1992년 1월 28일에 대통령 연두교서를 통해 공식 발표되었다. 옐친 대통령 역시 고르바초프처럼 이 계획에 적극적으로 호응했다. 2차 PNI는 1차 때와는 달리, 전략핵무기에 초점을 맞춘 조치들을 포함했다. 특히, 다탄두를 탑재한 미사일MIRV이 가진 위험을 줄이는 것이 주요 목적이었다. 이를 위해 부시 대통령은 사일로 기반의 소형 ICBM 프로그램 취소, 피스키퍼 ICBM 생산 중단, B-2 전략폭격기 생산의 동결 및 추가적인 핵순항미사일 획득 중단 등의 조치를 취했다.

요약하면, 부시 대통령의 이러한 일방적 핵군축 구상은 역사상 전례를 찾기 어려운 과감한 군축 조치였으며, START 협정과 결합하여 그 효과는 더욱 가속화되었다. 〈그림 6-3〉 그래프에서 보듯이 1990년 12월부터 1994년 12월 사이에 미국의 핵무기 재고는 약 50% 감소했으며, 핵탄두의 수는 2만 1,932개에서 1만 979개로 크게 줄었다. 이와 같은 전례 없는 조치의 배경에는 부시 대통령의 강력한 리더십과 유럽 및 소련에서 일어난 지정학적 변화가 있었다.

●

불량국가의 핵개발 모험

PNI를 통해 핵무기에 대한 의존도를 줄이고, 안정성을 높이려는 부시 행정부의 정책은 지역 국가들의 핵개발이라는 새로운 도전에 직면했다. 특히, 1991년 걸프 전쟁 이후 유엔UN이 이라크의 대량살상무기에 대한 사찰을 수행하는 과정에서 이라크 후세인 정권이 핵무기 개발을 시도한 것이 사실로 드러나면서 심각한 우려를 낳게 되었다.

이라크의 핵무기 개발 시도는 1970년대 말로 거슬러 올라간다.[111] 이라크는 플루토늄 기반의 핵무기를 개발하기 위해 프랑스로부터 40메가와트MWt 출력의 오시라크Osiraq 원자로와 이탈리아 회사로부터 플루토늄 재처리시설을 공급받고자 했다. 이에 이스라엘은 강력히 반대했고, 프랑스를 상대로 원자로 건설을 취소할 것을 요구하는 한편, 수출을 막기 위해 폭탄 테러와 이라크 과학자를 살해하는 등의 조처를 취했다. 그럼에도 불구하고 프랑스가 원자로를 바그다드Baghdad 인근에 건설하자, 1981년 6월 F-16과 F-15 전투기를 이용하여 오시라크 원자로를 파괴한다. 이것이 예방공격의 대표적 사례로 널리 알려졌으며, 영화 〈탑건: 매버릭Top Gun: Maverick〉의 모티브가 된 '오페라 작전Operation Opera'이다.

이 공격 이후 이라크는 플루토늄 기반의 핵무기 개발에서 비밀리에 고농축 우라늄 기반의 핵무기를 개발하는 것으로 방향을 바꾼다. 무기

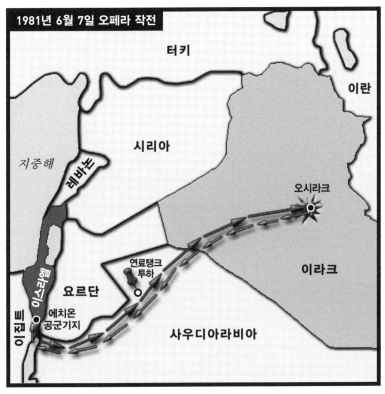

〈그림 6-4〉 오페라 작전 중 이스라엘 전투기들의 오시라크 원자로 공습 비행 경로

급 플루토늄을 생산하기 위해서는 원자로를 비롯해 플루토늄 재처리 시설 등 대규모 시설이 필요했고, 이는 이스라엘에 쉽게 적발되어 파괴될 수 있기 때문이었다. 반면, 우라늄 농축은 대규모 시설이 필요하지 않았고, 지하에서 은밀하게 수행할 수 있었다.

이라크가 특히 관심을 가졌던 방법은 전자기 동위원소 분리법EMIS, Electromagnetic Isotope Separation이었다. 이 방법은 우라늄을 전자장에서 가속하면, 상대적으로 무거운 우라늄-238 원소가 우라늄-235보다 더 바깥쪽으로 휘어져 이동하는 원리를 이용한 것이었다. 이와 더불어 가스확산법과 원심분리법을 이용한 우라늄 농축시설도 건설하고자 했으며,

1980년대 말에는 상당한 진전을 이룰 수 있었다.

문제는 1990년 이라크가 쿠웨이트를 침공하면서 미국과 사우디아라비아를 중심으로 한 국제연합군과 '걸프 전쟁'을 치르게 되었다는 것이다. 이에 사담 후세인은 '긴급 프로그램Crash Program'을 가동하여 프랑스와 러시아에서 건설한 연구용 원자로에 있는 고농축 우라늄을 추출하고 이를 바탕으로 핵무기를 획득하고자 했다. IAEA의 분석에 따르면, 만약 이라크가 고농축 우라늄 추출에 성공했다면 핵무기 1기에 필요한 25킬로그램 정도를 획득할 수 있었을 것이라고 한다.[112]

1991년 걸프전이 국제연합군의 압도적인 승리로 끝난 뒤, 유엔 안전보장이사회는 이라크의 대량살상무기WMD 프로그램을 조사하고 해체하기 위해 유엔특별위원회UNSCOM, United Nations Special Commission를 설립했다. 유엔특별위원회의 목적은 이라크 내의 생화학무기, 미사일, 그리고 핵무기 프로그램을 찾아내고 제거하는 것이었다. 이 과정에서 유엔은 IAEA와 협력하여 이라크의 핵무기 개발 프로그램을 집중적으로 조사했다.

이라크는 자국의 핵무기 개발 사실을 은폐하기 위해 이라크 북부 알 타르미야Al-Tarmiya와 애쉬 샤르카트Ash Sharqat에 있는 전자기분리 우라늄 농축시설과 핵무기 프로그램의 존재를 신고하지 않았다. 그러나 IAEA 사찰관들이 30여 차례가 넘는 치밀한 조사 끝에 비밀시설에 있던 우라늄 농축장비, 핵무기 개발에 사용될 수 있는 장비들을 발견하자, 이라크는 핵무기 프로그램의 존재를 시인할 수밖에 없었다. 이에 더해, 1990년대 중반에 망명한 이라크 후세인 카멜Hussein Kamel 과 키디르 함자Khidir Hamza가 이라크 핵무기 프로그램의 존재를 증언함으로써 핵무기 개발 사실은 더욱 명확해졌다.

이라크의 핵무기 개발 사실은 미국의 비확산 목표에 매우 중대한 도전이었고, 냉전 이후 미국의 핵전략이 변화하는 중요한 계기가 되었다. 특히 1990년 이라크가 쿠웨이트를 점령하고, 국제연합군과 대치하는 상황에서 미국은 이라크가 생화학탄을 사용하여 공격할 수 있다고 우려했다. 이에 미국은 이라크가 생화학탄을 사용하면 핵무기로 보복할 것이라고 강력하게 경고했다. 불행 중 다행으로 이라크의 생화학 공격은 이루어지지 않았지만, 지역국가의 대량살상무기 공격에 대해 핵으로 대응할 수 있다는 것은 탈냉전기 미국 핵전략의 중요한 특징이 되었다.

지역국가들과의 핵전쟁에 대비해야 한다는 정책은 1992년 딕 체니 국방장관이 대통령과 의회에 제출한 보고서에 잘 드러나 있다. 여기에서는 "지역국가들이 핵무기를 획득할 수 있다는 가능성은 미국의 핵전략과 정책이 변화하도록 만들었다"라면서 미국의 핵전략은 "대량살상무기를 사용하더라도 잃을 것이 별로 없는 국가나 지도자들의 불안정한 상황을 만드는 것"에 대응해야 한다고 강조했다.[113] 즉, 미국의 핵전력이 소련과 같은 초강대국 경쟁자의 공격을 억제하고 보복하는 것뿐만 아니라, 소위 '불량국가'라고 불리는 지역적 도전국들의 대량살상무기 사용을 억제하고 보복하는 데 사용될 수 있다는 것이었다.[114]

이와 같은 핵무기 사용에 대한 지침의 변화는 핵 작전계획의 근본적인 변화를 가져왔다. 냉전 시기에는 주로 소련의 핵심 표적을 공격하는 데 집중되어 있던 핵 작전계획이, 탈냉전 시대에는 전 세계적으로 분산된 다양한 위협에 대응할 수 있도록 훨씬 더 유연하게 조정될 필요가 있었다. 탈냉전기에는 예측하기 어려운 다양한 대량살상무기 위협에 신속하게 대응해야 하기 때문이다. 이는 미국과 소련 간의 전통적인 초강대국 대결 구도와는 확연히 다른 상황을 의미했다.

이렇게 변화된 안보 환경에 대응하기 위해, 냉전 시대에 소련의 핵전력과 지휘시설을 신속하게 제거하여 미국의 승리를 보장하기 위해 설계되었던 SIOP는 탈냉전기의 변화하는 위협에 더 신속하고 유연하게 대응할 수 있는 '역동적 SIOP^{living SIOP}'로 발전하게 되었다. 1992년에 승인된 이 새로운 접근 방식(SIOP-93)은 실시간 위협 분석과 목표 선정을 통해 다양한 시나리오와 위협에 맞춤화된 대응 계획을 가능하게 함으로써 미국의 핵전략을 더욱 정교하고 적응력 있는 것으로 변모시켰다.[115]

● 클린턴 행정부, 핵태세를 최초로 검토하다[116]

부시 행정부의 뒤를 이어 1993년 들어선 클린턴^{Bill Clinton} 행정부는 냉전 종식이 가져온 기회와 도전에 적절히 대응하기 위해 새로운 포괄적 안보전략을 모색했다. 이 전략은 국제사회에 대한 적극적 개입과 민주주의 공동체의 확대라는 목표를 갖고 '개입과 확대^{Engagement and Enlargement}'라는 기반 위에 구축되었다. 부시 행정부와 마찬가지로 클린턴 행정부도 냉전이 종식된 1990년대를 미국의 번영과 안전을 확보할 전례 없는 기회로 보았으며, 동시에 이러한 안보 구축에 대한 가장 큰 도전으로 '대량살상무기의 확산'을 지목했다. 따라서 미국은 핵군축과 비확산의 이행과 더불어 핵 위험을 감소시키기 위한 다양한 형태의 정치적 협력을 추구하겠다는 의지를 표명했다.

한편, 레스 애스핀^{Les Aspin} 국방장관은 국방전략에 관한 광범위한 개혁을 주도했다. 이러한 노력은 세 가지 주요 방향으로 정리될 수 있다. 첫째, 냉전 이후 적용할 국방전략과 능력에 대한 상향식 검토^{BUR, Bottom-Up Review}(이하 BUR로 표기)였으며, 이 검토는 미국이 동시에 발생할 수 있는 2개의 주요 지역 전쟁에서 승리할 수 있는 군사력을 유지해야 한다는 핵심 메시지를 전달했다. BUR은 이후 '국방대확산구상DCI, Defense Counter-proliferation Initiative'(이하 DCI로 표기)으로 이어졌다. DCI는 대량살상무기 확산에 군사적으로 대응하기 위한 미군의 능력과 태세를 강화하는 구상이었다. 그리고 1993년 가을 BUR이 완료된 직후, 애스핀 장관의 지시에 따라 미국의 핵태세에 관한 포괄적 검토 작업이 시작되었다. 이는 미국 최초의 핵태세검토보고NPR, Nuclear Posture Review(이하 NPR로 표기)로, 애스핀 장관이 대량살상무기로 무장한 지역국가들이 제기하는 도전과 위협을 매우 심각하게 받아들이고 있음을 보여줬다.

1994 NPR은 냉전 종식에도 불구하고 여전히 국제안보 환경에 불확실성이 존재한다고 보았다.[117] 특히, 구소련 지역에서의 혼란스러운 상황이 핵무기 및 핵물질 관리를 느슨하게 만듦으로써 대량살상무기가 유출될 수 있다고 지적했다. 또한, 이란과 북한과 같은 불량국가들의 핵무기 개발이 안보 위협을 더욱 두드러지게 만들었다는 점을 강조한다. 이러한 전략 환경 속에서 핵전략에 대한 "선도하되, 위험을 관리하라lead but hedge"라는 새로운 접근법을 제시했다. 여기서 '선도'는 주로 러시아와 협력하여 냉전 시기에 축적된 무기를 감축하고 민감한 물질 및 과학기술의 관리와 감독을 강화하는 데 초점을 맞추는 것을 의미한다. 반면, '위험 관리'는 러시아가 군비통제 약속을 어기고, 해체된 군사력을 재구성할 경우를 대비하여 미국의 감축된 핵무기를 신속하게 복원할 수 있는 준비를 하는 것을 의미했다. 이러한 접근법에 관해 애스핀의 후임인 윌리엄 페리William Perry 국방장관은 1994 NPR을 브리핑하는 자리에서 다음과 같이 언급한다.[118]

"새로운 태세는… 더 이상 상호확증파괴, 즉 MAD에 의존하지 않는다. 우리는 새로운 태세로서 상호확증안전^{Mutual Assured Safety}, 즉 MAS를 도입한다."

1994 NPR에서 미국은 국가안보를 위한 핵무기의 역할을 냉전 시기 수준으로 유지했다. 즉, 핵무기의 가장 중요한 역할은 핵능력을 갖춘 잠재적 적국이 미국의 사활적인 이익을 훼손하지 못하도록 억제하는 것이다. 이에 더해, 적대국가가 핵에 기반한 이점^{nuclear advantage}을 구하는 것이 소용없다는 것을 이해시키는 것도 중요한 역할이라고 보았다.

검토 과정에서 미국 전략사 및 일부 전문가는 아직 미·러의 핵무기 감축이 충분히 이루어지지 않은 상황에서 여전히 러시아의 위협이 남아 있으므로 핵무기 역할의 유지가 필요하다고 주장했다. 그러나 미국 국방부는 재래식 정밀타격무기가 전장에서 핵무기를 대체하고 있으므로 핵무기의 역할은 순전히 보복 위협을 통한 적의 핵무기 사용 억제에 한정되어야 한다고 견해를 달리했다. 최종적으로는 대체로 미국 전략사의 의견이 반영된다.

한편 1994 NPR은 소련 및 러시아와 체결한 협정에 따라 핵태세 측면에서 상당한 수준의 양적인 감소를 지향했고 핵무기의 현대화 프로그램도 중단했다. 1994년까지 이행된 감축조치는 다음과 같다.

- 미국 지상군으로부터 핵무기의 완전한 철수
- 미국 해군의 전술핵무기의 해상 배치 배제
- 전략폭격기의 일일 비상출격대기 해제
- 전체 현역 핵탄두 재고의 50% 감축
- 배치된 전략핵탄두 수량의 47% 감축
- NATO 내 배치된 전술핵무기 수량의 90% 감축

- 핵무기 저장소 수량의 75% 감소
- 핵무기 접근권을 가진 인원의 70% 감소
- 소형 ICBM과 다수의 전술미사일 등 진행 중인 투발수단 개발 프로그램의 중단
- 피스키퍼 ICBM, B-1, B-2 폭격기 등 신형 체계의 배치 규모 축소
- 핵포병탄과 지하관통탄 등을 포함한 다수의 무기체계의 퇴역 조치
- 1984년 478억 달러에서 1994년 135억 달러 규모로 전략핵전력 유지 예산의 대규모 축소 조정

1990년대 후반기로 접어들면서 북한과 이란의 탄도미사일 위협이 크게 대두되자, 탄도미사일 방어에 대한 정치적 관심이 촉발되었다. 이에 클린턴 행정부는 1997년 국가미사일방어법National Missile Defense Act을 제정함으로써 미사일 공격으로부터 미국 본토를 방어할 수 있는 효과적인 국가 미사일 방어망NMD System을 가급적 이른 시일 내에 구축하고자 했다.

아울러 1997년 11월 클린턴 행정부는 레이건 시대의 핵무기 운용 정책 지침을 수정한 새로운 지침 'PPD-60'을 만들었다.[119] PPD-60의 핵심 요지는 "현재는 그 어느 때보다 안보전략에 있어서 핵무기의 역할이 줄어들었고 핵전쟁을 수행하기 위해 만든 냉전 시기의 지침들이 더는 유효하지 않다. 그러므로 현재 새로운 핵무기 운용 지침은 더는 핵전쟁을 수행하기 위한 것이 아니라, 핵전쟁 또는 어떠한 수준에서 핵무기 사용마저도 억제하는 것에 있다"라는 것이었다. 이러한 지침에 맞춰 클린턴 행정부는 앞에서도 살펴보았듯이 다양한 안보 위협에 대응하기 위해 어떻게 위협별로 억제를 효과적으로 맞춤화할 것인가 하는 문제를 해결하는 데 집중했다. 즉, 냉전 시기 '누구에게나 들어맞는One

제2차 핵시대

1945년 히로시마와 나가사키에 핵폭탄이 투하된 뒤, 세계는 불현듯 과거의 전쟁 방식과 군사전략이 더는 소용이 없게 된 '핵시대Nuclear Age or Atomic Age'을 맞이하게 되었다. 이러한 핵시대는 핵무기 대결 구도와 핵전략의 변화 양상에 따라 두 시대로 구분된다. 제1차 핵시대First Nuclear Age는 미국과 소련이라는 핵무장한 초강대국superpower이 대립하는 역학관계 속에서 핵무기 군비경쟁을 벌이던 시대를 말한다. 소련이 해체되기까지 냉전은 약 50년 정도 지속되었다. 제2차 핵시대 Second Nuclear Age는 기존의 핵국가(미국, 소련, 영국, 프랑스, 중국)에 의한 핵 독점 체제가 무너지면서 지역 핵무장국들의 등장으로 다자간 경쟁 구도로 전환된 오늘날의 시기를 말한다. 제2차 핵시대는 현재까지 약 30년 이상의 시간이 경과하고 있다. 이와 더불어 최근에는 신흥 핵강대국(중국, 인도)이 등장하고 전례 없이 미·중·러 3개의 핵강대국 간 치열한 전략 및 군비 경쟁에 돌입하면서 그 어느 때보다도 실제 전장에서의 핵무기 사용 가능성에 대한 우려가 커지고 있다. 이러한 위험한 전략 환경에 놓이게 되자, 전문가 사이에서는 제3차 핵시대의 도래에 대한 논쟁이 불붙기 시작했다.

size fits all' 식의 전략이 더는 적용될 수는 없다는 문제의식이 절박했다.

클린턴 행정부는 비확산 정책에 대해서도 높은 정책 우선순위를 부여했다. 그중에서도 1995년 NPT 검토회의에서 NPT의 기한을 무기한 연장하는 데 지도력을 발휘했던 부분이 두드러진다. 또한, 1999년 '군비통제군축청Arms Control and Disarmament Agency'이 국무부에 병합되고 '국방핵무기국Defense Nuclear Agency'이 '국방특수무기국Defense Special Weapons Agency'[120]으로 개칭되는 등 핵전략에 관계된 정부기관들의 조직 변화도 일어났다.

한편 이 시기에 전략가들 사이에서는 새로운 핵시대 패러다임을 규정짓는 '제2차 핵시대second nuclear age'에 대한 논쟁이 격렬했다. 1996년 프레드 아이클레Fred Iklé는 핵 드라마의 첫 번째 장이 막을 내렸고, 향후

	제1차 핵시대(1945~1991년)	제2차 핵시대(1991년~현재)
행위자	미국, 소련, 영국, 프랑스, 중국	미국, 러시아, 영국, 프랑스, 중국, 인도, 파키스탄, 북한, 이스라엘, 일부 비국가행위자
위협	미국 및 나토가 주도하는 '서방'과 소련 및 바르샤바 조약기구 국가가 주도하는 '동방' 간 대규모 전쟁	• 지역 위기가 핵무기 사용으로 확대될 가능성 • 비국가행위자가 핵무기를 획득할 가능성
원인	• 초강대국 또는 그들 대리인 사이의 위기·오산이 대규모 핵교전으로 확전 • 어느 일방의 1차 공격능력 확보 시도	• 승인되지 않은 소규모 핵교전 • 국가가 전쟁 수행을 위해 의도적으로 핵무기 사용 • 비국가행위자에 의한 소규모 핵사용
주제	상호확증파괴(MAD) 상태가 전략적 안정성에 핵심이라는 이론에 기반. 이에 제2격 능력 확보에 초점을 맞춤	• 오로지 상호확증파괴(MAD)가 전략적 안정성을 담보한다는 전제에 대한 의문이 제기됨 • 신규 핵무기 보유국 대부분은 확실한 2차 공격력 보유하지 못함
초점	핵위협을 다루기 위해 군비통제와 핵군축에 초점	핵위협을 다루기 위해 비확산, 핵안보 및 군축에 초점
특징	수직적 핵확산	수평적 핵확산과 수직적 핵확산
요약	핵무기는 동서 냉전 시기 교착상태에서 평화 유지에 일조	더 많은 행위자에게 핵무기가 확산되면 새로운 일련의 지구적 도전이 발생하고 핵무기 사용 가능성 증대

핵사용 금기Nuclear Taboo라는 전략적 사고에 변화가 일어날 것이라며 논쟁의 서막을 열었다.

이러한 논쟁은 키스 페인Keith B. Payne과 콜린 그레이Colin Gray가 이어갔다. 페인은 1996년 저술 『제2차 핵시대의 억제Deterrence in the Second Nuclear Age』에서 "지도자들은 억제 이론의 경계선 밖에서의 계산을 토대로 의사결정을 한다. 사이코패스적이라고 할 정도로 상식적인 범위 밖일 수도 있다. 특히 그들은 적대세력의 가치 및 예상 행동에 대한 무지, 잘

못된 인식, 오해에 바탕을 둔 의사결정을 하기 쉽다"라고 보았다.[121] 이에 그는 "그러므로 미국의 지역 정책은 억제 실패의 가능성을 고려해야 한다. 미국은 적대국의 군사목표를 좌절시키고 미국의 의지를 강요할 수 있도록 준비해야 한다. 이를 위해 '거부적 억제deterrence by denial'로 방향을 바꿔야 한다. 특히 이를 위해 역내 억제력을 지원하는 전력을 지나치게 감축해서는 안 된다"라고 주장했다.[122] 콜린 그레이도 페인의 주장에 호응하며 억제의 신뢰성 부재와 제2차 핵시대의 불확실성을 강조했다.

이후 제2차 핵시대의 논쟁이 가속화됨에 따라 전문가들은 크게 2개의 그룹으로 양분되었다. 첫 번째 그룹은 페인이나 그레이처럼 제2차 핵시대 도래에 따라 미국 핵전략에 새로운 접근을 모색해야 한다는 그룹이었고, 다른 그룹은 제1차 핵시대의 위협과 유산들을 청산하는 것에 오히려 집중해야 하므로 새로운 위협에 맞춰 미국의 억제력을 조정할 필요가 없다고 주장하는 그룹이었다.

요컨대, 클린턴 행정부에서 전반적으로 핵전력의 양적인 감소는 있었지만, 핵무기의 역할이나 핵억제 교리, 핵태세에 대한 의사결정에 있어서 기존 핵전략의 전통은 그대로 계승되었고, 여전히 가공할 만한 수준의 핵전력 규모가 유지되었다.[124] 따라서 클린턴 행정부의 핵전략은 냉전 시기의 굴레를 완전히 벗어나지는 못했다. 그럼에도 불구하고 전문가 사이에서는 새로운 제2차 핵시대를 맞이하여 맞춤형 핵전략을 실현하고자 격렬한 논쟁이 진행되었다.

CHAPTER 7
맞춤형 핵전략의 시대

냉전 시기 내내, 미국은 소련과의 전면적인 핵전쟁을 막고 소련의 핵공격 위협을 억제하기 위해 노력했다. 이 과정에서 미국과 소련은 막대한 핵전력을 갖추게 되었으며, 이는 전략적 우위를 점하고자 하는 욕망과 상대에 대한 정보 부족에서 비롯된 불안감이 주요 원인이었다. 그러나 핵군비경쟁은 과도한 비용 지출을 초래하여 양측의 경제에 막대한 부담을 주었고, 소련의 경우 체제를 무너뜨리는 결과를 가져오기도 한다. 이렇듯 욕망과 두려움이 교차하는 현실 속에서 미국의 핵전략과 억제 개념은 계속해서 진화했다.

한편, 21세기에 들어 미국의 안보 환경은 다시 한 번 대전환기를 맞게 된다. 인도, 파키스탄, 북한 등 다수의 지역 핵무장국이 등장하고, 9·11 사태 등 국제 테러리스트의 직접적인 도전에 직면하면서 미국은 안보 전략과 핵정책을 근본적으로 재검토해야 할 필요가 있었다. 소련의 붕괴 이후, 핵무기가 차지하는 비중은 자연스럽게 줄어들었으나, 불량국가나 테러리스트와 같은 다양한 행위자들의 등장으로 위협 환경이 다변화함에 따라서 국가안보를 위한 핵무기의 역할에 대한 깊은 고민과 함께, 억제전략에 대한 새로운 개념과 접근법을 모색해야 했다. 이러한 배경에서 개별 적대국을 효과적으로 억제하기 위한 '맞춤형 억제Tailored Deterrence' 개념이 등장하게 되었다. 이번 장에서는 2001년 집권한 부시George Walker Bush 행정부 이후 오늘날까지 각각의 행정부에서 진행된 미국의 핵정책과 핵전략이 맞춤화되는 변화의 과정을 살펴볼 것이다.

●

맞춤형 억제 개념의 등장과 억제의 작전화

냉전 이후 미국의 전략가들은 억제를 외교Diplomacy · 정보Information · 군사^{Military} · 경제^{Economy}(DIME) 등 국가의 종합적 역량을 기반으로 하는 포괄적이고 통합적인 활동으로 보기 시작했다. 이러한 변화의 배경에는 새로운 안보 환경에 대한 인식이 자리잡고 있었다. 21세기에 들어 여러 국가를 비롯해 다양한 비국가 행위자들이 전략적 위협을 가하는 등 안보 환경이 새롭게 변화하고 있는데도 미국은 이들 위협의 실체에 대한 정확한 이해가 부족한 상황이었다. 이런 상황에 직면한 미국은 적대세력이 미국과는 다른 이데올로기, 정치체제, 전략문화를 가졌기 때문에 특정 적대국의 인식, 가치, 이익에 맞춤화된 전략이 필요했다.

전략가들은 적대세력과 미국 사이에는 위기 및 분쟁의 결과에 대한 수용도와 위험에 대한 감수 정도$^{\text{risk tolerance}}$에 차이가 존재한다고 보았다. 예를 들어, 불량국가나 테러리스트 같은 경우 미국의 보복으로 자신들의 본거지가 공격받더라도 위험을 감수하고 핵심 이익이나 가치를 위해 미국에 대한 공격을 감행한다는 것이다. 예멘의 후티 반군들이 미국의 보복을 감수하고서라도 홍해를 지나가는 선박들을 공격하는 것과 같은 이치다. 이에 더해 이들이 사용하는 수단도 소총을 넘어 대량살상무기, 사이버, 우주, 테러리즘 등 모든 영역으로 확대되었다. 이로 인해 억제해야 할 대상의 범위가 확대되고, 전략구상의 복잡성이 증가했다.

이러한 배경에서 맞춤형 억제 개념이 등장하게 되었다. 특히 2001년에 출범한 조지 W. 부시 행정부는 기존의 천편일률적 억제 개념에서 벗어나 불량국가와 테러리스트들의 위협에도 대응할 수 있는 맞춤형 전략을 구체화하는 데 주력한다.

맞춤형 억제 개념의 등장

미국이 생각하는 '맞춤형 억제'에 대한 구체적인 논리를 이해하기 위해서는 2007년 미국 국방대학교의 엘레인 번$^{\text{Elaine Bunn}}$ 박사의 논문 "억제는 맞춤화될 수 있는가?Can Deterrence Be Tailored?"을 참고하는 것이 유용하다.[125] 이 논문에서 번 박사는 억제의 목적이 잠재적 적대국이나 테러리스트들에게 자신의 행동으로 인해 발생할 위험이 기대 이익보다 크다는 확신을 심어주는 것이라고 하면서 이는 적대세력이 핵 및 기타 대량살상무기를 사용하지 못하게 만들기 위한 것이라고 설명했다. 또한 그는 이러한 억제전략 수립 시 그들이 적대적 행동을 취하지 않을 경우 기대할 수 있는 결과도 함께 고려해야 한다고 강조하면서 맞춤형 억제전략을 수립하기 위한 세 가지 주요 원칙을 제시했다.

첫째, 특정 적대국의 상황에 맞는 억제전략을 수립하기 위해서는 해당 국가의 주요 의사결정자들의 이해관계와 고유한 특성에 대한 깊은 이해가 필수적이다. 맞춤형 억제는 적대국이 의사결정 과정에서 기대 이익과 비용을 계산decision calculus하는 것을 기반으로 하므로, 특정 상황에서 나타나는 그들의 문화적 특성에 대한 민감성이 요구된다.

둘째, 억제의 수단 역시 맞춤화해야 한다. 전략핵 3축 체계와 같은 전통적인 핵억제 수단 외에도 재래식 군사력, 군사력 과시, 안보 협력, 그리고 외교, 정보, 경제적 수단을 포함한 비핵 수단이 억제 효과를 강화할 수 있다. 특히 미국이 테러리스트를 상대로 핵무기를 사용할 수 없으므로 핵위협의 신뢰성은 낮다. 이러한 상황에서 경제 제재와 같은 비군사 수단과 정밀타격과 같은 첨단 재래식 수단의 맞춤화를 통해 핵무기 의존도를 줄일 수 있다.

셋째, 다양한 능력의 시현과 이에 수반되는 전략적 메시지는 현 상황에 대한 정확한 이해를 바탕으로 구성해야 하며, 적에게 명확하게 전달해야 한다. 미국의 전략가들은 자신들의 말과 행동이 적에게 어떻게 인식되는지, 그리고 이것이 적의 손익계산에 어떤 영향을 미칠지를 정확히 알아야 하며, 억제의 메커니즘을 손상할 수 있는 적의 오판을 어떻게 방지할 것인지에 대해 심사숙고해야 한다.

억제의 작전화

2000년대에 들어서서 미국은 맞춤형 억제를 단순한 이론적 개념에서 실질적인 작전 형태로 전환하기 위해 상당한 노력을 기울였다. 이는 개념적으로만 존재했던 억제를 실제 상황 속에서 달성하기 위한 구체적인 행동 절차를 마련하는 것을 의미했다. 2006년 12월, 마침내 미국 국방부는 전략사령부 주도로 작성한 '억제작전 합동작전개념DO JOC, Deterrence Operations Joint Operational Concept 2.0'을 승인하고 공개함으로써 억제작전에 관한 미군의 합동교리를 공식화한다. 이는 새로운 안보 환경에서 억제 개념의 발전이 필요하다는 인식하에 국방부, 합참, 각 군, 전투사령부, 정부기관 등 다양한 이해관계자들의 협력을 통해 이루어진 것이다. 여러 차례의 합동 워게임, 세미나, 워크숍을 거쳐 마침내 정립된 억제작전 개념은 합동전력 발전, 합동군구조 발전 및 합동작전 수행능력 강화를 위한 맞춤형 억제의 역할에 초점을 맞추었다.

억제작전의 핵심 개념과 실행 절차

통상 억제작전은 평시부터 분쟁이 종결될 때까지 모든 상황에 걸쳐 수행된다. 특히 미국의 전략사령부는 전략핵 3축 체계를 활용하여 적대세력의 핵공격을 억제하는 '전략적 억제작전Strategic Deterrence Operation' 임무를 수행한다. 이 작전의 핵심 목표는 적대세력의 의사결정에 결정적인 영향력을 행사하는 것이다. 성공적인 억제를 위해서는 적대세력의 인식과 사고방식을 전반적으로 이해하고, 효과성 있는 작전 수행을 통해 그들의 인식에 영향을 미쳐야 한다. 적대세력의 인식은 상황에 따라 변할 수 있으므로, 억제작전은 정적이기보다는 동적인 성격을 지니고 있다. 따라서 억제작전을 진행하는 가운데 이루어지는 개별적인 작전행동들은 각각의 적대세력과 그들의 목표, 상황(특정 시나리오)에 맞게 적절히 맞춤화해야 한다. 예를 들어, 적대세력 A가 B라는 행동을 하는 것을 조건 C에서 억제할 수 있도록 특정 작전행동을 계획하는 방식이다.

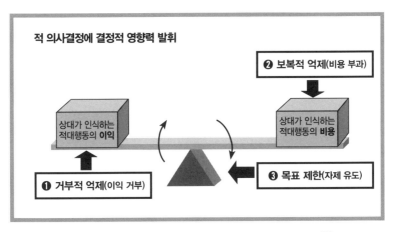

〈그림 7-1〉 억제작전의 핵심 개념: 결정적인 영향력 발휘[126]

〈그림 7-1〉에서 보듯이 억제작전은 기본적으로 세 가지 목표를 추구한다. 첫째, 적대세력이 추구하는 이익을 거부denying함으로써 그들의 행동을 제약한다. 둘째, 적대세력이 두려워하는 비용을 부과imposing함으로써 그들에게 부담을 가한다. 셋째, 적대세력이 최악의 상황을 피하도록 설득함으로써 자제restraint를 유도한다. 이 과정을 통해 적대세력은 특정 행동을 취함으로써 얻을 수 있는 이익과 그로 인해 발생할 수 있는 비용을 신중하게 비교하게 되며, 이를 바탕으로 행동의 강행 여부를 결정하게 된다.

이러한 억제작전을 수행하는 데에는 직접적인 수단direct means과 촉진 수단enabling means 등 두 종류의 수단을 사용할 수 있다. 직접적인 수단은 적대세력에 직접적인 영향을 미치는 활동들을 의미하며, 전력 투사, 적극 방어 및 소극 방어, 글로벌 타격(핵, 재래식, 비물리체계), 전략적 소통 등이 여기에 포함된다. 반면, 촉진 수단은 억제 작전의 효과를 강화하고 지원하는 역할을 하는 수단을 의미하며, 글로벌 상황 인식(ISR), 지휘통제(C2), 전진 배치 태세, 안보 협력 및 군사적 상호운용성, 억제 평가·척도·실험 등이 여기에 포함된다. 이러한 수단들은 억제작전의 성공을 위해 서로 보완적인 역할을 수행한다.[127]

앞에 언급된 이 두 가지 수단을 효과적으로 활용하여 원하는 억제 효과를 달성하기 위한 작전을 기획하는 데 필요한 다섯 단계의 억제작전 수행 절차는 다음과 같다.

- 1단계: 억제 목표 및 전략적 배경을 명확히 한다.
- 2단계: 적대세력 의사결정자의 의사결정 과정을 평가한다.
- 3단계: 적대세력의 의사결정 과정에 영향을 미치기 위한 적절한 억제 효과를 식별한다.
- 4단계: 원하는 억제 효과를 달성하기 위한 맞춤형 행동 방안을 개발하고 평가한다.
- 5단계: 억제 방안을 실행하고 적대세력의 반응을 관찰 및 평가한다.

종합하면, 미국 전략사령부는 21세기에 들어서면서 평시부터 전쟁 종결 시까지 특정한 적대국에 대한 성공적인 억제를 달성하기 위해 맞춤형 억제 개념에 기반한 억제작전을 수행하고 있다. 이러한 맞춤형 억제 개념은 30년이 지난 오늘날까지도 미국 핵전략의 핵심을 이루고 있다. 미국은 적대국의 의사결정에 영향을 미치기 위해 핵전력뿐만 아니라 재래식 전력, 외교, 정보, 경제적 수단을 포함한 국가의 모든 자원을 통합적으로 활용하는 방식으로 억제 개념을 발전시켰다. 최근에는 군사적 수단보다는 비군사적 수단이 더 주목받는 것도 사실이다. 이는 제2차 핵시대에 대처하고 있는 미국 핵전략의 특징과 인식을 명확히 보여준다.

●
조지 W. 부시 행정부의 핵전략[128]

클린턴 행정부에 대한 깊은 반감을 품은 조지 W. 부시 행정부는 여러 가지 정책에서 차이를 보이고 싶어했다. 특히 부시 행정부는 21세기의 변화하는 안보 환경을 맞이하여 미국의 국익을 극대화하기 위한 창의적 사고방식을 강조했다.

　반면, 정책을 추진하는 방식은 클린턴 행정부와 크게 다르지 않았다. 부시 행정부도 클린턴 행정부의 방식대로 국가안보전략, 국방전략, 억제전략, 핵정책 등 순차적으로 전략과 정책의 윤곽을 잡았고, 클린턴 행정부와 유사하게 급변하는 안보 환경의 불확실성을 강조했다. 특히 2001년 9·11테러를 겪으면서 테러리즘, 불량국가, 대량살상무기 등 새로운 위협의 결합에 주목하면서 소위 '테러와의 전쟁global war on terrorism'을 가장 중요한 국가전략 목표로 채택했다. 이는 미국이 국제안보 질서를 주도하고 있는 상황에서 이제 미국의 안보 이익을 위협하는 세력이 기존 국가 행위자로부터 국가 및 국제 테러 단체 등으로 확대되었음을 의미했다. 따라서 미국의 힘만으로는 이러한 위협에 온전히 대응하기에는 제한적이라고 생각했다. 이에 따라 미국은 극단주의 세력으로의 대량살상무기 확산 위협에 대한 예방적 또는 선제적 조치를 위한 국제 협력 네트워크를 구축하는 데 매진했다.

　조지 W. 부시 행정부는 NPR 작성에 앞서 안보 환경의 급격한 변화 속에서도 여전히 핵무기의 안보 역할에 주목하면서 제2차 핵시대의 특성을 최대한 반영하는 것이 필요하다는 인식을 했다. 이에 2002 NPR의 밑바탕을 그리기 위해 키스 페인Keith B. Payne에게 사전 연구를 요청한다. 페인은 보고서에서 그간의 억제 및 군비통제 노력의 안보 기여도에 대한 회의감을 드러냈고, 이를 토대로 NPR에 국가안보를 위한 핵무기의 적극적 역할을 반영해달라고 요청했다.

한편, 1994 NPR을 작성하던 때와 달리 미국 의회도 공식적인 작성지침guidance을 제공했다. 당시 의회는 러시아를 추가적인 군비통제 협정(START-II)으로 유인할 목적으로 작전 배치된 현존 전략핵전력을 그대로 유지하는 것에 우려하고 있었다. 이에 부시 행정부는 의회의 생각을 반영한 NPR 비밀보고서를 작성하여 별도로 의회에 보고했으나, 이를 끝내 공개하지 않았다. 이와 별도로 공개할 수 있는 버전의 NPR 내용을 공식적으로 브리핑했으며, 이에 대한 상세한 내용은 2005년 키스 페인의 논문인 "핵태세검토보고서: 정확한 기록을 위해The Nuclear Posture Review: Setting the Record Straight"를 통해 공개되었다.

2002 NPR은 여전히 냉전적 사고에서 벗어나지 못한 1994 NPR과 비교해볼 때, 몇 가지 뚜렷한 차이점을 보였다. 우선 정책적인 차원에서 핵전략의 변화를 모색했는데, 이러한 변화의 배경 및 문제의식 중 가장 두드러진 사항은 러시아와의 관계 개선에 따라 냉전 시기 상호확증파괴MAD 전략에 대한 조정의 필요성이었다. 둘째, 테러 집단이나 불량국가 등 다원화된 잠재적 적대세력에 의한 예측 불가능한 위협을 부각한 측면이다. 셋째, 대량살상무기 확산에 따른 위협이 증가된 점이다. 이처럼 이전과 다른 형태의 위협을 새롭게 인식하면서 조지 W. 부시 행정부는 NPR에 앞서 발간된 국방전략서NDS, National Defense Strategy에서 제시된 네 가지 목표와 연계된 핵전략의 수립을 고민했다. 이러한 맥락에서 동맹국에게 핵우산을 보장하고, 잠재적 경쟁자를 단념시키

고, 침략자를 억제하고, 적을 격퇴하는 등 이전과 다른 핵무기 역할 네 가지를 제시했다.

2002 NPR은 상기 네 가지의 핵무기 역할을 구현하기 위해 다음과 같은 핵정책의 변화를 모색했다. 우선, 기존 '위협 기반 기획'에서 '능력 기반 기획'으로의 전환을 모색했다. 이는 불확실한 안보 환경에서 미래 위협을 명확하게 예측하기 어렵기 때문에 미래에 요구되는 능력 창출에 주안을 두는 것이 보다 효율적이라는 생각에서 출발했다. 또한, 2002 NPR은 그동안 중심을 두었던 '보복적 억제'에서 미사일 방어 중심의 '거부적 억제' 개념으로 전환을 추구했다. 나아가 핵 선제공격의 가능성을 최초로 공식화했다. 잠재적으로 선제 핵공격이 가능한 대상국에 러시아, 중국 등 전통적 핵보유국과 북한, 이라크, 이란, 리비아, 시리아 등 미국 및 그 동맹국에 장기간 적대적 국가이면서 언제든지 위기를 촉발할 수 있는 5개 국가를 포함시켰으며, 이러한 7개 국가를 대상으로 핵무기 사용이 가능한 개연적 상황을 다음과 같이 제시했다.[129]

- 재래식 무기로는 파괴할 수 없는 지하 군사시설 등 공격
- 상대국의 핵 및 생화학무기 공격(불포기)에 대한 보복공격
- 미국 안보에 심각한 위협이 되는 군사작전에 대한 방어

한편, 러시아, 중국 등 강대국과의 '새로운 전략적 프레임워크'의 발전을 제시했다. 이는 러시아와는 새로운 진전된 관계를 설정하면서 동시에 '잠재적 적대국'인 중국에 대해서는 여전히 불확실한 관계를 설정함으로써 여지를 두는 것을 의미했다. 이와 같은 연장선에서 러시아가 더는 억제작전의 대상이 아님을 강조했다. 이러한 관점은 급기야 2003년 3월 SIOP의 폐기로 이어졌다. SIOP는 미국 전략사령부의 새로운

핵전쟁계획 8044(OPLAN 8044-03)로 대체된다. '작전계획 8044'는 단일 시나리오 기반의 '누구에게나 들어맞는One size fits all' SIOP 방식에서 탈피하여 다양한 시나리오에 대응하는 계획으로, 미국의 대통령에게 핵 및 비핵전력의 운용에 대해 다양한 선택지, 즉 전략적 융통성을 제공하는 데 주안을 두고 작성되었다. 2008년 작계 8044는 미국 국방부의 핵무기 운용 정책(NUWEP-08)의 최신화에 따라 2024년 현재에도 적용하고 있는 '작전계획 8010'으로 다시 한 번 수정된다.

핵태세 차원에서 가장 특기할 사항은 핵전력과 첨단 재래식무기의 조합을 강조한 '새로운 3축 체계new nuclear triad' 개념을 제시했다는 점이다. 새로운 3축 체계는 공세적 타격전력(핵 및 비핵, 비물리적 수단), 탄도미사일 방어, 새로운 위협에 신속하게 대응할 수 있는 방어 인프라 등을 의미하는데, 이러한 변화에는 세 가지 배경이 있다. 우선, 비대칭 위협의 증가에 따라 기존의 소극적인 '보복적 억제' 개념은 부적절하므로 다양한 위협세력의 어떠한 무력공세도 사전에 저지 또는 제거할 수 있는 일정 범위의 핵 및 비핵전력의 강화가 필요하다는 인식이다. 둘째, 핵무기의 역할을 적극 반영함으로써 예기치 않은 러시아의 START-II 미이행으로부터 촉발된 억제 딜레마에 대한 해결책을 제공하고자 한 점이다. 셋째, 러시아가 미국에 대한 핵 우세를 달성하는 것에 대해 더 이상 우려할 필요가 없다는 점을 동맹국에 재확인하고, 나아가 중국이 균형을 맞추기 위해 전력질주sprint to parity하고자 하는 마음을 단념하게 만들 만큼 충분한 핵전력을 유지하겠다는 것이다. 즉 '누구에게도 뒤지지 않는second to none' 핵태세를 유지하겠다는 것을 의미한다.

2002 NPR에 따른 핵전력의 변화를 살펴보면, 우선 실전배치 핵탄두의 단계적 감축을 추진했다. 2007년까지 1단계 3,800기 수준으로 감축한 후 2012년까지 2단계 1,700~2,200기 수준으로 추가 감축하고

자 했다. 둘째, 기존에 배치된 전략핵전력은 최소한 2012년까지 유지하면서 미국의 에너지부가 규정한 핵실험 준비상태 기간을 단축하여 향후 신속한 전력보강태세를 강구하고자 했다. 셋째, 소규모 신형 핵무기를 개발하고자 했다. 이는 아프간 전쟁에서 재래식 무기에 의한 지하구조물 파괴의 한계를 절감했기 때문이었다. 이에 따라, 재래식 정밀타격 수단과 조합된 특수 소형 핵무기를 통해 위협세력에 대한 실질적인 억제력을 확보하고자 했다. 여기서 특별히 쟁점화되었던 부분은 전력 발전의 우선순위를 '수명 연장 등을 통한 노후화된 핵무기의 유지'로부터 '핵무기 연구 개발단지와 핵전력의 변혁transformation'으로 전환한 것이었다. 이에 따라 비록 새로운 군사 목적 달성에 필요한 신형 핵무기 개발을 요청하지는 않았지만, 국가의 수요에 부합하는 후속 핵무기 체계에 대한 개념 발전이나 현존 핵전력의 개량, 수정 또는 부분 교체 등을 요구했다.

한편 조지 W. 부시 행정부는 탄도미사일 방어에 대한 제한 없는 발전을 가속하기 위해, ABM 협정을 탈퇴(러시아와 민주당 인사들은 강력히 반대)했다. 이에 미국과의 군비통제 프레임워크 유지에 대한 필요성을 절감한 푸틴 대통령은 조지 W. 부시를 설득함으로써, 2002년 5월 소위 '모스크바 조약'으로 알려진 '전략공격무기감축협정SORT, Strategic Offensive Reductions Treaty'을 체결한다. 이 협정은 2012년 12월 31일까지 미국과 러시아 양국이 현재 작전 배치된 전략핵 탄두를 1,700~2,200기로 감축하는 내용을 담고 있다. 사실 이것은 이미 조지 W. 부시 대통령이 NPR 검토 과정을 통해 얻은 결론에 부합하는 내용이었다. 이 정도 감축이면 핵전력의 규모가 미국의 국가안보를 위해 충분하다는 결론에 도달했었기 때문이다. 오히려 일방적 감축보다는 러시아와 상호 협력 하에 쌍방 감축을 추진하는 것이 더 적절하다고 판단해서 러시아와 SORT 협정을 맺었다고 미국 의회에 설명했다.

ABM 협정

ABM$^{Anti-Ballistic Missile}$ 협정은 1972년 미국과 소련이 체결한 군비통제 조약으로, 양국 간 전략적 안정의 근간으로 작용했다. 이 협정을 체결한 배경은 미국과 소련 중 어느 일방이 전략적 탄도미사일 방어체계를 구축할 경우에는 전략핵무기 경쟁을 유발하고 선제타격$^{first strike}$을 자극하는 등 미·소 핵능력 균형 기반의 전략적 안정을 침해한다고 우려했기 때문이다. 이에 따라 미·소는 요격미사일 배치 지역을 2개 지역(수도, ICBM 기지)으로 제한하고, 배치 요격미사일 수도 각 100기로 제한했다. 한편 1974년부터는 ICBM 기지 일대 한 곳에만 배치하는 것으로 제한한다. 그러다가 레이건 행정부 시기인 1983년 미국은 전략방어구상, 즉 SDI$^{Strategic Defense Initiative}$ 추진을 선언하면서 탄도미사일 방어에 대한 연구를 진행했다. 이에 소련은 SDI 완성 시 미국의 선제타격 가능성을 우려하여 강력하게 반대했으나, 1987년에는 SDI의 실현 가능성이 낮고 위협이 크지 않다는 판단에 따라 반대 입장을 철회했다. 마침내 2001년 10월 조지 W. 부시 대통령은 미사일 방어 강화 정책에 따라 러시아에 ABM 협정 철회를 통보(6개월 후 유효)했다. 마침내 2004년 7월, 미국은 알래스카에 최초로 국가미사일방어$^{NMD, National Missile Defense}$ 체계를 실전배치해 운용했다.

그러나 2002 NPR의 실행에는 많은 방해 요소가 작용했다. 무엇보다도 미국 의회는 '지하관통탄' 개발과 '신뢰성 높은 대체 핵탄두$^{Reliable Replacement Warhead}$' 개발 등 조지 W. 부시 행정부의 핵전력 현대화 계획을 번번이 방해했다. 이외에도 의회는 새로운 3축 체계 중 비핵 장거리 투발수단의 개발, 즉 일부 트라이던트 SLBM을 재래식 탄두로 전환하는 계획에 대해 반대했다. 또한, 시간이 지나면서 부시 행정부의 강력한 미사일 방어 추진은 오히려 새로운 위협에 대한 핵 억제의 효과성에 대해 의구심을 낳았다. 나아가 지휘부가 핵무기 의존도의 감소를 반복적으로 강조함으로써 NPR에 제시된 핵전력의 현대화 계획 추진에 대한 관심이 부족한 것처럼 보였다. 따라서 부시 행정부는 '신형 핵무

조지 W. 부시 행정부는 탄도미사일 방어에 대한 제한 없는 발전을 가속하기 위해, ABM 협정을 탈퇴했다. 이에 미국과의 군비통제 프레임워크 유지에 대한 필요성을 절감한 푸틴 대통령은 조지 W. 부시를 설득함으로써, 2002년 5월 소위 '모스크바 조약'으로 알려진 '전략공격무기감축협정(SORT)'을 체결한다(사진). 이 협정은 2012년 12월 31일까지 미국과 러시아 양국이 현재 작전 배치된 전략핵 탄두를 1,700~2,200기로 감축하는 내용을 담고 있다. 〈출처: WIKIMEDIA COMMONS | Public Domain〉

기 개발이 강력하게 필요하다'라는 생각을 가진 외부 세력으로부터 공격을 받게 되었다.

당시 이러한 분위기는 뜻밖에 사고에 의해 부각되었다. 2007년 8월 B-52 폭격기 1대가 6기의 핵탄두가 탑재된 핵순항미사일을 적재하고 대륙을 횡단한 사건이 발생했다. 원래 이륙하기 전 핵탄두는 모두 제거된 후 핵저장고에 보관하기로 되어 있었다. 이 사건을 조사한 로버트 게이츠Robert Gates 국방장관은 공군참모총장과 공군성 장관을 관리책임에 따라 해임했고, 제임스 슐레진저James R. Schlesinger 전 국방장관에게 사건 검토 및 권고안 제출을 요청했다. 이에 따라 2개의 보고서가 제출되었는데, 여기에는 미국 국방부와 공군 내부에 만연한 핵 억제에 관한 전반적인 관심 부족 문제와 관행적인 절차 미준수 문제가 지적되어 있었다. 또한 이 두 보고서를 통해 특히 고위층이 반복적으로 강조한 핵무기 의존도 감소에 관한 성명 발표가 실무부서 및 하위 제대의 마음가짐을 해이하게 만들어 핵무기 관리와 유지에 상당히 부정적인 효과를 미쳤다는 사실이 밝혀졌다.

조지 W. 부시 행정부의 후반기에 들어서면서 2002 NPR 이행에 대한 새로운 추동력을 싣기 위한 차원에서 국방부–에너지부 장관은 공동 보고서(게이츠Gates–보드먼Bodman 보고서)를 발간했다. 이 보고서는 주로 START & SORT에 따른 핵무기 감축에 대한 이행 현황을 평가하면서 노후 핵무기의 현대화 필요성을 적극적으로 강조했다. 특히 의회의 협조를 구할 목적으로 조지 W. 부시 행정부의 구상들이 대개 이전 클린턴 행정부의 "선도하되, 위험을 관리하라lead but hedge"라는 접근법을 승계하고 있다는 점을 분명히 했다. 그러나 의회는 임기가 얼마 남지 않은 부시 행정부의 이러한 노력에 전혀 귀를 기울이지 않았다.

종합하면, 조지 W. 부시 행정부는 미·러 간 전략핵무기 감축을 통해 전략적 안정을 도모하면서도 새롭게 부상하는 비대칭 위협에 주목했고, 핵 및 비핵 옵션의 조합 및 강화, 방어 중심의 거부적 억제를 핵심사안으로 추구했다. 결국 '억제'로 국한되었던 핵무기의 역할에서 벗어나 이를 확대·강화하고자 했지만, 재래식 전력 강화 위주의 일관성 없는 정책 노선으로 인해 일정 부분 혼선을 빚어냈다. 또한, 행정부의 거칠고 일방주의적인 핵정책 추진으로 의회의 거센 저항에 부딪히면서 노후 핵탄두 교체 등 핵전력의 현대화 계획을 정상적으로 추진할 수 없었다.

오바마 행정부의 핵전략[130]

오바마[Barack Obama] 행정부는 탈냉전기 새로운 안보 환경을 가장 적극적으로 반영하면서 핵정책에 있어서 일대 전환을 이뤄냈다. 오바마 행정부도 이전 행정부처럼 먼저 국가안보전략과 국방전략의 큰 그림을 그리고 이에 맞춰 핵정책과 핵태세의 윤곽을 잡는 방식으로 혁신을 추진했다. 이러한 과정에서 오바마 행정부는 이전보다 더 포괄적인 관점을 담아내기 위해 행정부 내의 각기 다른 의견과 동맹국 및 우방국의 다양한 목소리를 청취한다. 이러한 노력의 결과로 2009년 4월부터 약 1년간의 검토 과정을 거쳐 2010년 4월 역대 세 번째 NPR이 발간되었다.

처음부터 공개본으로 작성된 2010 NPR이 세상에 나오기까지 네 가지 선행 연구가 특별히 영향을 끼쳤다. 첫째, 헨리 키신저[Henry Kissinger], 윌리엄 페리[William Perry], 조지 슐츠[George Shultz] 등 전직 장관들과 샘 넌[Sam Nunn] 상원의원을 지칭하는 소위 '4인방[Gang of Four]'이 제안한 '대담한 구상[a bold initiative]'이었다. 이들은 글로벌 비확산 노력을 독려하기 위해 오바마 행정부가 장기적인 핵군축 목표를 향한 의미 있는 조치를 실천할 것을 요청했다. 이미 4인방은 2007년 미국이 핵무기의 궁극적 폐기를 공약해야 한다고 강력하게 주장하면서 세간의 시선을 끈 바 있다. 이들의 요구는 오바마 후보에게 즉각 받아들여졌으며, 2009년 4월 대통령이 체코 프라하[Praha] 연설에서 제시한 '핵무기 없는 세상[a world free of nuclear weapons]'의 비전에 반영되었다.[131]

둘째, 미국 의회는 새로운 행정부에 핵정책과 핵태세에 대한 포괄적인 검토를 수행하도록 특별 지시를 내렸다. 이 지시는 2000년과는 달리, 억제, 군비통제, 비확산, 핵안보 등 다양한 영역을 아우르는 검토를

2009년 4월 5일 체코 프라하에서 연설 중인 오바마 대통령. 2007년 미국이 핵무기의 궁극적 폐기를 공약해야 한다고 강력하게 주장하여 세간의 시선을 끈 바 있는 헨리 키신저, 윌리엄 페리, 조지 슐츠 등 전직 장관들과 샘 넌 상원의원을 지칭하는 소위 '4인방'이 글로벌 비확산 노력을 독려하기 위해 오바마 행정부가 장기적인 핵군축 목표를 향한 의미 있는 조치를 실천할 것을 요청하자, 이들의 요구를 즉각 받아들인 오바마 대통령은 이를 반영하여 2009년 4월 5일 체코 프라하 연설에서 '핵무기 없는 세상'의 비전을 제시했다. 〈출처: WIKIMEDIA COMMONS | Public Domain〉

요구했다. 이는 핵전력 관련 예산 배정 결정이 국방부와 같은 특정 부처의 주장만이 아닌, 보다 광범위한 정책적 이해에 기반해야 한다는 인식에서 비롯되었다.

셋째, 미국 의회 내에서 균형적인 핵태세 검토를 주도하기 위해 설립된 초당적인 '전략태세위원회Commission on the Strategic Posture of the United States'의 보고서였다. 전략태세위원회는 윌리엄 페리 전 국방장관이 위원장을 맡았으며, 오바마 행정부의 핵태세검토NPR 보고서 작성을 위한 검토 과정이 시작될 무렵인 2009년 봄에 자체적으로 보고서를 발표했다.[132] 전략태세위원회의 보고서는 21세기 안보 환경에 적합한 억제력 유지와 핵 위협 감소를 위해 군비통제 및 비확산과 같은 정치적 수단을 활용하는 균형 잡힌 접근법의 필요성을 강조했다.

넷째, 로버트 게이츠 국방장관이 슐레진저 위원회의 권고안을 실행하기 위해 기울인 노력이다. 슐레진저 위원회의 권고는 주로 미국 국방부, 특히 공군 지도부가 핵무기 운용 및 관리에 더 많은 지휘 관심을 기울이고 절차적으로도 우수해야 한다는 점에 초점을 맞추고 있었다.

이러한 요구 사항들을 반영하여 2010 NPR은 다음과 같은 다섯 가지 핵심 정책 목표를 제시했다.

1. 핵무기 비확산과 핵테러 방지를 위한 노력 강화
2. 미국 국가안보전략에서 핵무기의 역할 감소
3. 감소된 핵전력으로 억제 및 전략적 안정성 유지
4. 확장억제와 동맹국 안전보장의 강화
5. 핵무기가 존재하는 한 안전하고 효과적인 억제력 유지

이전 부시 행정부와 같이 장차 테러리즘과 대량살상무기가 결합하는 상황을 가장 우려했던 오바마 행정부는 첫 번째 목표를 달성하기 위해 '범정부whole-of-government'적 접근을 강조했다. 이는 국제 사회의 파트너들과 행정부 차원의 다양한 부처의 참여를 통해 깊이 있는 협력을 끌어내기 위해서였다. 특히 목표 이행을 위해 대통령 차원에서 관심을 가졌던 핵물질의 안전과 안보 이슈를 중심으로 국방부, 국무부, 에너지부 등이 참여한 통합 프로그램을 가동했다. 또한, 핵무기의 역할을 감소하기 위해 다음과 같이 선언정책을 변경했다.

선언정책

핵무기의 사용에 관련된 공식적인 선언정책Declaratory Policy은 억제정책 및 핵전략에 있어서 아주 중요한 수단이다. 선언정책의 스펙트럼은 '계산된 모호성Calculated Ambiguity'과 '핵무기 선제불사용No First Use'을 좌우 극단으로 한다. 여기서 계산된 모호성이란 의도적으로 핵무기 사용 대상을 별도로 지정하지 않음으로써 억제 효과를 극대화하려는 정책으로, 적의 핵 또는 화생공격(또는 비핵 전략공격)에 대해 선제 핵공격 및 보복 핵공격 모두가 가능함을 의미한다. 반면, 핵무기 선제불사용 정책은 적의 핵공격에 대한 보복 핵공격만을 허용하는 정책이다. 한편 '유일 목적 Sole purpose'은 적의 핵공격 억제가 핵무기의 유일한 목적임을 천명하는 정책으로, 선제 핵공격뿐 아니라 보복 핵공격의 가능성도 포함한다. 따라서 유일 목적 정책은 계산된 모호성과 핵무기 선제불사용 정책 사이에 위치한다. 따라서 유일 목적 정책은 강조점에 따라 다양한 유형의 정책이 존재한다. 전통적으로 미국 내부에서는 억제 효과를 최대한 극대화하기 위해 계산된 모호성 정책을 계속 유지해왔다. 그러나 이 정책이 적을 지나치게 자극한다는 비판이 종종 제기되었고, 지속적으로 핵무기 선제불사용 또는 유일 목적의 채택을 통해 긴장감을 완화하고 나아가 군비통제 여건을 확충해야 한다는 목소리가 나오고 있다.

"미 핵무기의 근본적인 역할은, 핵무기가 존속하는 한, 미국과 동맹 및 우방국에 대한 핵공격을 억제하는 것이다… 미국은 오로지 미국과 동맹 및 우방국의 사활적 이익을 수호해야 하는 극단적 상황에서만 핵무기의 사용을 고려할 것이다… 핵전력은 잠재적인 적대세력을 억제하고 동맹 및 우방국을 재보장하는 데 있어서 필수적인 역할을 지속할 것이다."[133]

이에 더하여 2010 NPR은 강화된 '소극적 안전보장Negative Security Assurance' 조치를 반영했다. 즉, NPT 가입국으로서 조약상 비확산 의무를 준수하는 비핵보유국에 대해서는 핵무기를 사용하거나 위협하지 않을 것임을 선언했다. 그러나 핵무기의 역할이 핵공격의 억제가 유일하다는 '유일 목적sole purpose'을 채택하지는 않았다. 왜냐하면, 여전히 적대세력의 비핵공격에 의해서도 미국과 동맹국들이 위험에 빠질 우려가 있다고 인식했기 때문이었다. 그러므로 오바마 행정부는 핵무기의 근본적인 목적이 핵공격의 억제에 있지만, 그것이 유일한 목적이 아니라는 전제 하에서 핵 및 비핵공격에 대한 억제 및 대응을 모두 반영하는 '계산된 모호성Calculated Ambiguity'을 기본적 선언정책Declaratory Policy으로 계속 유지했다.

한편, 보고서는 급속한 경제성장과 군사력 증강을 병행할 수 있는 잠재력을 가진 중국을 새로운 도전국으로 명확하게 지목했다. 또한, 러시아와 중국과의 전략적 안정성을 위해서 각각 전략적 관계 구축이 필요하고 이를 위한 고위급 양자 대화를 권고하며, 러시아와는 추가적인 핵군축의 필요성을 제시했다. 특히 오바마 행정부는 START-I이 2009년 12월에 종료되고 SORT(모스크바 협정)가 2012년 12월에 종료될 예정이었기 때문에 출범 초기부터 신전략무기감축협정New START 협상에 매진한다. 또한, 확장억제와 동맹국에 대한 확장억제를 강화하기 위해 '지역억제체제regional deterrence architecture'를 위한 포괄적인 접근법을 제시했다. 이는 미국이 안전보장을 제공하는 지역별로 맞춤화된 핵억제, 미사일 방어 및 재래식 타격능력을 효과적으로 통합하여 제공하는 방식이었다. 이 중에서 '맞춤화된 핵억제'는 비핵 투발수단을 이용하여 전방 배치된 핵무기를 어떤 지역이든지 운반할 수 있는 능력에 의해 뒷받침되었다. 끝으로 오바마 행정부는 안전하고 확실하며 효과적인 억제력을 유지하기 위해 전략태세위원회의 권고를 받아들였다. 이는 새로운 핵무기를 도입하는 것이 아니라 노후 핵시설의 현대화를 포함하여 현존 핵무기의 수명을 연장하기 위한 프로그램을 가동하는 것이었다.

신전략무기감축협정

신전략무기감축협정New START은 미국과 러시아 간의 핵무기 감축 조약으로 '전략적 공격 무기의 추가 감축 및 제한조치'라는 공식 명칭을 가지고 있다. 2010년 4월 8일 프라하에서 오바마 대통령과 메드베데프Dmitry Medvedev 대통령이 서명했고, 2011년 2월 5일 발효되었다. 이 조약은 2012년 12월 만료될 예정이었던 SORT(모스크바 조약)을 대체하기 위해 체결되었다. 최초 2021년 2월 5일 만료될 예정이었지만, 한 차례 기한이 연장되어 현재 완료 기한은 2026년 2월 5일까지다. 트럼프Donald Trump 행정부 시절 연장에 합의하지 못한 채, 2021년 1월 26일 바이든Joe Biden 대통령과 푸틴 대통령이 전화 통화에서 조약을 5년 연장하기로 합의했다. 이 조약에 따라 미국과 러시아는 2018년 2월 5일(7년 이내)까지 실전배치된 핵탄두를 1,550기, 총발사대는 800기, 실전배치된 발사대는 700기 이하의 수준을 유지해야 했다. 또한 이러한 감축과 제한조치의 실행 여부를 검증하기 위한 메커니즘을 가동해야 했다. 러시아—우크라이나 전쟁의 여파로 2023년 2월 21일 러시아는 신전략무기감축협정 참가 중단을 선언했다. 하지만 조약에서 완전히 탈퇴하지는 않았고 조약의 수치적 한계를 계속 준수할 것임을 분명히 했다.

오바마 행정부가 2010 NPR을 발표한 뒤, 미국 국방부는 이를 위한 실행 조치 검토에 본격적으로 착수했다. 이것은 전략사의 핵전쟁 계획 및 연습 태세까지 이르는 일련의 실행 조치의 마련을 의미했다. 이를 위해 다시금 범정부 TF가 구성되었고, 마침내 2013년 6월 현재까지도 유효한 대통령의 '핵무기 운용에 관한 전략지침(PDD-24)'을 완성했다.[134] 이것은 원래 비밀보고서 형태였으나, 백악관은 미국 의회에 별도의 공개본을 제공했다.

이 보고서는 미국의 억제정책에 관한 주요 개념들을 담고 있다. 우선, PDD-24는 미국 대통령만이 핵무기 운용에 관한 권한을 가지고 있음을 명백히 밝히고 있다. 다른 어떤 정치지도자나 군사지휘관의 핵무기 운용 권한을 일절 부인하고 있다. 둘째, 핵무기 운용 계획 발전에 있어서 '무력충돌법the Law of Armed Conflict' 준수를 의무화하고 있다. 이것은 특별히 핵무기 사용에 있어서 '차별성discrimination'과 '비례성proportionality' 원칙의 준용을 의미한다. 여기서 차별성은 민간 표적과 군사 표적을 명확히 구분해야 하는 원칙을 말하며, 비례성은 군사 표적에 대한 공격으로 인해 발생하는 민간인 피해가 예상되는 구체적이고 직접적인 군사적 이익을 초과해서는 안 된다는 원칙을 의미한다.

셋째, 억제력은 잠재적 적대세력의 추가 행동으로 인해 예상되는 비용이 어떠한 기대 이득을 초과할 것이라는 사실을 설득할 수 있는 능력에 달려 있다고 보고서는 적시하고 있다. 이에 따라 적대국의 의사결정자들이 가치 있게 여기는 것을 위험에 빠뜨려야 한다고 강조하고 있다. 특히 현재의 억제 상황에서 오바마 행정부는 최소 억제minimum deterrence를 선택할 수 없다는 의사를 뚜렷이 밝혔다. 왜냐하면, 최소 억제는 적의 도시에 대한 핵공격을 상정하는 개념이기에 차별성 및 비례성 원칙의 준수를 천명한 행정부 기조에 명백히 어긋나기 때문이었다.

넷째, 냉전 종식 이후 지속된 현행 비상대기태세alert posture를 앞으로도 유지해야 한다고 강조했다. 이것은 핵공격 '피격 후 핵무기 발사launch under attack' 능력과 태세를 확보해야 한다는 의미였다.

다섯째, 보고서는 현재 배치된 전략핵의 3분의 1을 추가로 감축하더라도 러시아와의 전략적 안정성에는 영향을 미치지 않을 것이라는 행정부의 평가를 반영하고 있다. 이에 러시아와의 협력을 통해 쌍방이 군비감축을 추진함과 동시에 전략적 안정성 유지를 위한 노력도 병행할 것임을 강조했다.

여섯째, PDD-24는 동등한 수준의 핵능력을 보유한 적대국의 청천벽력 같은a-bolt-out-of-the-blue 핵공격 시나리오보다는 21세기 새로운 유형의 위기 상황에 대한 대비를 주문했다. 행정부는 이제 적대국의 무장해

경보 즉시 발사 vs. 피격 후 발사

냉전기 억제전략과 태세 유형은 선제공격(제1격)과 보복공격(제2격) 가운데 어떤 능력을 중요시하느냐에 따라 대개 구분되었다. 일반적으로 강대국들은 적의 제1격에 대한 공포를 가지고 있었기 때문에 적의 핵전력을 선제적으로 무장해제시킴으로써 아군의 피해를 최소화하기를 원했으며, 나아가 안전하고 확고한 제2격 능력을 구축함으로써 억제 효과를 최대한 발휘하고자 했다. 그러나 제1격에 대한 강조는 상대방을 지나치게 자극함으로써 양측 간 전략적 불안정을 심화하고 군비경쟁을 가속화하는 주요 요인이 되었다. 이에 미국과 소련은 안전하고 확고한 제2격(보복공격) 능력에 기반한 확증파괴 역량의 확보를 선호했다. 만약 억제가 실패하면, 즉 상대방이 선제 핵공격을 감행했을 경우, 이에 대한 대비 태세는 결국 어느 시점에 보복을 개시할 것이냐가 관건이다. 너무 이른 시기에 보복공격을 수행한다면, 적의 선제공격에 대한 오경보, 오인 또는 오판 등의 위험성을 배제할 수 없으며, 반면 너무 늦게 보복공격을 감행한다면 적의 공격에 의해 무방비로 무장해제될 위험성을 있다는 것을 의미한다. 이에 적의 제1격의 위험성에 대비하기 위한 대표적인 태세에는 '경보 즉시 발사LOW, Launch on Warning' 태세와 '피격 후 발사LUA, Launch under Attack' 태세가 있다. 경보 즉시 발사는 적대세력의 공격이 진행 중이라는 경보 상황 하에서 핵무기를 발사하는 태세를 말하며, 피격 후 발사는 적대세력의 첫 번째 미사일이 자국의 영토에서 폭발하기 바로 직전에 핵무기를 발사하는 태세를 지칭한다. 그러므로 경보 즉시 발사는 피격 후 발사에 비해 훨씬 공세적이고 위험부담이 높은 태세이며, 이를 구현하기 위해서는 불가불 비상대기 소요가 증가되고 더 많은 비용 지출이 불가피했다. 미국은 시간이 경과하면서 점차 조기 경보를 신뢰할 수 있고 상대방을 덜 자극할 수 있어 전략적 안정성 유지에 유리한 피격 후 발사를 선호하게 되었다.

제를 위한 기습적인 핵공격 가능성과 글로벌 핵전쟁의 위험성은 거의 사라졌음을 분명히 했다. 다만 그럼에도 이전보다 핵공격의 위험성은 오히려 증가했다고 밝혔다. 이는 지역 차원의 분쟁에 대한 가능성과 위험성을 높게 본 것이다. 그러나 이러한 관점은 혁명적인 핵태세 강화를 지지하는 사람들뿐 아니라 더 나아가 제대로 된 핵군축 추진에 오히려

구분	2001 NPR (부시 행정부)	2010 NPR (오바마 행정부)
핵 관련 안보 환경	• 21세기 시작 • 미·러 START 체결 • 9.11 테러 발생 • 불량국가/테러 단체에 의한 핵테러리즘 　위협 증가	• 중국의 부상 • 미·러 New START 체결 • 북한·이란의 핵개발 현실화 • 핵테러리즘 위협 지속
핵정책/전략 중점	선제공격 가능성(핵무기 역할 확대)	핵무기 없는 세상
핵무기 역할	대량살상무기와 대규모 재래식 공격 억제	• 핵공격 억제 • 비핵공격 억제 지속 축소 • NPT 미가입 국가의 재래식 / 　생화학공격 시 핵사용 가능
핵 3축 체계	신(新) 핵 3축 체계	기존 핵 3축 체계
핵탄두 보유 (핵군축)	SORT에 따라 1,700~2,200기 핵탄두 배치	New START에 따라 1,550기 이하 핵탄두 배치
비고	확산방지구상(PSI) 창설	핵안보정상회담 개최

방해가 된다고 생각하는 사람들에게도 비판받았다.

　정리하면, 오바마 행정부의 핵정책은 21세기 새로운 안보 상황 변화에 대한 깊은 고민을 담고 있다. '핵무기 없는 세상'을 지향하는 이상적이면서도 신자유적인 정책 방향 하에서 핵무기의 역할 축소와 러시아 및 새롭게 부상하는 중국과의 전략적 안정성 유지에 대한 강한 의지를 내보였다. 그러나 이러한 핵무기의 역할 축소에도 불구하고 확장억제 공약의 실효성을 유지하겠다는 의지를 강조할 뿐 아니라 비확산 의무 준수 관행을 견인하기 위해 소극적 안전보장 조치와 함께 강화된 핵과학수사nuclear forensic 능력을 통해 식별된 확산국가에 대한 응징 등 당근과 채찍을 동시에 제시하고 있다. 〈표 7-1〉은 21세기 들어 발간된 2개의 서로 다른 NPR 보고서의 비교를 통해 각각의 행정부가 변화하는 안보환경에서 어떻게 핵정책과 핵전략에 대해 인식했으며, 이에 대한 접근법을 가져갔는지를 극명하게 보여준다.

●

트럼프 행정부의 핵전략

트럼프Donald Trump 행정부는 2010 NPR 발표 이후 지난 10년간 국제안보 환경이 현저하게 악화되었다고 보았다. 이러한 냉엄한 현실 인식과 글로벌 위협 환경에 유연한 맞춤형 접근법을 바탕으로 핵무기의 역할 확대와 억제 수단의 확보를 적극적으로 모색하는 가운데 이를 위한 예산 확보의 중요성을 강조했다. 이러한 측면에서 트럼프 행정부는 2017년 1월 27일 대통령의 핵태세 검토 명령 이후 약 1년간의 검토 과정을 거쳐 2018년 초 역대 정부 네 번째의 NPR을 발표했다. 2018 NPR도 이전 정부와 같이 국가안보전략과 국방전략에 맞춰 작성되었다.

트럼프 행정부는 그 어느 때보다 다양하고 불확실한 위협 환경에 직면하고 있음을 직시했다. 핵무기 비축량을 냉전 시대 최대치의 약 85% 이상 감축하고 20년 이상 새로운 핵무기를 개발하거나 배치하지 않았음에도 불구하고 러시아와 중국을 비롯한 북한, 이란 등 다수의 지역 국가는 오히려 이에 역행하고 있다고 강조했다.

우선 러시아는 미·러 핵군축 범위 밖에 있는 '전술핵무기Tactical Nuclear Weapons' 역량과 우주 및 사이버 역량 등을 포함한 전략체계들의 현대화 노력을 통해 핵확전에 의존하는 군사전략escalate-to-deescalate과 역량을 추구하고 있으며, 이러한 진화된 위협의 조짐들은 2014년 우크라이나의 크림 반도 침공과 미국의 동맹국에 대한 핵위협과 더불어서 러시아가 다시금 강대국 간 경쟁으로 회귀했음을 여실히 보여준다고 보았다.

또한, 트럼프 행정부는 중국의 핵군비증강과 재래식 전력의 현대화 노력에 대해서도 눈에 띄게 경계하기 시작했다. 미국은 중국이 이러한 노력으로 서태평양에서 미국의 전통적인 군사적 우세에 도전하고 있다고 보았다. 이에 따라 2018 NPR에서는 무엇보다 중국의 투명성 부족을 크게 우려했고, 오해와 오판의 가능성을 차단하기 위한 미·중 전략대화의 필요성을 주장했다. 이에 더하여 북한과 이란 정권의 지속적인 핵능력 증강도 위협 요인으로서 뚜렷이 인식할 뿐 아니라 핵확산 및 테러리즘 위협도 심화하고 있으므로 국제안보 환경은 더욱 악화했음을 강조했다.

2018 NPR은 오바마 행정부의 이상주의적 시각에서 벗어나 보다 냉철한 현실 인식에 기초하여 핵무기의 가치와 역할을 새롭게 주목해야 함을 역설하고 있다. 적국의 공격을 억제하고 대응하기 위해 핵능력과 재래식 능력이 모두 필요하나, 재래식 억제력이 핵억제에 필적하는 억제 효과를 제공하지 못한다는 점을 분명히 하고 있다. 그러나 동시에 미국의 핵능력이 모든 분쟁을 억제할 수 없다는 점도 명백히 밝히고 있다. 이러한 인식 하에서 트럼프 행정부는 미국 핵정책 및 전략의 최우선 순위가 적국으로부터 모든 규모의 핵공격을 억제하는 것이며, 다만 이것이 유일한 목적은 아님을 강조했다. 그리고 이러한 맥락 하에서 다음과 같은 핵무기의 핵심 역할 네 가지를 제시한다.[136]

- 핵 및 비핵공격의 억제
- 동맹과 우방국에 대한 안전보장
- 억제 실패 시 미국의 국가목표 달성
- 불확실한 미래에 대비할 수 있는 역량

이러한 핵무기의 역할에 기초하여 2018 NPR은 다양한 잠재적 적국의 추구 가치, 역량, 전략목표, 취약성 등을 고려한 유연한 '맞춤형 핵억제전략Tailored Nuclear Deterrence Strategy'의 도입을 촉구했다. 이를 통해 미국 핵전력 운용의 목표가 적국에 핵무기 사용을 통해서는 얻을 것이 없으며 오히려 모든 것을 잃게 될 것이라는 점을 납득시키는 것임을 분명히 밝히고 있다. 이러한 맥락에서 북한에 대해서는 시급하고 예측 불가한 위협이고, 미국이나 동맹 및 우방국에 대한 어떠한 핵공격도 허용될 수 없으며, 이러한 공격은 북한 정권의 '종말end of regime'을 초래할 것이라고 언급했다.

2018 NPR은 사실상 러시아, 중국, 북한, 이란 등 개별 국가에 대한 '맞춤형 억제전략'을 직접적으로 제시한 최초의 보고서로, 맞춤형 억제전략을 구현하기 위해 다양한 범위의 유연한 핵전력의 유지가 필수적이라고 언급하면서 현 핵전력의 유지 및 교체, 핵지휘·통제·통신(NC3)체계의 현대화, 핵 및 비핵 군사기획의 통합 강화 등을 강조했다. 특히 오바마 행정부와 차별화되는 부분 중 하나는 '제한적 핵확전'과 '비핵 전략공격'을 핵억제의 핵심 위협 대상으로 식별하고, 이에 대처하기 위해 미군의 핵 및 비핵 군사기획과 작전을 통합하는 능력을 강조하고 있는 부분이다. 이는 실제 전장에서 핵무기 사용 가능성이 현실화될 수 있음을 심각하게 인식하고 이를 반영한 것이다.

2018 NPR은 핵무기 사용이 고려되는 중대한 '비핵 전략공격'으로 미국이나 동맹국 또는 우방국의 시민이나 사회기반시설에 대한 공격, 미국이나 동맹국의 핵전력, 지휘통제시설 또는 경보시설에 대한 공격을 제시했지만, 이에 국한하지 않을 것임을 아울러 밝혔다. 결국 오바마 행정부는 사활적 이익이 걸린 극단적 방어 상황에서만 핵무기 사용을 강조함으로써 핵사용 조건을 협소화했지만, 트럼프 행정부는 재래

트럼프 행정부가 발표한 2018 NPR은 사실상 러시아, 중국, 북한, 이란 등 개별 국가에 대한 '맞춤형 억제전략'을 직접적으로 제시한 최초의 보고서로, 맞춤형 억제전략을 구현하기 위해 다양한 범위의 유연한 핵전력의 유지가 필수적이라고 언급하면서 현 핵전력의 유지 및 교체, 핵지휘·통제·통신(NC3)체계의 현대화, 핵 및 비핵 군사기획의 통합 강화 등을 강조했다. 오바마 행정부가 사활적 이익이 걸린 극단적 방어 상황에서만 핵무기 사용을 강조함으로써 핵사용 조건을 협소화한 반면, 트럼프 행정부는 재래식 도발에 대한 핵사용의 가능성도 열어놓음으로써 억제력의 강화를 시도했다. 한편 선언정책으로서 2010 NPR과 같이 NPT 의무를 준수하는 비핵보유국에 대해서는 핵무기를 사용하지 않겠다는 '소극적 안전보장'을 명시했고, 나아가 '핵무기 선제 불사용' 정책을 채택하지 않음으로써 핵무기 사용에 있어서 어떠한 제약을 받지 않겠다는 의지를 표명했다. 〈출처: WIKIMEDIA COMMONS | Public Domain〉

식 도발에 대한 핵사용의 가능성도 열어놓음으로써 억제력의 강화를 시도했다. 한편 선언정책으로서 2010 NPR과 같이 NPT 의무를 준수하는 비핵보유국에 대해서는 핵무기를 사용하지 않겠다는 '소극적 안전보장NSA, Negative Security Assurance'을 명시했고, 나아가 '핵무기 선제 불사용NFU, No First Use' 정책을 채택하지 않음으로써 핵무기 사용에 있어서 어떠한 제약을 받지 않겠다는 의지를 표명했다.

한편, 트럼프 행정부는 맞춤형 억제전략을 구현하기 위해 실질적인 핵전략 강화 방안을 구체화했다. 가장 중점적으로 강조한 부분은 제한 핵전 상황에서 실제 사용 가능한 '저위력Low yield 핵무기'의 개발과 오바마 행정부에서 제시한 전략핵 3축 체계 및 핵지휘·통제·통신체계의 현대화 계획을 재천명함으로써 다양하고 유연한 핵 옵션을 제공하는 것이었다. 이중 저위력 핵무기 개발은 임시방편으로 전략핵무기인 트라이던트-II SLBM의 수소폭탄(핵융합탄) 핵탄두에서 핵융합 부분만을 제거하는 방식의 도입을 통해 저위력의 핵분열탄으로 개조하고자 했다. 이와 함께 장기적으로는 2013년 오바마 행정부에서 전량 퇴역 조치한 토마호크Tomahawk 해상발사 핵순항미사일SLCM-N, Nuclear Sea-Launched Cruise Missile을 첨단화하여 부활시키고자 했다. 트럼프 행정부는 이러한 무기체계들이 동맹국에 배치되어 항공투하 핵폭탄을 운용하는 이중목적 항공기DCA, Dual Capable Aircraft와 달리 동맹국에 의존하거나 특별한 지원을 요구하지 않아도 되며, 생존성 및 옵션의 다양성을 동시에 제공함으로써 미래 핵전쟁 상황에서 유용한 대비책이라고 보았다. 또한 전략핵 3축 체계의 현대화 필요성을 강조하면서 콜럼비아Columbia급 핵잠수함, 지상기반전략억제GBSD, Ground Based Strategic Deterrent 프로그램, B-21 레이더Raider 전략폭격기, B61-12 중력탄 현대화와 장거리원격순항미사일LRSO, Long Range Stand-off Missile 등의 개발 계획을 제시했다. 이에 더하여 동맹국에 대한 확장억제 보장 차원에서 중요한 차세대 이중목적 항공기로서 F-35A를 선택하고 이를 핵무장이 가능하도록 교체하는 작업 계획을 천명했다.

한편 2019년 8월 2일 미국은 억제력 강화 방편으로서 중거리핵미사일폐기조약^{INF} 전격 탈퇴를 선언했다. 표면적인 이유는 러시아가 500~5,500킬로미터 사거리의 미사일 배치를 금지하는 INF 조약상 의무를 위배하여 해당 사거리의 지상발사 순항미사일(9M729)을 배치했기 때문이었다.[137] 2018 NPR도 러시아의 군비통제 조약 및 공약 위반을 문제 사안으로 지적하고 있다. 사실 이 문제는 2018년 10월 20일 트럼프 대통령이 최초로 제기했다. 이 자리에서 그는 러시아의 위반과 아울러서 중국의 핵·미사일 증강이 INF에 전혀 구속받지 않으므로 미국이 중국에 비해 불리하다고 지적했다. INF 탈퇴 이후 미국이 보여준 일련의 움직임들을 보면, INF 탈퇴가 러시아뿐 아니라 인도·태평양 전략 차원에서 중국의 군사력 증강 위협에 대비한 방책이었음을 알 수 있다.

정리하면, 트럼프 행정부는 러시아, 중국, 북한 및 이란 등이 미국의 전술핵 능력이 부족하다는 점을 이용하여 핵무기를 사용하는 상황을 초래하거나 핵무기를 사용하겠다고 위협하면 미국이 선택을 강요받는 딜레마 상황에 부닥칠 수 있으므로 이에 시급하게 대비해야 한다고 강조했다. 이러한 절박한 인식 하에서 트럼프 행정부는 신속한 저위력 핵무기 확보와 핵전력의 현대화를 추진했다. 특히 이러한 변화된 위협 상황에 대처하기 위해 핵억제력의 개선 및 유지를 위한 최대한의 예상 비용을 현재 연간 국방부 예산의 6.4% 정도로 추산하고 실제 연간 핵전력의 유지와 관리에 필요한 비용, 즉 연간 국방부 예산의 2~3%에 더해 향후 10년이 넘는 기간 동안 대략 3~4% 정도를 증액할 것이라고 실천 의지를 강력하게 내비쳤다.

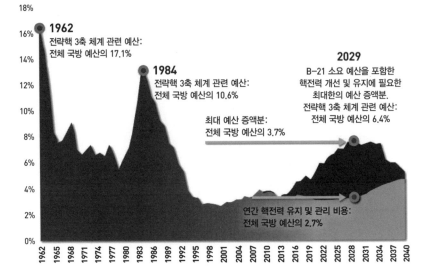

18%
16%
14%
12%
10%
8%
6%
4%
2%
0%

1962
전략핵 3축 체계 관련 예산:
전체 국방 예산의 17.1%

1984
전략핵 3축 체계 관련 예산:
전체 국방 예산의 10.6%

2029
B-21 소요 예산을 포함한
핵전력 개선 및 유지에 필요한
최대한의 예산 증액분.
전략핵 3축 체계 관련 예산:
전체 국방 예산의 6.4%

최대 예산 증액분:
전체 국방 예산의 3.7%

연간 핵전력 유지 및 관리 비용:
전체 국방 예산의 2.7%

1962 1965 1968 1971 1974 1977 1980 1983 1986 1989 1992 1995 1998 2001 2004 2007 2010 2013 2016 2019 2022 2025 2028 2031 2034 2037 2040

〈그림 7-2〉 핵전력 유지를 위한 국방예산 추이[138]

●

바이든 행정부의 핵전략

바이든Joe Biden 행정부는 대체로 오바마 행정부의 정책 기조를 계승한
다. 특히, 트럼프 행정부의 미국 국익 최우선주의와 일방통행식 외교에
서 벗어나 동맹 및 우방국 네트워크를 복원함으로써 국제적 지도력을
회복하고자 했다. 바이든 행정부의 전략문서 작성은 2022년 2월 러시
아의 우크라이나 침공 사태로 불가피하게 지연되었다. 2022년 10월
13일 국가안보전략서 공개를 시작으로 10월 27일 2022 NPR과 미사
일방어검토보고서MDR, Missile Defense Review가 포함된 형태의 국방전략서
대외 공개본을 발표했다. 이렇게 통합된 형태의 전략문서를 발표한 것
은 이번이 처음이다.

바이든 행정부는 국방전략서에서 중국을 가장 포괄적이고 심각한 위협으로, 그 다음으로 러시아를 급박한acute 위협으로 지목했다. 또한, 이전 행정부와 달리 중국에 대한 위협 분석을 러시아보다 앞서 기술했다. 이는 러시아의 우크라이나 침공에도 불구하고 바이든 행정부의 최우선적인 전략 목표가 중국의 위협에 대한 대응이라는 점은 변하지 않았음을 시사했다. 북한에 대해서는 '지속적persistent' 위협으로 분류하고, 미국 본토, 전개된 미군 병력, 한국, 일본을 위협하기 위해 핵·미사일 능력을 지속 확대 중이며, 특히 한미동맹 및 미일동맹을 이간하기 위해 노력 중이라고 분석했다. 이에 대해 2018 NPR과 동일한 수준에서 강력한 대북억제 의지를 표명했다.

이러한 인식 토대 위에서 국방의 우선순위를 중국의 점증하는 다영역multi-domain 위협에 대한 본토 방어, 미국 본토 및 동맹·우방국에 대한 전략적 공격strategic attacks 억제, 침략 억제 및 필요시 분쟁에서 승리하기 위한 태세 완비, 회복력 있는resilient 합동 전력 및 국방생태계 구축 등의 순서로 잡았다.

이를 구현하기 위한 주요 수단으로는 모든 영역domain, 전구theater, 갈등의 유형spectrum에 대응하기 위해 범정부적 역량과 동맹 및 우방국 네트워크를 총동원하는 '통합 억제integrated deterrence' 개념을 제시했다. 또한, 중국과 러시아의 국가 통제, 우주·사이버 작전, 경제적 압박, 가짜 정보, 비정규군의 대리전 등 소위 '회색지대gray zone' 활동을 저지하기 위해 상호 연관된 모든 군사활동campaigning을 전략적 목표에 부합하도록 배열함으로써 전투역량 관련 우위를 구축하고 취약점을 해소하고자 했다. 이에 더하여 미래 군사 영역의 지속적 우위를 위한 기반 구축을 위해 합동전력체계의 개혁, 적정 기술에 대한 투자, 국방생태계 강화 및 인력 양성 등을 부각했다.

바이든 행정부가 발표한 2022 NPR은 바이든 대통령의 핵무기 역할 감소에 대한 강한 선호를 반영하여 핵무기의 역할을 전략적 공격 억제, 동맹 및 우방국에 대한 보장, 억제 실패 시 미국의 목표 달성 등 세 가지로 최대한 축소하여 제시했다. 특히 핵무기의 근본적 역할이 핵공격 억제이며, 사활적 이익의 수호를 위해 오로지 극단적 상황에서만 핵무기 사용을 고려할 것임을 강조함으로써, 이전 행정부들과 같은 정책 기조를 유지했다. 그러나 핵무기 선제 불사용 정책의 채택을 원했던 바이든 대통령의 바람에도 불구하고, 악화된 안보 환경과 한국을 비롯해 핵위협에 직면하고 있는 동맹국들의 의견을 최대한 반영하여 계산된 모호성, 소극적 안전보장을 채택했고, 핵무기 선제 불사용과 핵무기의 유일 목적 정책 채택을 보류함으로써 기존의 정책을 그대로 유지함으로써 포괄적이며 균형 잡힌 접근법을 최대한 반영했다. 아울러 2018 NPR에 이어 효과적인 억제를 위해 국가별 맞춤형 억제전략을 제시했다. 〈출처: WIKIMEDIA COMMONS | Public Domain〉

2022 NPR은 억제 도전과 관련하여 이르면 2030년대에 미국이 역사상 최초로 2개의 주요 핵보유국을 전략적 경쟁자이자 잠재적 적국으로 마주하게 되리라고 예측했다. 2개의 주요 핵보유국 중 하나인 중국은 '추격하는 도전overall pacing challenge'으로서 현재 초기 수준의 전략핵 3축 체계를 구축 중이나, 2020년대 말까지 최소 1,000기 내외의 핵탄두를 보유하게 될 것이라고 평가했다. 반면, 2개 주요 핵보유국 중 나머지 하나인 러시아는 '지속적인 실존적 위협enduring existential threat'으로서 국가전략 차원에서 핵무기의 역할을 계속 강조하고 있고 최대 2,000기 정도의 비전략 핵탄두를 보유하고 있다고 분석했다. 북한은 중·러의 핵전력 수준은 아니지만, 미국과 동맹 및 우방국에 지속적인 억제 딜레마를 야기하고 핵·미사일 및 비핵역량의 확대와 다변화를 통해 미국 본토 및 인도-태평양 지역에 지속적인 위협 및 증가하는 위험을 제기하고 있다고 명기했다. 특히 한반도에서의 위기 및 분쟁은 다수의 핵무장한 행위자의 개입을 야기하여 보다 광범위한 분쟁으로 비화될 가능성이 있음을 강조했다.

2022 NPR은 바이든 대통령의 핵무기 역할 감소에 대한 강한 선호를 반영하여 핵무기의 역할을 전략적 공격 억제, 동맹 및 우방국에 대한 보장, 억제 실패 시 미국의 목표 달성 등 세 가지로 최대한 축소하여 제시한다. 특히 핵무기의 근본적 역할이 핵공격 억제이며, 사활적 이익vital interest의 수호를 위해 오로지 극단적 상황extreme circumstances에서만 핵무기 사용을 고려할 것임을 강조함으로써, 이전 행정부들과 같은 정책 기조를 유지했다. 그러나 핵무기 선제 불사용NFU 정책의 채택을 원했던 바이든 대통령의 바람에도 불구하고, 악화된 안보 환경과 한국을 비롯해 핵위협에 직면하고 있는 동맹국들의 의견을 최대한 반영하여 계산된 모호성, 소극적 안전보장을 채택했고, 핵무기 선제 불사용과 핵무

기의 유일 목적 정책 채택을 보류함으로써 기존의 정책을 그대로 유지했다. 예를 들어, 공개된 2022 NPR은 핵무기의 역할을 다음과 같이 강조하고 있다.

> "핵무기가 존재하는 한, 미 핵무기의 근본적인 역할은 미국과 동맹·우방국에 대한 핵공격을 억제하는 것이다. 미국은 미국 또는 동맹·우방국의 사활적 이익을 방어하기 위해 극단적인 상황에서만 핵무기 사용을 고려할 것이다."

이에 더해, 미국은 대규모 또는 제한된 규모의 모든 전략적 공격과 큰 피해를 야기하는 전략적 성격의 비핵공격을 억제하기 위해 핵무기에 의존할 것임을 명백히 밝히고 있다.

한편, 2022 NPR은 2018 NPR에 이어 효과적인 억제를 위해 국가별 접근법, 즉 맞춤형 억제전략을 제시했다. 맞춤형 억제전략은 잠재적 적국의 의사결정과 인식에 관한 미국의 최신 이해를 반영함으로써, 적국의 지도부가 가장 중시하는 것을 효과적으로 위협할 수 있어야 한다고 명시했다.

국가별 맞춤형 접근법을 살펴보면, 첫째, 중국은 핵옵션을 계속 확장하고 있는 중으로 추후 핵강압nuclear coercion이나 제한적 핵선제사용 등을 추구할 가능성이 있다고 보았다. 따라서 미국은 이에 대해 유연한 억제전략 및 병력 배치를 통해 핵심 이익을 방어할 것이라는 메시지를 계속 전달해야 한다. 여기서 SLBM 탑재용 저위력 핵탄두(W76-2), DCA, 전략폭격기, 공중발사순항미사일과 같은 수단이 유연한 억제전략을 뒷받침한다. 둘째, 러시아는 미국 본토를 대상으로 대규모 공격부터 역내 제한적 핵타격까지 다양한 핵사용 능력을 보유한 경쟁국가라고 보았다. 따라서 대규모 공격 억제를 위해 현대적이고 회복력 있는 핵 3축 체계를 유지할 뿐 아니라 동맹·우방국에 대한 핵강압 위협 등 지역 억제를 위한 능력도 제고해야 한다. 지역 억제를 위한 능력에는 중력핵폭탄 탑재 F-35A DCA, 저위력 핵탄두, 장거리원격순항미사일(LRSO) 등이 해당된다. 셋째, 북한에 대한 경고 메시지는 이전과 같이 어떠한 핵사용도 수용할 수 없으며, 핵을 사용하면 결국 정권의 종말을 초래할 것임을 제시한다.

한편, 2022 NPR은 지역 안보 구조의 한 축으로서의 확장 억제의 역할을 강조했다. 유럽 지역에 대해서는 미국, 영국, 프랑스의 핵전력과 나토의 핵공유 체제가 동맹의 억제 및 방위태세의 핵심임을 명기하면서 미국의 전술핵무기와 DCA의 현대화 추진을 제시했다. 또한, 인도-태평양 지역과 관련해서는 동맹 및 우방국에 대한 안보 공약은 확고하며, 핵억제 정책, 전략적 메시지 발신, 집합적인 역내 안보 강화와 관련된 정책 결정 등 미국과 동맹국 간 확장 억제 협의consultation 및 정책 공조를 강화하겠다는 의지를 밝혔다.

이에 더하여, 억제만으로는 핵위협을 감소시킬 수 없으므로 이를 위해 군비통제, 위협 감소, 핵비확산 등은 필수 불가결한 역할을 수행해야 한다고 강조함으로써 균형감을 유지하도록 노력했다. 이러한 균형적 접근은 핵억제력 분야에서도 찾아볼 수 있다. 즉, 핵 3축 체계와 NC3의 현대화 노력은 지속하되, 임무가 중첩되는 B83-1 중력핵폭탄은 조기 퇴역 조치를 단행하고 트럼프 행정부 당시 결정한 핵탑재 해상발사순항미사일(SLCM-N) 개발 프로그램은 저위력 핵무기(W76-2)의 억제 효과를 고려하여 필요성을 다시 판단하고 있다.

결과적으로, 바이든 행정부는 핵무기 없는 세상에 대한 비전을 지향하되, 현실의 실존적 위협에 대처하는 데 필요한 최소한의 억제력의 유지와 핵무기의 역할을 모색했다고 평가할 수 있다. 비록 핵무기 현대화 계획의 일부를 조정했지만, 더 나은 미래를 위해 핵전력의 현대화 프로그램에 대한 투자를 지속하고 있으며, 나아가 NFU나 유일목적을 채택하지 않음으로써 동맹국을 배려하는 모습 등 다소 유연한 정책적 접근을 보여준 것으로 평가된다.

●

NPR, 핵전략의 변화와 연속성을 나타내다

냉전 종식 후 약 30년이 흐른 지금까지, 미국 대통령들은 다섯 번의 핵태세검토보고서NPR을 통해 미국의 핵전략을 계속해서 최신화해왔다. 과연 이들 보고서에서 연속성을 보인 부분과 변화된 요소는 무엇일까? 어쩌면 이를 정리하는 것은 미국의 핵정책에 대한 본질에 한 발짝 더 가까이 다가서는 기회가 될 것이다.

우선 일관되게 지속성을 보여준 요소를 살펴보면, 첫째 정파와 관계 없이 모든 대통령들이 군비경쟁에 매몰된 '냉전식 사고Cold War Thinking'로부터 하루빨리 벗어나기를 원했으며, 실제 그 방향으로 움직여왔다는 점이다. 즉, 국가안보전략에서 차지하는 핵억제력에 대한 의존도를 낮추고 군사전략을 위한 핵무기 역할을 지속적으로 감소시키는 조처를 취해왔다.

둘째, 대통령들은 냉전의 유산으로 물려받은 핵전력의 규모가 오늘날 요구되는 핵전력의 규모보다 훨씬 크다고 생각했고, 언제든 추가적인 핵군축을 실행하기를 희망했다. 이와 함께 모든 행정부는 전략핵 3축 체계와 중력핵폭탄 등 일정 핵전력의 유지를 지지했다.

셋째, 각 행정부는 '변화되고 앞으로 변화될changed and changing' 안보 환경을 관리하기 위해 러시아와의 전략적 안정성 추구를 중시해왔다. 또한 이러한 노력에 중국도 포함되기를 희망했다. 그러나 각 행정부는 전략적 안정성을 달성하기 위한 조건에 대해서는 각자 다르게 정의했다.

넷째, 각 행정부는 핵억제력에 부여한 역할의 크기와 관계 없이 주어진 위협 상황에서 효과적인 핵억제력이 유지되고 있다는 확신을 갖기를 희망해왔다. 특히 모든 대통령들은 억제가 실패한다면 과연 무엇을 할 수 있을 것인가에 대해 고민했다. 또한 핵위협 상황에서 위기 고조에 대처하는 데 최선의 선택지가 무엇인지를 고민했다. 이러한 노력의 결과, 각 행정부는 냉전 이후 강대국 또는 지역행위자와의 새로운 형태의 분쟁들과 각양각색의 확산 위협들로부터 제기되는 도전 요소에 대한 이해도를 높일 수 있었다.

다섯째, 모든 행정부는 핵테러리즘의 위험성을 공유했다. 특히 9·11 이후 이에 대한 경계심은 더욱 증폭되었기 때문에, 핵테러의 위험을 줄이기 위해 노력해왔다. 결국 이처럼 모든 행정부가 공통으로 노력해온 부분들은 앞으로도 미국의 핵정책과 핵태세에 있어서 지속성 요인으로 작용할 가능성이 높다.

이와 달리 변화를 보인 요인들을 정리해보면 우선, 안보 환경에 대한 인식이 행정부마다 달랐다. 이러한 인식 변화들은 각 행정부에서 작성한 국가안보전략 및 NPR에 그대로 반영되었다. 핵억제 관점에서는 비교적 안정적이었던 1990년대 이후 불량국가의 대량살상무기 사용과 확산 위협, 핵테러리즘, 새로운 지역 핵국가 부상에 의한 위협, 강대국과의 지역분쟁 위협 등 순차적으로 관심을 두는 위협 대상이 변화했다.

둘째, NPR의 관심 영역이 점진적으로 확대되었다. 초기 NPR은 국방부 중심의 핵전력 유지에만 초점을 두었지만, 시간이 갈수록 국가안보전략과 국방전략과의 연계성을 고려하면서 범정부적 차원에서 핵억제력을 다루어왔다.

셋째, 군비통제를 바라보는 관점에서 차이를 보였다. 전통적으로 민주당 출신 대통령들은 투명성과 전략성 안정성 제고를 위해 러시아와의 군비통제 협상을 선호해왔다. 반면, 조지 W. 부시 대통령과 트럼프 대통령 등 공화당 출신 대통령들은 러시아와의 협력적 군비통제를 불신하는 태도를 보였다. 이는 군비통제를 러시아와의 정치적 관계 형성에 대한 장애물로서 인식했기 때문이다.

넷째, 동맹국에 대한 확장 억제의 강조점이 변화했다. 1994 NPR에서는 나토 배치 핵전력의 감축 문제를 주로 다루었고, 조지 W. 부시 행정부에서는 확장 억제를 핵전력 소요 결정의 한 요소로서 포함했으며, 2010 NPR에서는 지역억제체제의 필수 요소로서 확장 억제와 동맹 재보장의 중요성을 강조했다. 또한 2022 NPR에서는 확장 억제 협력을 강화하기 위한 동맹과의 협의를 강조했다.

다섯째, 노후 핵무기의 현대화에 대한 태도가 변화했다. 특히 이는 오바마 행정부와 트럼프 행정부 사이에서 차이를 보인다. 오바마 행정부의 경우, 노후 핵무기의 수명 연장을 통해 핵억제력을 유지하고자 했으나, 트럼프 행정부는 위협 인식의 변화와 맞물려 점차 현대화에 대한 요구를 반영했으며, 예산 확보에 큰 관심을 가졌다.

정리하면, 미국의 핵정책과 핵태세는 행정부별 특성과 대통령의 인식에 맞춰 변화와 지속을 거듭해왔다. 대체로 모든 행정부는 오펜하이머가 꿈꾸었던 핵무기 없는 세상의 비전을 간직하면서도 핵무기가 존속하는 냉엄한 현실 인식에 바탕을 두고 제각각 예상되는 위험과 딜레마를 극복하기 위해 각양각색으로 노력해왔다. 이러한 노력의 열매로 맺어진 미국의 전략핵 3축 체계와 핵무기 의사결정체계는 핵억제력의 신뢰성과 효과성에 대한 근원으로서 여전히 작동하고 있다.

CHAPTER 8

새로운 시대의 준비

지난 80년을 돌이켜보면, 미국의 핵전략이 크게 두 집단으로부터 영향을 받아왔다는 것을 알 수 있다. 한 집단은 실제 현장에서 핵전략을 기획 및 실행했던 미국 행정부의 관료들이고, 다른 한 집단은 국제정치학자, 핵전략가 등 학계 및 전문가들이다. 두 집단은 때로는 협력하고 교류하기도 하지만, 때로는 치열하게 경쟁함으로써 미국이 마주한 위험과 도전을 극복해왔다. 이들의 지적 고민과 전략적 사고는 미국의 핵전략에 그대로 투영되었다.

이번 장에서는 현재 위협에 대응하고 미래 도전에 대비하는 차원에서 미국의 핵전략에 관한 주요 쟁점들에 대해 살펴보겠다. 필자들은 지금까지 미국의 핵전략에 영향을 주는 위협 환경, 과학기술, 경제적 자원 등과 같은 외부 요인들에 대해 집중적으로 이야기했다. 그렇지만 미국의 핵전략을 논함에 있어 미국의 핵전략이 어떤 모습이 되어야 하는가에 대한 전략가 집단 내부의 논쟁을 빼놓을 수는 없다. 따라서 이번 장에서는 핵무기의 역할과 효용성에 관한 미국의 전문가들 사이의 논쟁을 소개하고, 뒤이어 현재 미국의 핵전략이 당면하고 있는 주요 변화 요인들에 관해 알아보고자 한다. 특히 이번 장은 새롭게 떠오르는 러시아와 중국의 핵위협과 최근 등장하고 있는 첨단 과학기술에 따른 억제력 조정 문제에 초점을 맞춰 논의할 것이다.

●

핵무기의 역할과 효용성 논쟁은
앞으로도 계속된다

핵시대의 특징을 가장 잘 나타내는 용어는 무엇일까? 아마도 '공포

terror'와 '평화peace'일 것이다.[139] 여기서 공포의 의미는 핵무기의 등장으로 인해 인류의 종말, 즉 문명의 소멸이라는 극한의 위험에 놓였음을 인식하게 되었다는 것을 말한다. 이 말은 마치 오펜하이머가 최초의 핵폭발을 쳐다보면서 떠올렸던 "이제 나는 죽음이요, 세상의 파괴자가 되었다Now I am become death, the destroyer of worlds"라는 힌두교 경전 『바가바드 기타』의 한 구절을 연상시킨다.[140] 반면, 평화의 의미는 역설적으로 오히려 핵무기의 등장으로 1945년 이후 강대국 간 직접적인 충돌이 없었다는 것, 즉 상호확증파괴에 도달한 두 강대국 사이에 장기간 평화의 시대가 도래했다는 것을 의미한다.

여기에는 두 가지 이유가 있다. 첫째, 핵무기의 등장으로 이전보다 전쟁의 예상 비용이 극적으로 증가함으로써 정치지도자들이 선택지에서 전면전을 제거할 수밖에 없게 되었다. 둘째, 핵무기의 등장으로 전쟁 시 이긴 자와 패배한 자 모두 치명적인 파괴를 겪을 수밖에 없으므로 승패가 무의미한 상황이 되었다.

이처럼 정반대의 역설적인 특징으로 말미암아 미국 사회에는 핵무기에 관한 2개의 극단적인 사고가 탄생하게 되었다. 그것은 바로 '핵폐기론theory on nuclear abolition)'과 '핵혁명론theory on nuclear revolution'이다. 먼저, 핵폐기론자Nuclear Abolitionist는 핵무기의 완전한 폐기를 주장한다. 이들은 히로시마와 나가사키에 대한 핵 투발의 참상과 공포를 직접 체험한 핵과학자를 중심으로 세력이 형성되었다. 또한 핵무기가 인류에게 가져다주는 위험성과 파괴력을 강조하며, 이를 통해 '핵무기 없는 세상NWFW, Nuclear Weapons Free World'을 지향한다. 나아가 이들은 핵무기의 존재 자체가 국제 안보를 위협하며, 핵전쟁의 위험을 증가시킨다고 믿고 있다. 따라서 이들은 핵무기의 전적인 폐기를 통해 이러한 문제들을 해결하고, 더 안전하고 평화로운 세상을 만들어가는 것을 목표로 삼고 있다.

반면, 핵혁명론자Nuclear Revolutionist는 이와는 반대의 관점을 가지고 있다. 이들은 핵무기의 억제 효과에 주목하여 핵무기가 국가 간의 전쟁을 방지하는 '평화의 도구'로서의 역할을 한다고 강조한다. 소위 '핵혁명'이라는 개념은 1946년 버나드 브로디Bernard Brodie가 『절대무기The Absolute Weapon』에서 처음으로 사용했다. 이 용어는 핵무기에 의해 생긴 '상호 취약성mutual vulnerability'이 전쟁의 본질에 근본적인 변화를 불러왔다는 생각에 기반했다. 브로디는 그의 저술에서 "지금까지 우리 군대의 주요 목적은 전쟁에서 승리하는 것이었다. 이제부터 군대의 주된 목적은 전쟁을 피하는 것임이 틀림없다"라고 강조했다. 따라서 핵혁명론자들은 핵무기의 존재가 국가 간의 전면전을 어렵게 만들었다고 주장한다.

이후 핵혁명론은 핵무기의 역할에 대한 생각의 발전에 지대한 영향을 미쳤다. 예를 들어, 컬럼비아 대학의 로버트 저비스Robert Jervis는 1989년에 쓴 『핵혁명의 의미The Meaning of Nuclear Revolution』라는 책에서 토머스 쉘링Thomas Schelling과 케네스 왈츠Kenneth Waltz와 같은 핵전략가들과 함께 핵혁명론을 더욱 체계적으로 발전시켰다. 저비스는 이에 대해 다음과 같이 기술했다.

> "만약 핵무기가 핵혁명론이 상정하는 영향력을 가진다면, 초강대국 사이에 평화가 있을 것이고, 위기는 드물게 발생할 것이며, 어느 쪽도 협상 우위를 극한까지 밀어붙이려 하지 않을 것이며, 현상 유지는 비교적 쉬울 것이고, 정치적 결과는 핵 또는 재래식 균형과 밀접한 관련이 없을 것이다."[41]

저비스는 핵혁명이 두 가지 요소로 이루어져 있다고 보았다. 첫째 요소는 압도적인 파괴력의 핵무기와 상호 제2차 타격second strike 능력을 보유하여 MAD 상태, 즉 상호 취약성이 달성된 상태가 만들어진다면 "어느 쪽도 선제공격을 감행함으로써 상대방의 보복능력을 완전히 제거할 수 없다"라는 사실이다. 이러한 상황에서는 핵강대국 간의 대결에서 군사적 승리가 더는 가능하지 않다고 보았다. 왜냐하면 패자조차도 여전히 승자의 사회를 파괴할 수 있기 때문이다. 방어는 사실상 불가능하며, 파괴적인 공격을 감행하겠다는 위협인 '억제력'은 국가를 보호하는 방법으로서 방어를 대체할 것이 명확하다.

둘째 요소는 핵무장국 사이에 더는 안보 딜레마가 유효하지 않으므로 이러한 상황은 현상 유지를 뒷받침한다는 점이다. 그 이유는 제2차 타격 능력을 가지고 있는 한, 그 국가의 안보는 보장되기 때문이다. 특히 양측은 위기가 의도치 않게 고조될 수 있으므로 군사적 균형 여부와 상관없이 신중하게 행동할 것이다. 역설적으로 위기가 통제 불능상태로 확대될 수 있다는 인식의 공유가 '안정stability'이라는 결과를 가져온 것이다. 요컨대 1945년 이후 핵무기가 사용되지 않았고 냉전은 끝내 뜨거운 전쟁이 되지 않았다는 역사적 경험에서 볼 때 혁명론은 상당한 설득력을 제공한다. 이러한 사실들이 핵혁명을 지지하는 가장 강력한 근거다.

그러나 핵혁명론은 실제 미국 행정부의 정책 입안자들에게는 그리 환영받지 못했다. 핵혁명론의 예측에 따르면, 상호핵억제를 달성한 핵무장 국가들은 더는 군비경쟁이나 동맹결성, 전략적 우위의 추구 등을 자제해야 한다. 그러나 이러한 예측과 반대로 1945년 이래 미국은 소련을 상대로 지속해서 경쟁했고 모든 행정부에서 제한 핵옵션, 미사일 방어, '핵 우위Nuclear Superiority' 등과 같은 취약성 유지에 반反하는 정책들을 계속해서 추구했다. 이는 핵혁명론의 전제가 상호 취약성이지만, 실제로는 취약성에서 벗어나려고 노력을 해왔음을 의미한다. 심지어 조지 W. 부시 대통령은 핵혁명의 개념을 가장 잘 반영한 ABM 협정을 포기하기도 했다. 결과적으로 핵혁명론은 전쟁이 일어나지 않는 장기간의 평화를 설명하는 데에는 성공했지만, 다른 전략적 경쟁들이 왜 발생하는지에 대해서는 부분적인 설명만을 제시했다. 정치지도자들은 정치적으로나 심리적으로 취약성을 유지해야 한다는 조건을 받아들일 수는 없었던 것으로 보인다. 결과적으로 핵무기는 현실 세계에서는 저비스가 예측한 것보다 덜 혁명적이었다.

이러한 비판에 대해 최근 저비스는 "국가 정책을 책임지는 사람들이 마치 핵혁명이 없는 것처럼 행동한다면 어떻게 핵혁명이 일어날 수 있겠는가? 나는 확전 우위를 추구하는 것에 반대하는 설득력 있는 주장을 하고 싶었다"라고 반박했다. 이를 통해 저비스는 핵혁명론이 단순한 학문적 연구라기보다는 미국 핵정책의 방향에 대한 깊은 고민의 산물이자 '치열한 정치적 논쟁'이었음을 밝히고 있다.[142] 오늘날 핵혁명론에 대한 평가 여부와는 상관없이 제1차 핵시대를 관통한 핵혁명론이 제공하는 통찰력은 이미 미국 핵전략의 깊은 내면에 뿌리를 내리고 있다는 점을 간과해서는 안 된다.

현재 핵무기의 역할과 효용성에 관한 미국 행정부의 시각은 양극단의 핵폐기론과 핵혁명론 사이 어디쯤 자리를 잡은 것으로 보인다. 이런 맥락에서 2022년 밴 잭슨Van Jackson은 미국의 다양한 '핵 사고nuclear thinking'에 관한 분석을 내놓았다. 그는 미국 전략 커뮤니티에 네 가지 유형의 핵 사고 집단이 존재한다고 말한다.[143]

첫 번째 집단은 군비통제론자Arms Controller들이다. 그들은 핵전쟁에서의 승리는 의미가 없다고 믿으며, 전략적 안정성(위기 및 군비경쟁 안정성 포함)을 훼손하는 위험 요인을 관리하고 감소시키는 것에 우선순위를 부여한다. 또한, 그들은 핵무기와 관련된 사고나 의도치 않은 확전을 우려하고, 핵 신호nuclear signaling가 억제 효과보다는 우발적인 전쟁의 위험을 높이며, 핵확산이 안정을 가져오기보다는 불안정을 만드는 요인으로 생각한다. 따라서 평화와 안정을 위한 수단으로 핵무기 통제를 위한 국제협정을 추구하며, 상대에게 핵 선제 사용에 대한 압력을 가하지 않도록 유의해야 한다고 말한다. 군비통제론자들은 같은 논리를 확장하여, 재래식 군비증강도 전략적 안정성을 훼손할 수 있다고 주장한다. 예를 들면, 탄도미사일 방어, 사이버전 역량, 극초음속 비행체 등이다. 현재 이들의 대부분은 미국의 민주당과 연결되어 있다.

〈표 8-1〉 미국의 핵사고에 관한 네 가지 유형[144]

구 분	군비통제론자	미래전 전략가	핵우선주의자	핵전통주의자
정치적 배경	민주당	초당파	공화당	초당파
안정성 이론	위기 완화	핵위협 하 재래전 수행	확전우세, 벼랑끝전술	MAD, 제2격 능력
군비통제/ 전력증강	군비통제	재래식 전력 증강	재래식 및 핵전력 증강	핵전력 증강
핵전 승리	아니오	아마도	예	아니오
동맹 핵확산	불안정	불필요	잠재적 유용	불필요
NFU 정책	예	예 또는 아니오	아니오	예 또는 아니오
미사일 방어/ 극초음속 무기	핵위험 증가	핵위험 대체	안정성 증가	상호취약성을 변경한다면 안정성에 영향
핵 사용 가능성	거의 없음	적당	매우 큼	적당
이유	핵신호 제한, 전략적 안정성 확대, 구별 문제 범위 축소	핵·재래식 통합 위협의 수용, 구별 문제 강조	대군사타격, 구별 문제 강조	공약 함정, 핵신호 비중확대, 구별 문제 수용

두 번째 집단은 미래전 전략가들Future-of-War Strategists로 최근에 등장한 국방전문가와 실무자들이다. 이들의 핵무기에 관한 관점은 미래 전쟁을 어떻게 수행해야 하는가에 관한 비전으로부터 도출되어야 한다고 생각한다. 이들은 군축론자들이 아니지만, 자연스럽게 핵무기의 역할을 줄이고자 한다. 이는 미래전 양상을 핵 그림자nuclear shadow 아래에서 수행되는 재래식 정밀타격전과 신기술 기반의 무기체계가 주도하는 분쟁으로 보기 때문이다. 결국 재래식 전쟁(불안정)과 핵전쟁(안정)의 가능성 사이의 관계를 설명하는 '안정–불안정 역설stability-instability paradox'을 논리적인 출발점으로 삼고 있다. 그들은 핵무기만으로는 안보를 달성할 수 없다고 인식하며, 핵전력의 현대화보다는 재래식 정밀유도무기PGMs, Precision-Guided Munitions의 증강(특히 탄도미사일 방어, 로보틱스Robotics, 극초음속 무기, 레일건electric gun, 지향성에너지 무기, 중거리 지상발사순항미사일 등)에 최우선 순위를 두고 있다. 이들은 초당파적 그룹이며, 오바마 행정부 당시 국방자문 집단의 주류를 형성했다.

한편, 핵전통주의자들이 핵 신호를 선호하는 것과 달리 이들은 재래식 전력에 의한 확장 억제 공약을 선호한다. 그러나 미래전 전략가들도 재래식 분쟁에 핵무기가 복잡하게 얽혀들면 핵무기 사용 가능성이 있다고 인식한다. 또한 재래식 정밀유도무기도 적의 선제타격을 자극함으로써 위기 안정성을 저해할 수 있다는 문제와 탄두에 핵이 탑재되었는지 아닌지에 관한 '구별discrimination'을 어렵게 한다는 문제가 있다고 말한다.

미래전 전략가들의 관점은 재래식 전력에 의존하는 대한민국에도 많은 시사점을 제공한다. 같은 맥락에서 2017년 키어 리버Keir A. Lieber와 다일 프레스Daryl G. Press의 논문 "대군사타격의 새로운 시대, 기술 변화와 핵억제의 미래The New Era of Counterforce, Technological Change and the Future of Nuclear

Deterrence"는 유용한 통찰력을 제공해준다.[145] 그들은 핵혁명론이 핵전력의 생존성에 대한 잘못된 믿음에 기반한다고 비판했다. 핵전력의 생존성에 기반한 상호억제 상태는 언제든 새로운 기술과 전략의 발전으로 인해 깨어질 수 있다는 점을 지적한 것이다. 이에 따라 그들은 첨단 재래식 정밀타격 능력과 원격센서의 향상에 따른 핵전력의 취약성 증가가 가져오는 함의를 분석했다.

이러한 관점에서 리버와 프레스는 공세적인 대군사타격 및 원격센서 능력의 가치에 주목했다. 이들은 핵전력을 보호하기 위해 취해온 시설 강화(강화된 사일로Silo, 지하화 등), 은닉(위장, 지하, 분산배치 등), 중복성(다수 기지 운영) 등 세 가지 접근법이 무기 정확도의 향상과 원격센서의 발전으로 위협받고 있다고 평가한다. 이들의 주장은 적의 핵전력에 대한 무장해제disarming 대군사타격의 가능성을 제시하고 있어 주목할 만하다. 정확성의 향상에 따른 표적 타격률 증가, 우군 간 피해 방지, 민간인 피해 방지, 낙진 발생 방지 등 핵무기에 의존하는 대군사타격의 제한사항을 극복할 수 있게 되었다는 것이다.

이러한 분석의 결론으로 이들은 이러한 대군사타격 시대가 갖는 정책적 함의를 제시했다. 첫째, 미국은 핵전력이 적의 대군사타격에 의해 갈수록 취약해질 수 있기 때문에 핵전력을 증가시켜야 동일한 수준의 억제력을 유지할 수 있을 것이다. 둘째, 핵전력에 대한 위협이 늘어나므로 군비통제나 핵군축은 더욱 설 자리를 잃게 될 것이다. 셋째, 정확성과 원격센서에서의 놀라운 기술 변혁은 미국 내 대군사타격 추진에 관한 격렬한 논쟁을 촉발할 것이다.

세 번째 집단은 핵우선주의자들Nuclear Primacists이다. 오늘날의 핵우선주의자들은 레이건 행정부의 승리주의triumphalism에서 비롯한 핵무기의 유용성에 대해 가장 확신적인 믿음을 가진 집단이다. 그들은 조지 W.

부시 행정부와 트럼프 행정부의 핵정책 수립 과정에 지대한 영향력을 행사했으며, 대개 공화당 소속이다. 이들은 오늘날의 평화와 안정이 미국의 확전 우세와 불량국가들의 벼랑끝 전술에 대한 적극적인 개입의 결과라고 생각한다. 이들은 적보다 더 적은 피해와 사상자가 발생한다면 핵전쟁에서도 승리할 수 있으며, 이에 따라 적에 대한 대가치타격을 수행하기 위해 핵전력 현대화뿐 아니라 첨단 재래식 전력도 동시에 강화해야 한다고 주장한다.

나아가 이들은 신뢰할 만한 핵 신호를 보내는 것을 지지하며, 전장에서 제한적인 핵무기 사용이 억제 효과를 낼 것이라고 주장한다. 이러한 생각의 연장선상에서 트럼프 행정부에서 저위력, 비전략 핵무기를 도입했다. 또한, 이들의 핵무기에 대한 강한 의존적 성향은 2018 NPR에서 핵실험의 재개 가능성을 언급하고 핵 선제 사용에 대한 모호성을 유지한 이유이기도 하다. 또한 이들은 미국의 핵 우위를 잠식하지 않는 한 동맹국의 핵확산에 대해 딱히 저지할 논리적 근거와 명분을 가지고 있지 않다. 특히 핵우선주의자들은 다른 세 그룹에 비해 핵 사용(계획된 핵 사용, 의도치 않은 핵 사용, 핵사고) 가능성을 높게 본다. 이것이 바로 이들이 안정성 유지를 위해 핵무기를 제한하거나 여타의 국정 운영 대안에 호소하기보다는 다양하게 핵무기를 운용하는 방법에 중심을 두는 이유다.

마지막으로 네 번째 집단인 핵전통주의자들은 핵무기의 전통적인 역할, 즉 핵공격 억제, 전략적 안정성 유지, 그리고 동맹국 보호에 큰 가치를 두고 있다. 이들은 핵혁명론자들과 마찬가지로 상호확증파괴^{MAD} 상태가 전략적 안정성을 증진한다는 데 동의한다. 하지만 핵혁명론자들과 달리, 핵전력의 현대화가 가져올 수 있는 이점에도 주목하는 경향이 있다. 따라서 이들은 냉전 시기 확증보복(확고한 제2격) 능력이 소

How much enough is enough?

핵무기 한 발의 억제 효과는 얼마나 될까? 상대방과 수적 핵 균형을 맞춰야만 핵교착nuclear stalemate 상태에 들어갈 수 있는가? 이렇듯 효과적인 억제력을 얻기 위한 핵전력의 규모, 투발수단의 종류와 수준 등은 핵보유국 사이에서 오랜 논쟁의 주요 쟁점이었다. 일반적으로 억제의 필수 요건(핵태세)에 대한 논쟁과 관련해서는 실존 억제existential deterrence, 최소 억제minimum deterrence, 제한 억제limited deterrence, 최대 억제maximum deterrence의 네 가지 관점이 있다. 이 네 가지는 명확하게 구분 짓기 어려우며, 연속선상에 있는 개념들로 이해할 필요가 있다.

첫째, '실존 억제' 집단은 단순히 핵무기의 존재만으로 적의 공격을 신뢰성 있게 억제할 수 있다고 본다. 이들은 핵무기의 존재 자체가 억제력을 만든다고 보며, 핵전력의 상대적 규모나 취약성 등은 크게 개의치 않는다. 오로지 핵무기가 만들어내는 두려움이 억제력의 근원이라고 본다.

둘째, '최소 억제' 집단은 생존성 있는 보복능력(제2타격)을 갖췄을 때 핵 억제력이 굳건하다고 생각한다. 이들은 대체로 적의 대도시(대가치표적)에 대한 위협을 통해 적의 핵공격을 억제하고자 한다. 이것은 비교적 소규모의 핵전력과 발사수단, 선제불사용 공약과 관련이 있다.

셋째, '제한 억제' 집단은 핵공격뿐 아니라 다양한 유형의 위협을 억제할 수 있는 역량을 추구한다. 따라서 소규모의 핵탄두와 생존할 수 있는 핵전력, 정밀도가 높은 다양한 무기체계의 조합을 추구한다. 대부분 보복 위협을 통한 억제에 의존하지만, 일부 예외적으로 거부, 즉 핵무기의 대군사타격 모색을 통한 억제를 추구하기도 한다.

넷째, '최대 억제' 집단은 다양한 핵탄두와 운반수단으로 구성된 핵전력을 통해 핵우위와 전략적 이점을 모색한다. 핵무기는 응징이나 거부의 목적으로 신속히 사용 가능한 상태를 유지해야 하며, 어떠한 목표물에 대한 공격도 가능한 수준이어야 한다. 핵무기는 필요시 선제적으로 사용될 가능성이 있기 때문에 불안정과 핵군비경쟁을 유발할 수 있다.

련의 핵공격을 성공적으로 억제할 수 있다는 사실을 인정하면서도, 미국이 계속해서 소련의 핵전력에 대한 우위를 강화하고 취약성을 줄이려 했다는 점을 강조한다.

핵무기 운용에 관해서, 핵전통주의자들은 적의 자제를 유도하기 위해서는 역설적으로 강력한 핵무기 보복 의지 신호를 적에게 효과적으로 보내야 한다고 본다. 특히, 적국이 미국의 확장 억제 공약이나 핵 신호를 오해하거나 불안정한 상황에서는 확전을 우려하여 핵무기를 사용할 수 있다고 본다. 이러한 이유로, 핵전통주의자들은 핵전력의 현대화를 지지하고, 신뢰할 수 있는 확장 억제 공약을 통해 동맹국의 안전을 보장하는 것이 중요하다고 생각한다. 이에 더해 핵전통주의자들은 미사일방어체계나 극초음속 무기와 같은 새로운 군사 기술에 대해 반대하지 않고 중립적인 태도를 보인다. 이들은 특정 정치적 성향에 속하지 않으며, 미국의 양대 정당 모두에 걸쳐 영향력을 행사하고 있다. 이렇게 핵전통주의자들은 전략적 안정성 유지와 동맹국 보호를 위한 신중하면서도 계산된 핵 정책의 중요성을 강조한다.

정리하면, 핵무기의 역할과 효용성에 관한 역사적 논쟁은 미국의 정책관료 집단과 전문가 집단 사이에서 아직도 현재 진행 중이다. 핵무기가 혁명적 전환을 가져왔다는 인식을 가진 핵핵명론자에서부터 핵시대임에도 불구하고 여전히 승리를 추구하는 기존의 전쟁 방식을 고수하는 핵우선주의자, 핵무기의 위험성을 배제하려는 군비통제론자와 핵폐기론자, 핵무기의 억제력에 의존하는 핵전통주의자, 그리고 첨단 과학기술을 우선하는 미래전 전략가까지 실로 다양한 입장이 공존한다. 이처럼 다양한 집단이 빚어내는 미국의 핵정책은 앞으로도 예측 불가한 역동성을 보일 것이다.

●

다자간 패권경쟁과 3자 억제

최근 미국은 새로운 전략 환경 변화에 직면하고 있다. 양극체제, 단극

체제를 거쳐 이제 '다자간 경쟁체제'라는 이제껏 경험해보지 않은 복잡한 방정식에 놓여 있기 때문이다. 이에 따라 미국, 중국, 러시아 사이의 '3자 억제trilateral deterrence' 문제가 미국의 핵전략가 집단 내에서 새로운 논쟁이 되고 있다. 그간 힘을 축적한 러시아는 다시금 미국과의 전략경쟁에 복귀했고, 시진핑習近平 체제 하에서 지역 패권을 넘어 글로벌 패권의 야망마저 숨기지 않는 중국은 미국에 대등한 위협으로 발전하고 있기 때문이다. 특히 미국은 중국과 러시아가 전략적 협력friendship without limits을 강화해가고 있어 이것이 향후 잠재적인 갈등 요인으로서 영향을 미칠 것으로 생각한다. 특히 미국이 이 중 한 국가와 전쟁을 수행한다면, 다른 한편이 이를 기회로 삼아 도발opportunistic aggression할 가능성에 대해 우려하고 있다.

먼저, 중국은 2049년까지 새로운 세계 질서를 구축하려는 야망을 품고 군사력 현대화를 포함한 포괄적인 전략을 추구하고 있다. 과거 30년간 중국은 지역 분쟁과 제한된 도전에 집중했지만, 현재 중국군은 미국을 억제하기 위해 다영역 작전multi-domain operation 수행을 추구하고 있다. 특히, 대만과 전쟁이 발발하면 미군의 개입을 차단하고 최대한 지정학적 이점을 활용하려고 하고 있다.

〈표 8-2〉 3국의 전략핵무기 수량 추정치(2026년 기준)[146]

구 분	미국	러시아	중국
배치된 ICBM, SLBM, 전략폭격기	675	510	458
배치된 핵탄두	1,457	1,447	780
총 ICBM, SLBM, 전략폭격기	800	764	478

또한 2021년 이후 중국은 핵전력의 급속한 증강을 추구하고 있

다. 미국은 중국이 핵전력의 증강, 현대화, 다양화를 추진하고 있으며, 2030년까지 최소 1,000개 이상의 핵탄두를 확보할 것으로 평가한다.[147] 이러한 점에서 볼 때 시진핑의 핵전력 강화 의지는 매우 분명하며, 패권국가를 지향하는 그의 야망은 이전 중국의 지도자들과는 궤를 달리하고 있다. 이러한 중국의 핵전력 팽창은 현재의 전략 환경을 훨씬 더 복잡하게 만들 것으로 보인다.

중국의 급속한 핵전력 강화는 핵전략 변화를 시사한다. 과거 중국은 핵 선제 불사용NFU 등 최소 억제 개념에 입각하여 핵전략을 구축해왔지만, 현재는 더 공세적인 핵전략으로 전환한 것으로 평가된다. 그 이유는 첫째, 중국은 탄도미사일 공격에 대한 평가체계를 구축하고 핵지휘통제체계를 현대화함으로써 '핵공격 경고 하 핵무기 발사Launch under Attack Warning' 태세를 구축 중이다. 둘째, 중국은 이중목적(핵 또는 재래식) 정밀유도탄을 대량 보유하고 있기 때문에 저위력 핵탄두의 효과적인 운용이 가능하다. 2022년 기준 약 200기 이상의 중거리 탄도미사일을 보유하고 있다. 셋째, 중국은 2021년 7월 '부분궤도폭격체계FOBS, Fractional Orbital Bombardment System' 시험비행을 통해 부분궤도폭격체계의 운용 가능성을 열어놓았다. 이러한 궤도폭탄은 미국의 핵지휘통제체계를 심각하게 위협할 수 있으며, 조기경보 시간을 크게 단축하게 해서 전략적 안전성을 훼손할 수 있다. 특히 중국은 불필요한 핵위기 고조를 예방하고 신뢰를 구축하기 위한 미국의 핵군비통제 협상 제안에도 어떠한 반응을 보이지 않고 있으며, 핵전력 현대화와 핵교리에 관해서도 투명성을 보이지 않고 있다. 특히 중국 관료들은 "중국과 미국 및 러시아 핵무기 사이의 질적·양적 격차를 고려할 때, 미국과 러시아가 더 광범위하게 자국 핵무기를 감축하기 이전에는 중국의 자국 핵무기 감축을 기대할 수는 없다"라는 견해를 보이고 있다.[148]

한편, 러시아의 푸틴은 2014년 크림 반도 침공과 합병 이후 기존 세계 질서를 거부하고 있다. 서방세계의 계속된 협력 제안에도 불구하고 그는 핵위협을 가하기 위한 공세적 핵전력의 확보와 현대화 노력을 가속하고 있다. 특히 2018년 3월 전략적 태세 변화를 공식 선언하면서 INF 조약 위반, 서방국가에 대한 정치 간섭, 조지아 침공, 크림 반도 합병, 시리아의 불법정권 지원, 러시아 야권 탄압 등 '푸틴식 질서'를 구축했다. 특히 2022년 우크라이나 침공은 서방세계의 안보 질서를 심각하게 훼손하고 있음을 단적으로 증명하는 사건이었다.

러시아는 지난 30년 동안 핵무기의 제한적 선제 사용 가능성을 정치적 공세의 수단으로 활용하는 등 공세적 핵전략을 토대로 러시아에 대한 도전을 억제하고 격멸하는 역량의 확충에 집중해왔다. 러시아의 핵교리는 기본적으로 대규모 핵공격 위협을 통해 러시아의 생존을 위협하는 도전을 억제하고, 재래식 분쟁을 종료하기 위한 제한적 핵사용 가능성을 열어두며, 러시아의 생존을 위협하는 적국의 재래식 전력에 대해서도 대규모 핵공격의 가능성을 열어두고 있다. 이를 '위기 완화를 위한 위기 고조Escalate to De-escalate 전략'이라고 하기도 한다. 이러한 교리에 맞춰 핵 3축의 현대화, 전략·전술 핵탄두의 교체, 현대화, 다양화 추진을 통한 핵전투수행능력 강화, 핵지휘통제체계의 현대화, 핵추진 핵어뢰·핵순항미사일·공중발사 탄도미사일 개발, 핵무기 제조시설을 포함한 기반시설 현대화 등 핵전력을 폭넓게 확충하고 있다. 특히 러시아 특유의 핵전략에 대한 전략적 모호성은 미국의 우려를 증가시키고 있다.

다자간 패권경쟁에 대응하기 위한 미국의 전략적 행보는 점점 더 구체화되고 있다. 이러한 차원에서 미국의 군사태세, 동맹 네트워크 강화, 핵전략·태세 조정 등 세 가지 요소를 중심으로 미국의 최근 움직임을 살펴보고자 한다.

군사태세

우선 다자간 패권경쟁 상황에 직면하여 미국은 군사계획 및 태세의 우선순위를 고려할 때, 과연 유럽 지역과 인도-태평양 지역 중 어느 쪽에 얼마만큼의 우선순위를 둘 것인지를 고민하지 않을 수 없게 되었다. 기본적으로 미국의 군사태세는 미국 본토를 방어하기 위해 여러 층의 벽을 두는 '심층 방어Defense in depth' 개념을 지향하고 있다는 점을 이해해야 한다. 이를 위해 미국은 해외 주요 거점에 전방배치forward deployment 전력을 운용하고 있다. 인도-태평양 지역의 전방배치 전력은 중국과 북한의 도발에 대응하고 유럽 지역은 러시아의 도발에 대응하며, 중동 지역은 이란 등의 도발에 대한 대응을 목적으로 한다. 최근 유럽과 중동 지역에서 발생하는 러시아의 군사행동은 미국과 다수의 지역에서 연속적 또는 동시적 군사적 충돌 가능성을 시사하며, 이처럼 다양한 지역에서 일어나는 러시아의 도발은 미국의 군사적 역량을 인도-태평양 지역에 집중하지 못하게 제한시키는 문제점을 유발한다.

오랜 시간에 걸쳐 안정적인 군사태세가 구축된 유럽 지역과 달리 새로운 관심 지역인 인도-태평양 지역에서 중국에 대응하기 위해 미국은 여러 가지 방안을 강구하고 있다. 예를 들면, 미군의 분산배치를 더욱 확대하고 무인체계의 사용 확대, 다영역 작전의 통합 역량 강화 등을 추진하고 있다. 또한 장거리 항공기와 단·중거리 미사일 수량을 확대하고 적의 공격거리 안에 위치한 공군기지에 강화된 격납고와 방어지원시설을 확충하고 있다. 특히 미군의 지휘통제통신, 우주감시체계, 군수지원체계의 생존성을 강화하고 중국군이 단기간 내 따라잡기 힘든 대잠수함작전ASW 등과 같은 영역에서 우위 기반을 다지고 있다.

중국군은 미국의 군사태세 강화에 대해 우려를 표하고 있으며, 이는 미국의 핵능력 증강뿐만 아니라 미사일방어체계의 배치와 재래식 전력의 강화와도 관련이 있다. 또한, 이러한 미국의 군사력 강화가 자신들의 신뢰할 수 있는 2차 핵보복 능력에 영향을 줄 수 있다고 보고 있다. 이와 관련하여 테일러 프레이블Tayler Fravel과 에반 메데이로스Evan Medeiros는 "기본적으로 중국은 위기 시, 미국의 감시정찰기술(C4ISR)이 중국 핵전력을 탐지하는 데에 사용될 수 있고, 정밀유도무기체계가 중국의 핵전력을 파괴하는 데 사용될 수 있으며, 동시에 미사일 방어가 차후의 보복공격을 흡수할 수 있다는 것을 두려워한다"고 말한다.[149] 미국이 재래식 1차 공격 능력을 구비하면서 2차 핵보복 능력의 획기적 개선도 추구하고 있다는 것이다.

동맹 네트워크 강화

중국이 주변국에 대해 경제적으로 강압하고 러시아가 우크라이나를 침공하는 등 국제 질서를 훼손함에 따라 미국은 동맹국과 우방국들이 자신을 더욱 지지할 것으로 보고 있다. 이에 대응하여, 미국은 군사적·경제적 측면에서 동맹국들과의 연대를 강화하려는 노력을 기울이고 있다. 그러나 중국과 러시아의 전략적 동반관계 강화로 인해 미국은 국방비 증액의 압박을 받는 실정이다. 이는 미국과 동맹국들 사이에 갈등을 유발하는 요인으로 작용한다. 예를 들어, 미국은 나토 동맹국과 우방국들이 안보에 무임승차하고 있다며 국방비를 증액하라고 압력을 넣었으며, 인도-태평양 지역의 동맹국에 대한 방위비 분담금 증액 요구를 강화하기도 했다.

이러한 상황에서 미국은 인도-태평양 지역에서 각 동맹국과의 맞춤형 연대 강화에 주력하고 있다. 일본의 군사력 현대화 지원, 미·일 공조 체제 강화, 호주의 군사태세 향상 및 상호운용성 증진, 인도와의 국방 협력을 통한 중국의 인도양 영향력 견제, 그리고 한국과의 북핵 위협 대비 국방협력 및 연합방위력 증진 노력 등이 이에 포함된다. 이는 미국이 복잡한 국제 정세에 전략적으로 대응하며 지역별·국가별 맞춤 전략을 통해 글로벌 영향력을 유지하고자 하는 의지를 반영한다. 특히 다자간 패권경쟁이 격화되는 상황에서 미국 주도의 동맹 강화를 위한 전략적 우선순위는 다음과 같다.

- 강화된 억제: 핵전력 현대화, 재래식 전력 강화, 효과적 지휘통제 체계 발전 등
- 동맹과의 연대 강화: 협력적 방어수단 개발, 연합훈련, 정보공유를 통한 상호운용성 강화 및 통합된 전력운용능력 시현
- 기술 혁신: 인공지능, 사이버 능력, 우주 기반 체계 등 첨단 신기술 개발 협력 강화
- 생존성과 적응성: 기반체계 방어력 강화 협력, 거짓정보 유포 및 사이버 공격에 공동대응, 하이브리드전 공격 전술에 대한 사회적 생존성 강화
- 다차원 교류 협력: 군사 영역외 협력 확장, 위기 관리 및 분쟁 예방을 위한 대화와 협상
- 전략적 소통: 대화를 통한 동맹과의 신뢰성 구축, 오해 예방, 잠재적 적국 억제 실행
- 책임 분담: 공평하고 형평성 있는 국방비와 자원 분담
- 국제 규정 준수: 규정, 법, 국제 합의를 기반으로 국제 협력 추진 등

핵전략 · 태세 조정

기존 억제이론Deterrence Theory에서는 3자 간 핵무기 경쟁 상황을 전혀 다루지 않았다. 따라서 3자 억제 상황에 따른 핵전략 및 핵태세 조정 문제는 미국에 상대적으로 새롭게 제기된 도전 과제다. 앞으로도 상당히 장기간에 걸쳐서 치열한 논쟁이 진행될 것으로 예상된다. 이 문제는 최초로 2023년 6월 미국 전략사령부와 네브래스카 대학 공동 주관으로 개최한 '헨드릭스Hendricks 억제 심포지엄'에서 다루어진 바 있다. 더불어 2023년 3월 로렌스 리버모어 국립연구소Lawrence Livermore National Laboratory 산하 글로벌안보연구센터CGSR, Center for Global Security Research가 이 주제에 대해 매우 통찰력 있는 연구 보고서를 발간했다. 오바마 행정부 시절 핵·미사일방어 부차관보를 역임한 브래드 로버츠Brad Reberts 박사가 이 보고서 작성을 주도했으며, 많은 핵전략가와 전문가가 참여했다. 이 보고서에서 정리한 미국의 핵억제전략, 핵운용전략, 전략핵전력 태세 등에 관한 검토 내용은 3국 억제 상황을 이해하는 데 유용하다.

첫째, CGSR 보고서는 미국 핵억제전략의 두 가지 목표가 미국과 동맹국에 대한 적국의 선제 핵공격을 억제하는 것과 억제가 실패할 경우 억제력을 회복시키고 핵위기 관리를 통해 확전을 차단하거나 조기에 분쟁을 종식하는 것에 두고 있음을 밝히고 있다. 이를 위해 최악의 상황에서도 미국은 핵전력 운용이 가능하고 강력한 실행 의지를 입증해야 함을 강조했다. 아울러 도발의 비용과 위험 요인이 도발의 기대이익보다 훨씬 크다는 점을 적에게 명확하게 인지시켜야 한다는 점을 분명히 했다. 이러한 맥락에서 미국의 핵억제전략은 대체 불가한 핵무기의 파괴력, 즉 상호확증파괴MAD에 기반을 두며, '유연반응flexible response'을 중심 개념으로 채택하고 있음을 명시했다.[150]

여기서는 냉전 시기의 개념과 달리 유연반응을 "적국의 계획된 핵공격과 위기 고조 시도에 대해 아주 넓은 범위의 잠재적인 대응 방안을 확보하는 것"이라고 정의했다. 유연반응을 통해 기본적으로 전쟁의 군사적·작전적 수준에서 도발 이익을 거부하고 적국이 가장 중요하게 생각하는 가치를 훼손하거나 파괴함으로써 높은 비용을 부과할 수 있다고 보았다. 유연반응은 적국이 전쟁에서 미국의 보복의지를 오판하거나, 미국이 민주국가의 특성상 위기 고조를 두려워하기 때문에) 미국의 핵공격 위협을 무시해도 된다고 판단할 가능성을 예방함으로써 핵대응의 신뢰도를 향상할 수 있음을 강조했다. 특히 적국이 저위력 핵무기로 제한적 핵공격을 감행할 경우, 미국은 대규모의 응징보복보다는 제한된 핵전력을 이용해서 제한 핵전쟁을 수행할 수 있는데, 이때 단순히 비례적 대응만을 고집할 것이 아니라, 더 나아가 핵대응의 모호성을 유지하여 미국이 어떠한 대응을 할지 적국이 알 수 없도록 조치해야 한다고 강조했다.

한편 3자 억제를 위한 실행력을 확보하기 위해 미국의 핵억제전략이 맞춤화tailoring, 전략적 안정성stability, 통합integration, 이 세 가지 요소를 구비해야 한다고 제안했다. 우선, 미국은 냉전 종식 이후 맞춤형 억제전략을 지속해서 발전시켜왔으며, 중국과 러시아 지도자들의 결정에 영향을 미칠 수 있는 국가별 특성들도 계속해서 평가했다. 그러나 최근 들어 중국의 핵전력이 급격히 팽창하고 여러 분쟁 시나리오에서 중국과 러시아가 협력할 가능성이 커지면서, 맞춤형 억제전략과 기존 계획들에 대한 불확실성이 증가하고 있다. 특히, 세 국가 간의 핵 경쟁이 가속화되면서 예측할 수 없는 상황이 높아지고 있다고 분석한다.

이와 함께, 전략적 안정성과 힘의 균형이 현재의 삼국 간 경쟁 상황에서도 유지되어야 한다는 점이 강조되었다. 신기술의 발전과 새로운 무기체계의 등장이 전략적 불안정을 초래하고 다양한 영역에서 새로운 위기가 고조되고 있기 때문이다. 특히, 핵무기에 인공지능 기술이 적용될 경우, 미국, 중국, 러시아 모두 상대방의 선제공격에 자국의 핵 전력이 생존할 수 있을지 우려가 제기되었다. 이에 따라, 보고서는 전 략적 안정성을 유지하기 위해 핵전략의 요구 사항을 재조정해야 할 필 요성이 있다는 관점을 제시했다.

마지막으로, 중국과 러시아에 대응하기 위해 핵무기의 억제력과 재 래식 전력의 운용 효과를 결합함으로써 이를 정책, 태세, 계획, 그리고 능력 개발에 널리 적용해야 한다는 점을 강조했다. 이를 위해 미국은 핵과 재래식 전력의 통합 운용 개념인 CNI ^{Conventional-Nuclear Integration}를 더욱 발전시켜나가야 한다고 명시하고 있다. 이러한 접근을 통해 오늘 날 복잡한 안보 환경 속에서 더욱 효과적인 억제력을 구축하고 유지하 려는 미국의 의지를 나타낼 수 있다.

둘째, CGSR 보고서는 미국의 현행 핵운용전략^{Nuclear Employment Strategy} 에 대한 보완 사항을 제시했다. 미국은 기본적으로 2013년 오바마 행 정부 시기 제시된 핵운용전략을 현재까지 준수하고 있다. 이에 따르면, "만약 억제가 실패하면 피해를 최소화하면서 빠른 분쟁 종식을 추구해 야 하며, 핵공격 피해 극복과 억제력을 회복하고 미국의 핵전력은 절제 되고 유연하며 신뢰성 있는 대응 옵션을 실행해야 한다"라고 되어 있 다.[151] 특히 미국의 대응은 적의 오판을 최소화하기 위해 절제되고 비례 성을 따르지만, 이것이 반드시 같은 수준의 대응을 말하는 것은 아니라 는 점을 분명히 하고 있다. 이는 적의 도발 의지를 꺾기 위해서는 감당 할 수 없는 도발 비용을 강요해야 하기 때문이다.

한편, CGSR 보고서는 피해 최소화를 위해 미국 핵전략 역사에서 오 랜 논쟁의 주제였던 '대군사표적^{counterforce}에 대한 핵공격,' 즉 제한 핵전 쟁 개념을 강화해야 한다고 말했다. CGSR 보고서는 현시점에서 중국이나 러시아의 핵전력을 완전히 제거하고 무장해제^{disarming}를 하기 위한 대군사표적 핵공격은 제한되지만, 대군사표적에 대한 제한적인 핵공격을 통해 위기 고조를 차단하고 핵위기 관리를 할 수 있는 방향으로 핵전략을 추진하는 것이 유용하다고 강조했다. 이는 결국 전시에 미국이 핵공격의 피해를 최소화하기 위해 적의 핵전력을 비롯한 주요 군사표적에 대해 제한적인 핵공격을 가할 가능성을 열어둠으로써 억제효과를 활용하라는 취지다.

셋째, CGSR 보고서는 전략핵 전력 태세와 관련하여 중국의 핵전력 발전에 발맞춰 태세를 조정해야 하며, 가능한 한 미래 핵기획 소요에 대비하여 핵전력을 철저히 준비해야 함을 강조했다. 특히 미국의 전략핵 전력 태세는 여러 가지 변수를 고려하여 결정되는 데, 이러한 변수에는 지정학 환경평가, 전력 운용에 관한 대통령지침, 작전소요, 적국의 인식하고 있는 억제 간극$^{deterrence\ gap}$, 동맹 및 우방국을 위한 보장 소요, 위기 관리 전략 등이 있음을 상기시켰다.[152]

3국 억제 상황에 대비하여 현행 전력 태세를 평가한 결과, 우선 미국은 최악의 상황에 대비해야 한다고 주문했다. 이는 미국이 유럽에서 러시아가, 아시아에서 중국이 동시에 핵무기로 공격하는 상황을 억제할 수 있는 능력을 갖춰야 한다는 것을 의미한다. 결과적으로 평시 및 위기 시 미국의 핵능력은 중국이나 러시아에 핵도발을 하면 미국에 의해 부과되는 비용과 위험이 핵도발 기대이익을 초과하리라는 것을 충분히 입증해야 한다. 전시에는 미국이 확전을 통제하고 대통령에 의해 지시되는 군사적·정치적 목표들을 달성할 수 있는 충분한 핵무기 수량과 종류를 갖춰야 한다.

또한 CGSR 보고서는 미국이 핵전쟁에 대비해 적국의 선제 핵공격 이후 즉각 대규모 핵교전을 수행할 수 있는 충분한 능력을 갖춰야 한다고 강조했다. 여기에는 미국이 어떠한 조건에서도 적의 핵강압 능력을 무력화하고 피해를 제한하기 위해 일부 핵전력을 대상으로 대군사 공격을 가할 수 있는 능력이 포함된다고 명시했다.

CGSR 보고서는 이에 더하여 현재 미국의 핵전력이 전략적 위협에 대응하기에 필요한 요건을 완전히 충족하지 못하고 있다고 보았다. 특히 적이 전술핵을 사용하는 '제한 핵확전limited nuclear escalation'에 대응할 수 있는 제한적 핵대응 옵션이 부족하다고 강조한다. 이외에도 중국의 핵전력 증강을 고려할 때, 미국은 어느 정도 핵무기 수량의 증가가 필요하다고 판단했다. 이를 위해 2026년 신전략무기감축협정New START이 종료되면, 핵탄두 수량에 대한 제한이 사라지므로 이를 계기로 실전배치 핵탄두를 증가시킬 것을 제안했다.

●

신기술 발전과 핵억제

앞에서 우리는 미국 핵억제전략의 근간이 상호확증파괴MAD 상태와 이를 보장하는 제2차 공격력(또는 제2격 능력)이라는 점을 확인했다. 결국 어느 일방이 선제 핵공격을 감행하더라도 상대의 제2격 능력에 의해 대량 파괴가 불가피하게 발생할 수 있다는 사실을 쌍방이 믿고 있다면 억제가 성공할 것이다. 그러나 만약 억제의 중심축인 제2격 능력이 약화할 수 있다면 안정적인 억제 관계는 불안정해질 것이다. 여기서 다룰 주제가 바로 강대국 억제 및 전략적 안정성 유지에 필수적인 제2격 능력을 약화할 수 있는 신기술Emerging Technology의 발전이다.[153] 여러 가지 기술 중에서도 가장 핵심적이고 치명적인 극초음속 미사일, 정찰 감시 기술, 사이버 기술, 인공지능AI, Artificial intelligence 등 네 가지 핵심 기술 분야 위주로 살펴볼 것이다.

극초음속 미사일

우선, 핵억제에 영향을 미칠 수 있는 기술 중 하나는 극초음속 미사일이다. 극초음속 미사일은 음속의 다섯 배(시속 6,120킬로미터) 이상의 속도로 비행하고 우회기동과 저고도 비행의 특성을 갖춘 무기체계다. 이에 따라 탐지 및 요격이 어려우며 고도의 관통력을 보유하고 있다. 극초음속 미사일은 극초음속 활공체HGV, Hypersonic Glide Vehicle와 극초음속 순항미사일HCM, Hypersonic Cruise Missile 등 두 종류가 있다. 이 중에서 특히 문제가 되는 것은 HGV다. HGV는 로켓을 이용하여 고도 100킬로미터 이상 외기권까지 발사되었다가 재진입 시 발생하는 충격파에 올라타는 방식으로 목표까지 대기권 내에서 극초음속으로 비행하며, 발사체의 능력에 따라 마하 20 이상의 속도로 비행도 가능하다.

현재 러시아와 중국이 관련 기술 개발 및 운용 측면에서 가장 앞서 있는 것으로 평가된다. 러시아는 2019년 ICBM에 탄두 형태로 탑재하는 HGV인 아방가르드Avangard를 실전배치했고, 전투기에서 발사하는 HCM인 킨잘Kinzhal은 2018년에, 호위함에서 수직발사 방식으로 발사하는 지르콘Zirkon은 2023년에 이미 실전배치했다. 중국도 2020년 중거리 탄도미사일(DF-17)에 탑재하는 HGV로서 DF-ZF를 실전배치했다. 특히 인공위성처럼 지구 궤도를 돌다가 목표물 상공에서 대기권에 진입하여 목표물을 타격하는 무기체계인 부분궤도폭격체계FOBS 탄두부에 HGV 기술을 접목한 것으로 추정되고 있다. 중국은 2021년 7월 저궤도 로켓 발사 시험을 통해 FOBS를 실험한 것으로 알려졌다. 이때 당시 마크 밀리Mark Milley 합참의장은 "이는 매우 중대한 사건으로 스푸트니크 순간Sputnik Moment과 비슷하다"라고 우려를 표명하기도 했다.[154]

이러한 극초음속 미사일은 마하 5 이상의 극초음속으로 선회비행함으로써 미국의 방어체계를 우회하고 높은 명중률로 표적 타격이 가능하며, 핵탄두와 재래식 탄두 모두 탑재가 가능하다. 만약 러시아와 중국이 극초음속 미사일을 완벽하게 전력화한다면 미국의 대공방어망은 무력화되고 힘의 균형이 깨어질 수 있다. 결국 극초음속 미사일은 대공방어체계, 위성요격체계, 3축 체계 등 미국의 핵심 표적에 대한 신속 타격용으로 사용될 것으로 예상된다. 이러한 상황에서 특히 더 심각한 점은 극초음속 미사일에 대한 실질적인 방어수단이 없다는 것이다.

중국과 러시아의 극초음속 미사일 위협이 현실화되자, 미국은 기술 격차를 위해 노력 중이다. 이에 따라 미국은 2018년 국방전략NDS에서 극초음속 무기를 미래전 승리의 핵심 기술 중 하나로 명시했고, 이후 국방수권법NDAA을 통해 국방예산에 지속적으로 예산을 배정하고 있다. 현재 미국은 극초음속 미사일을 요격하기 위해 더욱 발전된 감시체계와 함께 차세대 요격체계를 개발 중이다. 또한 공중발사 극초음속 미사일(AGM-183A)과 함께 육군과 해군이 공동으로 미사일 탑재 HGV를 개발하고 있으며, 2025년까지 전력화를 목표로 하고 있다.

정찰감시

정찰감시 센서는 지상·해상·공중·우주 등 다양한 영역에 장기간 배치하여 운용하며, 표적 탐지, 추적, 식별 과정에서 자동화 기술을 활용할 수 있다. 향후 정찰감시 기술은 인공지능과 접목함으로써 시너지 효과를 발휘할 것으로 예상된다.

미국은 정보에서의 우위와 의사결정에서의 우위를 유지하기 위해 해마다 정찰감시 자산 확보 및 운용에 막대한 예산을 투입하고 있다. 중국도 정보전 능력을 강화하기 위해 남중국해에 영상 감시 자산을 구축하고 감시정찰 위성을 보강하고 있다. 이는 정보 우위를 선점하는 국가가 적보다 먼저 보고, 먼저 결심하며, 먼저 타격할 수 있으므로 비록 소규모 핵전력을 보유하더라도 군사력 우위를 가져갈 수 있기 때문이다. 이러한 정찰감시 기술의 발전은 전략적 안정성의 약화로 이어질 수 있다. 왜냐하면 핵보유국이 상대방의 핵무기나 지휘통제체계, 미사일방어체계와 같은 핵심 표적의 정보를 정확히 파악한다면 선제공격을 통해 전략적 우위를 차지할 수 있다고 생각할 수 있기 때문이다.

사이버 기술

사이버 기술은 스파이 활동, 사이버 범죄, 체제 선전, 시스템 파괴 등 다양한 분야에서 활용된다. 무엇보다 핵지휘통제(NC2) 체계는 센서, 처리, 가시화, 정보 공유 등이 네트워크를 기반으로 하기 때문에 사이버 공격에 취약할 수 있다.

중국과 러시아 등은 NC2 체계에 대한 사이버 공격 능력을 강화하고 있어 문제가 심각하다. 만약 미국의 NC2 체계가 사이버 공격을 받게 되면 제2격 능력의 직접적인 훼손이 불가피해진다. 이에 따라 미국은 NC2 체계의 중요성을 고려하여 사이버 방어능력을 극대화하고 지휘통제체계의 다중화, 국제 사회의 사이버 공격 대응능력 강화 등에 주력하고 있다.

사이버 기술도 인공지능과 결합되면 그 위력이 훨씬 더 커지기에 이에 대해 경각심을 가질 필요가 있다. 특히 사이버 공격 측면에서 인공지능이 상대 데이터 시스템에 침입하여 데이터를 조작하는 데 활용될 수 있다. 예를 들어, 상대의 정찰감시 데이터를 조작하여 아군의 핵심 표적을 군사적으로 쓸모없는 대상으로 인식하도록 변경한다면 상대는 작전상 큰 손실을 보게 될 것이다. 이러한 시나리오는 정반대의 상황도 가능하다.

인공지능

인공지능은 2019년 국방수권법에 규정되어 있는 것처럼, 쉽게 말해 인간처럼 생각하고 행동하도록 개발한 컴퓨터 소프트웨어 알고리즘을 의미한다. 인공지능은 수준에 따라 인간의 능력을 뛰어넘는 일반형 AI(AGI, Artificial General Intelligence)와 기계 학습(Machine Learning)을 통해 제한적 문제 해결이나 특정 기술을 수행할 수 있는 낮은 수준의 좁은 AI(Narrow AI)로 구분된다.

인간 생활의 모든 영역에서 인공지능 기술이 접목될 가능성이 높지만, 그중에서도 핵무기와 NC2 체계에 적용될 가능성이 커지고 있다. 그러나 이러한 아이디어는 아주 극단적인 기회와 위험의 가능성을 제시한다. 방어하는 차원에서는 안정적인 통신체계 운영, 조기경보체계의 효율성 제고, 신속 정확한 의사결정 지원체계, 제2격 체계의 지속성 보장 등 여러 가지 장점을 제공하지만, 오히려 인공지능의 오작동과 오경보, 시스템 오류 등에 의한 위험성을 내포하기도 한다.

결국 인공지능은 사이버 공격에 대한 방어력을 강화하고 조기경보 단계, 의사결정 단계, 핵전력운용 단계에서 각 개소별 통신의 연결성과 보안성을 향상시켜 안정적인 핵전력 운용을 보장한다. 또한 인공위성 센서의 능력 향상과 고속 데이터 처리 등을 보장함으로써 신속한 위협 분석 및 평가, 조기경보의 제공이 가능해진다. 이에 더하여 적국의 선제 핵공격으로 국가지도부가 전멸되거나 지휘부와 핵전력 간 통신이 끊어지는 상황에서 인공지능의 판단으로 핵무기 발사 권한이 예하 지휘부로 이양될 수도 있다. 이처럼 예외적인 상황에서 핵전력 대응에 관한 의사결정을 지원할 수 있는 것이다.

한편, 미국은 인공지능 기반의 핵무기를 개발하지 않으며, 오로지 전자전기, 지원 헬기, 무인전투기 등 재래식 무기체계에만 관련 기술을 접목하고 있다. 그러나 러시아는 반자율형 인공지능 핵무기 체계인 핵추진 어뢰(포세이돈Poseidon)와 핵추진 순항미사일(부레베스트니크Burevestnik)을 개발하고 있는 것으로 알려져 있으며, 중국도 정확히 확인되지는 않았지만, 표적 타격능력과 장거리 비행능력 향상을 꾀하고자 DF-17 극초음속 미사일에 인공지능을 적용했을 가능성이 제기되고 있다.

정리하면, NC2 체계에 인공지능 적용이 가장 안정적이고 적합할 것으로 보이며, 완전히 자율화된 핵무기와 핵무기 보복공격을 위한 발사 체계에의 적용은 작전의 효과성과 효율성이 향상되는 장점이 있지만, 오작동과 시스템 오류의 위험성이 커서 이에 대한 필수적인 대책 마련이 필요할 것으로 보인다. 무엇보다 핵무기 운용체계에 대한 인공지능 접목은 전략적 안정성에 중대한 도전이기에 앞으로 이에 대한 국제적인 논의와 협력을 증진해나가기 위한 노력이 절실하다.

에필로그

총 8개 장에 걸쳐 미국의 핵전략이 어떻게 발전해왔으며, 어떤 배경과 사고방식에 의해 형성되었는지를 알아보았다. 이를 통해 미국의 국가 안보를 저해하는 전략적 위협을 억제하고 안정을 달성하는 것이 모든 행정부가 계속해서 추구하고자 한 핵전략의 근본 목표였다는 것을 확인했다. 아울러 미국의 행정부별로 핵전략의 수단과 운용 방법 측면에서 차이를 보이면서 미국의 핵전략이 계속해서 변화를 거듭했다는 점도 관찰했다.

이 책을 마무리하기에 앞서, 필자들은 미국의 핵전략이 시간의 흐름에 따라 어떻게 변화했는지를 정리하고, 무엇이 이러한 변화를 이끌었는지를 도출해보고자 한다. 이는 앞으로 미국의 핵전략이 어떻게 변화할지를 예측할 수 있게 하는 실마리를 제공해줄 것이다. 끝으로 필자들이 이 책을 통해 궁극적으로 얻고자 하는 한반도 안보에 대한 함의를 생각해봄으로써 긴 여정의 막을 내리고자 한다.

다섯 단계로 나눠지는 미국 핵전략의 역사

지난 80여 년간의 미국 핵전략의 역사를 개관해보면, 크게 다섯 번에 걸쳐 큰 변화가 일어났음을 알 수 있다. 이에 필자들은 미국의 핵전략의 발전 과정을 다섯 단계로 구분했다.

첫 번째 단계는 핵무기탄생기로, 1940년대부터 1950년대에 걸쳐 핵무기의 탄생과 함께 대량보복전략이 국가안보의 기본축으로 자리잡는 시기다. 이 기간에 미국은 맨해튼 프로젝트를 통해 핵무기 개발에 성공했고, 일본의 히로시마와 나가사키에 원자폭탄을 투하하여 항복을 받아냈다. 이로써 재래식 무기에서는 경험할 수 없었던 핵무기의 가공할 파괴력이 세상에 드러나게 되었다.

이와 동시에 핵무기는 전쟁의 목적이 승리를 통해 정치적·군사적 목적을 달성하는 것에서 전쟁의 발생 자체를 억제하는 것으로 전환되는 군사적 변혁을 가져왔다. 하지만 아직 미국은 핵무기 사용에 관한 전략을 체계적으로 정립하지 못했다. 이는 구체적인 전략적 목표를 달성하기 위해 핵무기를 어떻게 사용할지에 대한 정교한 생각이 부족했음을 의미한다. 고민 끝에 미국은 소련의 핵 공격을 억제하기 위해 제2차 세계대전 당시 사용했던 '전략폭격'과 유사한 방식의 대량보복전략을 채택했다.

두 번째 단계는 군비경쟁기로, 1950년대 말부터 1960년대에 걸쳐 미국이 핵전력의 우위를 차지하기 위해 소련과 치열한 군비경쟁을 펼치면서 핵전력의 규모가 기하급수적으로 증가한 시기다. 이 시기는 미국을 중심으로 한 자유 진영과 소련을 중심으로 한 공산 진영 사이의 이데올로기 충돌로 냉전이 본격화된다. 미국은 모든 분야에서 소련보다 앞서기를 원했고, 소련과의 경쟁에서 뒤처지는 것을 마치 자유세계 전체의 위기처럼 여기기도 했다. 핵전략 측면에서도 미국과 소련은 억제라는 목표를 넘어서서 상대방보다 우월하게 많은 핵무기를 보유하려는 야망에 집중했다. 결과적으로, 미국과 소련은 상대방의 핵공격을 억제하는 데 필요한 규모 이상의 핵무기를 개발하고 배치하면서 위협을 극대화했다.

한편, 이 시기에는 전술핵부터 전략핵까지 다양한 핵무기가 개발되면서 단조로웠던 대량보복전략이 융통성 있으며 신뢰성 있는 유연반응전략으로 대체되기도 했다. 유연반응전략은 다양한 수준의 위협에 대해 위협 수준에 맞는 수단과 방법으로 대응하겠다는 전략이었다. 또한, 미국과 소련이 핵 3축 체계를 완성하고 이제 어느 한 편도 상대를 완전히 파괴할 수 없는 전략적 교착상태에 도달하면서 상호확증파괴 MAD 개념이 자리 잡게 된다. 상호확증파괴는 적이 선제 핵공격을 가하면 상대국 역시 핵 전력을 동원해 적을 전멸시킨다는 일종의 보복전략으로, 핵전쟁이 발발하면 양측 모두 파괴되고 패배할 것이라는 인식이 핵전쟁을 막는 주요 요소로 작용했다.

세 번째 단계는 군비통제기로, 1970년대와 1980년대에 걸쳐 소련과 핵군비통제를 통해 위험을 관리하고 상호 공존을 모색한 전략적 전환기다. 특히, 1960년대 초반 쿠바 미사일 위기는 핵무기 경쟁의 위험성과 상호 공멸의 현실화 가능성에 대한 인식을 크게 높였다. 이에 따라 미국과 소련 양국은 핵전쟁은 어떻게든 피해야 한다는 생각을 갖게 되었으며, 극단으로 치달을 수 있는 위험을 군비통제를 통해 관리하기 시작했다. 이와 더불어, 취약성을 보완하기 위한 미사일 방어에 대한 경쟁이 양측에 경제적 부담을 주었기 때문에, 경쟁을 자제하며 비용 절감을 위한 다수의 협정을 맺게 되었다.

이러한 배경에서 전략무기제한조약(SALT I, SALT II)과 중거리핵전력협정INF 등 미소 양자 협정들이 체결되었다. 이 협정들은 핵무기의 수량과 종류에 제한을 두어 핵군비경쟁을 완화하는 데 그 목적을 두고 있었다. 동시에 이러한 군비통제 협정들은 상대방이 전략적 우위를 가진 무기체계의 개발·생산·배치에 대해 일정한 제약을 가함으로써 장기적으로 전략적 우위를 확보하려는 숨은 노력의 일환이었다. 결국, 이 시기는 핵무기를 전쟁의 도구라기보다는 억제의 수단으로 여기는 인식을 강화하는 중요한 계기로 작용했다.

네 번째 단계는 위협감축기로, 1990년대 냉전의 종식과 함께 미국이 불확실성이라는 위험을 관리하고 핵전략을 새로운 안보 환경에 맞춰 재조정했던 시기다. 소련이 몰락한 후 유일한 초강대국으로 남은 미국의 관심은 불량국가나 테러 조직이 핵무기를 갖지 못하도록 하는 핵비확산 및 테러리즘 대응에 있었다. 특히, 소련이 붕괴하면서 독립 국가들이 수백 기의 핵무기를 물려받게 되었고, 소련 핵기술자들의 유출이 우려되는 상황이었다. 이에 미국은 핵확산의 위협을 감소시키기 위해 러시아에 대한 핵안보Nuclear Security 지원과 핵무기 유산국에 대한 안전보장 조치를 취한다. 또 다른 도전 요인은 북한과 이란 같은 다양한 지역적 위협의 등장이었다. 이에 따라 NPT 종료 시한을 무기한 연기하면서 핵비확산 노력을 강화한다.

다섯 번째 단계는 맞춤형억제기로, 2000년대부터 현재까지로 중국의 부상과 러시아의 회귀 등 다자 간 패권경쟁 구도가 본격적으로 형성되면서 국제안보 질서가 재편되는 시기다. 이에 따라 미국은 글로벌 경쟁국가를 포함하여 다양한 지역 적대국에 효과적으로 대응하기 위해 맞춤형 억제전략을 개발했다. 맞춤형 억제전략은 핵전략의 구체화 및 최적화를 그 중심축으로 삼으면서 현재까지 미국 핵전략의 기본개념을 이루고 있다. 또한 제4차 산업혁명 시대에 진입하면서 인공지능, 로봇, 빅데이터, 사물인터넷 등 첨단기술의 파급력이 핵무기 분야에도 영향을 미칠 것으로 예상되어 주요 핵보유국들은 신기술이 억제와 안정에 미칠 파급효과에 촉각을 곤두세우고 있다.

●

미국의 핵전략 역사가 우리에게 주는 교훈

무엇이 이러한 핵전략의 변화를 만들어낸 것일까? 앞에서도 이야기했듯이, 필자들은 지난 80년간 미국의 핵전략 역사 속에서 변화를 이끌었던 주요 요인으로 위협 환경의 변화, 과학기술의 발전, 경제적 자원의 제한을 지목했고, 이것들이 만들어내는 가능성과 제약에 주목했다.

그중에서도 미국의 핵전략 역사에서 거시적인 변화를 이끈 가장 핵심적인 요인은 위협 환경의 변화였다. 1950년대 이전 미국이 대량보복전략을 선택할 수 있었던 이유는 아직 소련의 핵위협이 강력하지 않았기 때문이었다. 1949년 소련이 핵실험에는 성공했지만, 본격적인 핵무기 양산은 1950년대 중반에 이르러서야 가능했다. 이전까지 미국은 소련보다 열 배나 많은 핵무기를 보유하고 있었다. 예를 들어, 제2장에서 논의한 것처럼 1954년 미국은 1,700여 발이 넘는 핵폭탄을 보유했지만, 소련은 겨우 150발 남짓한 핵폭탄을 만들었을 뿐이었다. 이러한 차이는 계속 벌어져서 1960년에 미국은 1만 8,000발 이상의 핵폭탄을 보유했고, 소련은 1,600여 발에 불과하여 미국이 압도적으로 많은 핵무기를 보유하고 있었다.

그러나 소련의 핵무기 보유량이 늘어나고 미국 본토를 위협할 능력을 갖추게 되자, 미국의 핵전략에 변화가 생겨나기 시작했다. 대표적인 사례는 제3장에서 논의한 유연반응전략의 채택이다. 이는 어떠한 소련의 공격에도 막대한 핵 보복으로 대응하겠다는 대량보복 개념이 더는 신뢰성이 없다는 비판에서 비롯되었다. 만약 소련이 핵 보복능력을 갖춘 상황에서 소련의 재래식 공격에 비대칭적 핵보복을 가하는 식으로 위기를 고조시킬 경우, 미국은 소련과의 전면적인 핵전쟁을 피할 수 없게 될 것이다. 이러한 위험을 알면서도 대량의 핵보복 전략을 실행할 '책임 있는' 정치인은 없으리라는 것이 키신저와 당시 전략가들의 우려였다. 실제로도 "어떠한 공격에도 전면적인 핵보복을 실행하겠으니 도발하지 말라"는 미국의 대량보복전략은 현실성이 없었으며, 오히려 소련은 이러한 허점을 이용하여 낮은 수위의 도발을 반복적으로 감행했다. 이러한 배경에서 미국은 핵전략의 신뢰성을 높이기 위해 위협의 수준에 맞게 적절하게 대응한다는 유연반응전략으로 전환한다.

한편, 냉전이 종식되고 미국이 세계 유일의 초강대국이 된 상황에서 핵전략은 다시 한 번 변화하게 되었다. 제6장에서 이야기한 것처럼, 탈냉전기 미국의 초점은 안보전략에서 핵무기에 대한 의존을 줄이는 것이었다. 이제 더 이상 핵보유국이 늘어나지 않도록 방지하는 것이 급선무였다. 소련과 같은 초강대국 경쟁자가 없어진 상황에서 냉전 시기처럼 핵무기에 의존하는 전략이 오히려 우발적 사고와 핵무기 확산의 위험을 증가시킨다고 생각했기 때문이었다. 이에 미국은 유사시 핵무기 표적SIOP에서 구소련의 핵심표적들을 삭제했고, 구소련에서 독립하면서 핵무기를 물려받은 국가들에 대한 지원을 통해 핵무기가 러시아로 되돌아가도록 노력했다.

이와 더불어 여러 지역 도전국의 부상과 국제 테러 조직과 같은 위협의 등장은 전에 없던 안보 환경을 만들었고, 다시 한 번 미국 핵전략의 변화를 요구했다. 제7장에서 언급한 바와 같이 이라크, 북한, 이란과 같은 국가들은 기존 냉전 시대의 양극체제와는 확연히 다른 지정학적 환경, 정치체제, 이념 등을 가졌다. 따라서 이들의 대량살상무기 위협을 억제하기 위해서는 이들의 의사결정 과정에 대한 이해를 바탕으로 이들의 이익과 비용 계산에 영향을 주기 위한 맞춤형 접근이 필요했다. 또한, 수단 면에서도 핵무기 이외에도 재래식 군사력, 경제제재와 같은 비군사적 수단, 안보 협력 등에 기초한 통합된 접근이 필요했다. 이러한 배경에서 21세기에 들어 미국의 핵전략은 지역적 도전자에 대한 맞춤형 억제전략으로 발전했으며, 이러한 경향은 지금까지 이어져오고 있다.

이처럼 거시적 관점에서는 위협 환경의 변화가 핵전략 개념 형성에 큰 영향을 미쳤지만, 과학기술의 발전은 핵전략이 더욱 세분화되는 계기가 되었다. 예를 들어, 대량보복전략에서 유연반응전략으로의 전환은 단지 위협 환경의 변화에만 기인하지 않았다. 이러한 전략의 전환은 미국이 핵무기의 소형화에 성공하고 '콜드 런칭cold launching' 기술과 대기권 재진입 기술 등이 완성되면서 전술핵부터 SLBM, ICBM에 이르는 다양한 투발수단을 갖춘 것에도 영향을 받았다. 이러한 소형화된 핵탄두와 다양한 투발수단들은 1950년대 중반부터 배치되기 시작했으며, 이는 미국 전략가들에게 다양한 핵보복 선택지를 제공했다. 결과적으로 과학기술의 발전은 단순하고 위험이 높은 대량보복전략을 선택하지 않더라도, 각 위협의 수준에 맞게 유연하게 대응할 수 있다는 자신감을 심어주었다.

이에 더해 전략핵 3축 체계의 발전은 소련이 미국 본토를 위협할 경우, 소련의 핵심 가치들을 확증파괴할 수 있는 능력을 갖추게 했다. 특히, 제4장에서 논의한 바와 같이 전략폭격기와 SLBM, ICBM의 핵 3축 체계는 각각의 무기체계가 서로의 단점을 보완함으로써 소련의 선제 핵공격이 있더라도 생존할 수 있도록 구성되었으며, 이는 신뢰성 있는 제2격 능력을 보장하는 기초가 되었다. 이러한 과학기술의 발전은 결과적으로 소련이 미국 본토에 대한 핵공격을 하지 못하도록 억제하는 핵심적인 메커니즘을 제공했다.

이와 더불어 과학기술의 발전은 핵표적화와 관련해서 적의 대도시에 대한 핵보복을 전제하는 '대가치전략'에서 적의 군사수단을 파괴하는 데 초점을 맞춘 '대군사전략'으로의 전환을 가능하게 만들었다. 가장 대표적인 사례는 제5장에서 언급했던 케네디 행정부 당시 로버트 맥나마라 국방장관이다. 맥나마라는 소련의 대도시에 대한 핵공격은 도덕적으로나 정치적으로 문제가 있다고 생각했다. 이에 따라 소련의 핵무기를 파괴하는 데 초점을 맞춘 대군사타격, 민방위, 도시공격금지 및 피해 제한 정책 등을 포함하는 제한 핵전쟁을 추구했다. 이러한 생각의 전환은 과학기술의 발전으로 핵무기의 정확성과 신뢰성, 미사일 방어 능력이 향상되었기 때문에 가능한 것이었다.

마지막으로 경제적 자원 수준은 핵전략의 전환을 촉진하거나 제한하는 요인으로 작용했다. 예를 들어, 냉전 초기 아이젠하워의 대량보복 전략과 뉴룩 정책은 한국전쟁 이후 미국이 처한 경제적 위기 상황에서 미국이 대규모 재래식 군사력을 유지하기 힘들 것이라는 이유에서 등장했다. 그러나 소련의 위협은 날로 강해지고 있었으며, 이제 막 전쟁의 후유증에서 빠져나오고 있던 유럽의 나토 동맹국들은 자력으로 방위할 능력이 없었다. 이에 아이젠하워와 당시 덜레스 국무장관은 미국의 핵무기가 억제력의 핵심적인 역할을 담당하도록 함으로써 국방비의 부담을 줄이고자 했다. 이러한 사례는 경제와 자원의 제한이 특정 핵전략의 선택을 촉진했던 경우다.

반대로 경제적 자원이 부족한 현실이 핵전략의 선택을 제한했던 사례도 발견되었다. 대표적인 사례는 앞에서 논의한 맥나마라의 제한 핵전쟁 개념이다. 대군사표적에 대한 보복 위협을 통해 소련을 억제하고자 했던 맥나마라의 생각은 핵무기의 개량과 미사일 방어에 대한 엄청난 투자를 요구했다. 가능한 한 많은 소련의 핵미사일을 파괴하더라도 일부는 미국을 향해 발사될 것이며, 이를 격추하기 위한 미사일방어체계가 필요했기 때문이다. 이에 더해 민간인들을 적절히 대피시키고 방호하기 위한 민방위 시설에 대한 투자도 요구했다. 그러나 이는 당시의 기술 수준으로는 감당하기 어려울 정도의 비용이 들어가는 사업이었다. 결과적으로 미국은 제한 핵전쟁을 추구하기보다는 소련의 핵심 대도시를 겨냥하는 확증보복전략으로 전환했으며, 이어서 소련과의 상호위험을 낮추고 경제적 비용을 줄이기 위한 군비통제 전략까지 추구하게 된다. 이러한 사례는 경제적 자원의 한계 상황이 미국의 핵전략 선택을 제한하는 경우를 보여준다.

●

미국의 핵전략 전망

미국의 핵전략에 영향을 미치는 여러 가지 요인들의 상호작용에 따라 미국의 핵전략이 변하는 모습을 정확하게 예측하는 것은 거의 불가능하지만, 앞의 논의를 토대로 향후 가까운 미래에 미국의 핵전략이 어떠한 방향으로 변할 것인지를 조심스럽게 전망해보고자 한다.

먼저, 위협 환경 측면에서 두드러진 변화는 러시아의 핵전력 현대화와 중국의 부상이다. 제8장에서 논의한 바와 같이 러시아는 극초음속 미사일을 포함하여 노후화된 핵전력을 현대화하고자 노력하고 있다. 특히 2026년 미국이 러시아와 또 다른 군비감축 협정을 체결하지 않는다면, 러시아의 핵전력 증대를 제한할 어떠한 수단도 존재하지 않게 된다. 러시아의 견고한 경제 상황도 이러한 러시아의 핵전력 증대 가능성을 뒷받침한다. 한때 우크라이나와의 전쟁으로 비롯된 국제사회의 제재로 러시아의 경제가 흔들릴 것이라고 예상했지만, 원유 가격 상승 등의 영향으로 오히려 러시아의 경제가 견고해지는 모순적인 상황이 초래되었다.

중국도 위협 환경의 복잡성을 더한다. 미국은 중국이 2030년 이후 핵탄두를 1,000기 이상까지 늘릴 수 있다고 보고 있다. 이러한 배경에는 아시아에서 미국을 대체하는 패권국이 되고자 하는 시진핑의 전략적 목표가 자리하고 있다. 미국이 첨단기술의 수출 통제 등으로 이에 대응하고 있지만, 이제는 중국이 반도체, 인공지능, 양자 컴퓨터 등 첨단기술을 자체 개발하고 있으며, 이를 토대로 첨단 핵전력을 구성하고 있다.

특히 이러한 전략 상황이 우려스러운 것은 이들 국가가 강화된 핵전력을 바탕으로 팽창정책을 추구하려는 의도를 비치고 있기 때문이다. 러시아는 이미 우크라이나와의 전쟁 통해 여차하면 핵무기를 사용할 수 있다는 경고를 여러 차례 했다. 즉, 러시아의 핵심 이익이 공격당하면 핵무기로 보복할 수 있다고 위협하면서 우크라이나와 서방의 공세를 차단하고 있다. 결과적으로 2024년 현재 2년 넘게 전쟁이 이어졌고, 러시아는 우크라이나 수도인 키이우^{Kyiv}를 비롯하여 대도시에 지속적인 미사일 공격을 감행했지만, 우크라이나는 모스크바^{Moskva}를 비롯한 러시아의 대도시에 대한 공격을 자제하고 있다.

중국도 과거 최소 억제 개념에 입각한 핵 선제 불사용 정책에서 벗어나 적극적으로 핵무기를 사용하는 전략으로 변화하고 있는 것으로 보인다. 특히 중국이 최근에 개발하는 핵무기들을 보면, 대만해협을 놓고 분쟁이 발생할 경우 미국의 개입을 차단하기 위한 군사적 목적으로 개발하는 것이라는 의심이 든다. 예를 들어, DF-26 중거리 탄도미사일은 재래식 탄두와 핵탄두를 모두 탑재할 수 있는 이중목적 미사일이다. DF-26의 실전배치는 중국의 핵전략이 단지 대도시에 대한 보복을 가정한 최소 억제가 아닌 미국의 개입을 차단하는 반접근지역거부(A2AD) 전략의 중요 수단이 되고 있다는 우려를 낳고 있다.

미국의 핵전략 역사를 되돌아볼 때, 이러한 위협 환경은 미국이 새로운 핵군비경쟁으로 들어가게 하는 요인으로 작용할 가능성이 높다. 이는 그동안 안보전략에서 핵무기의 역할을 축소하고 핵비확산에 더욱 초점을 맞춰온 미국의 전략이 바뀌리라는 것을 의미한다. 특히 러시아와 중국의 핵전력이 현대화되고 규모가 커짐에 따라, 미국은 이들을 상대로 전략적 균형을 맞추고자 할 것이다. 문제는 어느 수준에서 균형을 맞출 것이냐 하는 것이다. 첫 번째 가능성은 미국, 러시아, 중국이 동등한 규모(1:1:1)의 핵전력을 보유하는 것이다. 두 번째 가능성은 미국이 러시아와 중국의 핵전력을 합한 규모(2:1:1)까지 핵전력을 강화하는 것이다. 필자들은 미국이 러시아와 중국의 협력 가능성까지 고려할 것이라는 전제에서 후자의 가능성이 높을 것으로 예상한다. SALT I 비준 과정에서 헨리 잭슨Henry M. Jackson 상원의원이 미국이 소련에 핵전력 규모를 양보한 것에 대해 강력하게 비판한 사례에서 알 수 있듯이, 지난 70년간 미국 핵무기 규모에 영향을 준 중요한 원칙은 "누구에게도 뒤지지 않는다Second to none"는 것이었다.

현재의 지정학적 상황에서 러시아와 중국이 연합할 가능성이 높다는 것도 중요한 고려사항이다. 물론 러시아와 중국은 1956년 이래 경쟁적 관계를 이어온 것이 사실이다. 그러나 미국이라는 공통의 적을 두고 전략적 이익을 위한 연합 가능성을 배제할 수는 없다. 만약 그렇다면 미국의 핵전력이 러시아와 중국의 합보다 작아지는 것이며, 이는 미국 핵억제력에 대한 중대한 도전이다. 더욱이 이러한 상황은 미국의 아시아 및 유럽 동맹국들에게 강력하고 신뢰할 만한 핵확장억제를 제공하지 못하는 결과를 가져올 수도 있다. 이러한 배경에서 앞으로 미국은 러시아와 중국의 핵전력을 합한 규모에 상응하는 수준으로 핵전력을 강화할 가능성이 더 높다고 평가한다.

그러나 문제는 3개의 국가가 경쟁하는 3자 게임에서 균형을 달성하기란 매우 어렵다는 것이다. 특히 러시아와 중국이 협력을 하면서도 서로를 잠재적 경쟁국으로 인식하는 경우에는 더더욱 그렇다. 즉, 러시아와 중국은 핵전력 규모에서 미국에 뒤지고 싶지 않으면서도 서로에게도 뒤지지 않으려고 경쟁할 수 있다는 것이다. 이러한 경우, 만약 미국이 핵무기 1발을 증강하면, 러시아가 1발을 증강하고, 뒤따라 중국이 1발을 증강하게 되는 상황이 올 수도 있다. 그렇게 되면 미국이 다시 1발을 더 증강하게 되고, 이는 다시 러시아와 중국의 핵무기 증강으로 이어져 결국 3국의 끝없는 핵무기 증강이 초래될 수도 있다. 단순한 숫자 게임 같지만, 이러한 상황의 핵심적인 문제는 3자 경쟁에 균형점이 없으며, 계속해서 핵무기를 증강해야 하는 수레바퀴에 빠질 수 있다는 것이다.

한편, 기술적인 측면에서의 변화도 두드러진다. 제8장에서 논의한 핵심 기술인 극초음속 미사일, 정찰감시, 사이버, 인공지능 등 최신 기술은 핵무기 기술과 결합하기 시작했으며, 핵무기의 효과를 눈에 띄게 향상시킬 것으로 예상된다. 특히, 이러한 기술들은 ① 핵미사일방어체계의 효과를 향상시키고, ② 실시간으로 표적을 식별하며, ③ 표적을 정확히 타격하고, ④ 부수적인 피해를 최소화하는 데 크게 기여한다.

이러한 기술적 발전은 점차 적의 도시를 파괴하는 대가치타격 전략에서 적의 대량살상무기 파괴에 초점을 맞춘 대군사타격 전략으로 전환하게 만들 것이다. 맥나마라 장관이 꿈꾸던 기술이 50년이 지나서야 완성되고 있다. 이러한 대군사타격 전략 아래에서는 적의 핵미사일 공격을 인공지능을 바탕으로 한 미사일방어체계가 효과적으로 차단하고, 적의 미사일 발사시설을 실시간으로 탐지하여 저위력 핵미사일로 타격할 것이다. 또한 사이버 공격을 통해 지휘통제시설과 핵무기 운용 부대를 교란함으로써 추가적인 공격을 하지 못하도록 하는 거부작전이 가능해질 것이다. 따라서 앞으로 미국의 핵전략은 명시적으로 최대 억제를 추구하는 가운데 적의 핵전력 파괴에 초점을 맞춘 대군사타격 전략에 무게중심을 둘 것으로 예측된다.

여기에서 쟁점이 될 수 있는 것은 지역 도전국이나 재래식 위협에 대해 미국이 핵무기를 사용할 수 있느냐에 대한 문제다. 역사적으로 미국은 대량살상무기 등 비핵 위협에 대한 핵무기 사용을 배제하지 않았다. 그러나 앞으로는 키어 리버Keir Lieber와 다일 프레스Daryl Press의 주장과 같이 핵무기의 역할이 더욱 강화될 가능성도 있다.[155] 핵심적인 이유는 정확한 표적 식별과 초정밀의 미사일 공격이 가능하며, 저위력 핵탄두로 피해를 최소화하면서 위협을 제거할 수 있기 때문이다. 물론 핵무기를 사용하는 것에 대해 규범적인 제한이 있는 것도 사실이다. 그러나 최근 다일 프레스와 스캇 세이건Scott D. Sagan의 연구에 의하면, 의외로 이러한 핵금기Nuclear Taboo 규범은 그리 강력하지 않았다고 한다.[156] 즉, 핵무기 사용으로 위협을 제거하는 데 부수적으로 따라올 미군의 희생을 줄일 수만 있다면 핵무기 사용을 찬성한다는 의견이 다수였다. 이에 따라 앞으로 지역 도전국의 재래식 위협에 대한 미국의 핵사용 문턱은 더욱 낮아질 가능성도 존재한다.

마지막으로 경제적 자원의 영향을 전망하면, 최근 미국이 직면한 상황은 안보전략에서 핵무기에 대한 의존도를 높이는 방향으로 영향을 줄 것으로 예상된다. 여기에는 절대적인 경제적 자원의 수준과 재래식 군사행동의 비용 측면의 두 가지 이유가 있다. 먼저, 현재 경제적 상황을 고려할 때, 미국이 계속해서 재래식 군사력을 강화할 여유는 없어 보인다. 특히 코로나 이후 미국의 팽창적인 재정정책으로 인해 미국의 정부부채는 33조 달러를 넘어섰으며, 최근에는 금리 상승의 영향으로 정부부채 이자가 국방비를 앞서기 시작했다.[157] 이러한 상황에서 높은 비용이 들어가는 재래식 무기 구매 계획이 취소되고 있다. 동시에 우크라이나 전쟁에서 보듯이, 전쟁의 양상도 드론과 같은 저비용 비대칭 무기체계를 중심으로 변화하고 있다. 이러한 상황에서 미국이 대규모로 재래식 전력을 증강하고 유지하는 데에는 한계가 있을 것으로 판단된다.

미국의 핵무기 역할 증대를 촉진하는 또 다른 요인은 재래식 분쟁의 비용 증가다. 특히, 미국은 이라크 전쟁과 아프가니스탄 전쟁을 통해 전사자와 부상자가 가져오는 사회적 비용이 매우 크다는 것을 직감하고 있다. 예를 들어, 미국 브라운 대학의 연구에 따르면 두 전쟁이 미국에 가져온 사회적 비용은 약 8조 달러(약 1경 원)에 달한 것으로 분석되었다.[158] 이는 수만 명의 미국 청년들이 죽고 다쳐도 극복하고 일어났던 제1·2차 세계대전, 한국전쟁, 베트남 전쟁 때와 달리 미국의 사회구조가 완전히 달라졌음을 의미한다.

만약 앞으로 미국이 이라크 전쟁과 아프가니스탄 전쟁 같은 분쟁에 개입하여 교착상태에 빠지게 된다면 미국 경제에 회복하기 어려운 충격을 줄 수도 있다. 따라서 미래에 지역 분쟁이 일어나면, 미국은 직접 개입하기보다는 동맹국의 전력이 투사되도록 지원하며, 해·공군 전력과 핵전력 위주로 개입하는 전략을 사용할 가능성이 높다. 이러한 생각은 최근 영향력을 높여가고 있는 자제주의Restraint 전략가들의 주장이며, 트럼프와 바이든 행정부의 실제 정책이기도 하다.

●

미국의 핵전략이 한반도 안보에 미치는 함의

끝으로 우리는 미국의 핵전략이 한반도 안보에 미치는 함의에 관해 이야기하고자 한다. 여기에서 집중적으로 살펴볼 문제는 ① 앞으로 미국은 북한의 핵개발에 어떻게 대응할 것인가, ② 만약 북한이 핵공격을 한다면 미국은 어떻게 대응할 것인가, 그리고 ③ 한국은 북한의 핵위협에 어떻게 대응해야 하는가다.

첫 번째, 북한의 지속적인 핵개발에 대해 앞으로 미국은 어떻게 대응할 것인가? 미국의 핵전략 역사를 볼 때, 앞으로 북한의 핵확산 방지에 미국이 전처럼 많은 힘을 기울이지는 않으리라고 예상된다. 가장 중요한 이유는 미국이 적극적으로 핵비확산 정책을 추진할 때는 미국도 핵무기의 비중을 축소하라는 요구를 받았다는 것이다. 1960년대와 1970년대 핵확산의 위험이 증가하자, 미국은 이에 대한 대응으로 소련과의 군비통제를 추진했고, 1990년대 소련의 몰락 이후 핵비확산 정책이 핵심으로 부상했을 때도 미국은 일방적인 핵군축을 실행함으로써 다른 국가들의 참여를 이끌었다.

반면, 미국이 핵무기에 대한 의존을 높이는 상황에서 다른 국가들의 핵전력 강화를 막는다면 강력한 반발에 직면할 가능성이 높다. 이러한 측면에서 본다면, 미국은 북한과 같은 지역 도전국의 핵확산 노력을 차단하는 데 자원을 사용하기보다는 더욱 시급하고 중요한 문제인 러시아 및 중국과의 핵군비경쟁에 집중하는 것이 합리적이라고 볼 것이다. 이에 따라 지역 도전국이 제기하는 핵 위험은 어느 정도 감수할 것으로 판단된다.

두 번째, 만약 북한이 핵무기를 사용해 도발해온다면 미국은 어떻게 대응할 것인가? 여기에는 다양한 핵도발 시나리오가 있으므로 쉽사리 단정할 수는 없다. 하지만 전체적인 그림은 한미 연합사령부가 재래식 전력을 바탕으로 북한의 위협에 일차적으로 대응하는 가운데 더 이상 감당할 수 없는 피해가 예상된다면 미국이 현대화된 핵전력을 바탕으로 개입할 가능성이 크다고 본다. 이에 더해 북한이 실제 핵사용을 감행한다면, 대통령의 현행 핵운용 지침에 따라 미국은 과감히 초정밀·저위력 핵무기로 보복할 가능성이 높다. 특히, 앞으로 미국이 인공지능을 바탕으로 미사일방어체계의 능력을 향상하고, 저위력 정밀타격 능력을 향상한다면 미국의 핵대응 가능성은 더욱 높아질 것이다.

물론 핵무기 사용 결정은 군사적 요건보다는 정치적인 고려가 앞설 것이라고 보는 것이 일반적이다. 그럼에도 미국으로서는 동맹국을 지키는 것이 핵심적인 국가이익이기 때문에 재래식 전력을 통한 개입이 제한되는 상황에서 부수적 피해를 최소화하는 첨단 핵무기의 사용은 중요한 선택지가 될 수 있다. 이러한 맥락에서 일부 전문가들이 북한이 핵으로 공격하면 미국이 핵무기로 직접 대응할 가능성이 낮다고 분석하는 것과는 반대로 필자들은 북한의 핵도발에 대한 미국의 핵보복 신뢰성은 앞으로 더욱 높아질 것이라고 전망한다.

세 번째, 북한의 핵위협에 대해 한국은 어떻게 대응해야 하는가? 현재 안보전문가들은 크게 세 가지 대안을 놓고 논쟁하고 있다. 첫째, 현재의 한·미 확장억제 체제를 강화하는 방안이다. 둘째, 미국의 최신 저위력 전술 핵무기를 한반도에 배치하는 방안이다. 셋째, 한국이 독자적으로 핵무기를 개발하는 방안이다. 필자들은 어느 대안이 무조건적으로 좋다고 말하기보다는 상황에 따라 더욱 합리적인 대안이 존재한다고 본다. 우리에게 주어진 과제는 그 조건을 찾는 것이며, 미국 핵전략의 발전 과정은 중요한 단서를 제공할 수 있다.

먼저, 현재의 전략적 상황, 즉 북한이 핵능력을 강화하고 있지만 미국을 직접 타격할 능력은 없는 상황에서는 현재의 확장억제 체제를 유지하는 게 합리적이다. 미국이 북한에 대해 핵보복을 하더라도 북한이 미국 본토를 공격할 능력이 제한되기 때문에, 미국은 신뢰성 높은 핵억제력을 발휘할 수 있다. 마치 1950년대 미국이 소련을 상대로 비대칭적 전략우위를 달성한 상황에 비유할 수 있다. 이러한 상황에서 북한은 핵공격을 통해 원하는 목표를 달성할 수 있을 것이라는 오판을 하지 못할 것이다. 이에 더해 미국이 저위력 핵무기를 강화하고, 한국이 다양한 상황에서 억제력을 발휘하기 위해 3축 체계를 비롯한 재래식 억제력을 강화한다면 억제의 신뢰성을 더욱 강화할 수 있을 것이다.

그러나 북한이 미국 본토를 타격할 수 있는 ICBM을 개발하고, 미국의 미사일방어체계가 이를 효과적으로 방어할 수 없다면 상황이 달라질 수 있다. 즉, 북한이 자신이 핵공격을 감행하더라도 미국이 효과적으로 보복하지 못할 것이라고 오판할 가능성이 커질 수 있다는 것이다. 이러한 상황에서는 미국의 저위력 핵무기 배치를 신중하게 고민해볼 수 있다. 미국의 저위력 핵무기를 한반도에 배치하는 것이 한국이 핵방아쇠를 가졌다는 것은 아니다. 1960년대 나토의 다국적 핵전력MNF 논의 사례에서 보듯이 미국의 핵무기는 미국에 있든, 한반도에 있든, 아니면 제3지역에 있든 미국의 독단적인 지휘체계 아래에 있었다. 어떠한 경우라도 핵무기 사용 결정은 오직 미국 대통령만 내릴 수 있다는 것이다.

그럼에도 불구하고 저위력 핵무기의 한반도 배치는 억제의 실효성을 높이는 효과를 발휘할 것으로 예상된다. 유연반응전략과 맞춤형 억제전략 사례에서 보듯이 다양한 억제 수단을 보유하고 맞춤형 대응을 하는 것은 억제의 신뢰성을 높이는 방법이다. 이에 더해 한반도에 미국의 저위력 핵무기가 배치된다면 억제력을 가시적으로 보여주는 효과도 있다. 그러나 미국의 입장에서 저위력 전술핵무기의 한반도 배치는 또 다른 부담을 안겨줄 수 있다. 특히, 현재 중국이 전술핵무기로 동아시아에 있는 미국의 동맹국들을 위협하지 않고 있는 상황에서 미국이 한반도에 저위력 전술핵무기를 배치한다면, 미국은 중국과의 전술핵 군비경쟁을 시작해야 할지도 모른다. 이는 한반도뿐만 아니라 동아시아 전체에서 전략적 안정성을 달성해야 하는 미국으로서는 중요한 부담과 제약일 수 있다. 따라서 북한의 위협 증가와 더불어 중국의 전술핵 위협이 현실화되어야 미국의 저위력 핵무기 한반도 배치가 이루어질 수 있을 것이다.

마지막으로 한국은 어떠한 상황에서 자체 핵무장 전략이 필요한 것일까? 사실 한국은 언제든 자체 핵무기를 개발할 만한 뛰어난 원자력 기술과 방위 산업 능력을 갖추고 있다. 다만 안보의 비용 대 효과를 생각했을 때, 자체 핵무장보다는 미국의 핵우산을 강화하는 것이 현재 상황에서 가장 합리적인 선택이기 때문에 핵무기 개발을 추진하지 않고 있을 뿐이다. 물론 이러한 선택은 한미동맹의 상황이 어떻게 변화하는가에 따라 달라질 가능성도 있다. 알렉산더 뎁스Alexandre Debs와 누노 몬테이로Nuno Monteiro의 연구에 의하면, 여기에는 동맹과 관련하여 두 가지 중요한 조건이 있다.[159] 첫째, 동맹국에 대한 강대국의 핵우산이 점점 신뢰성을 잃어가고 있는가? 둘째, 강대국이 지역 동맹국의 핵무기 개발을 허용하는가? 앞서 논의했듯이 단기간에 미국의 핵우산이 신뢰성을 잃을 가능성은 작다. 미국은 핵심 동맹국을 지역 적대국의 핵 위협으로부터 지키는 것을 국가안보전략의 최우선 과제로 여겨왔고, 이에 맞게 핵태세를 강화해왔다. 특히 한국은 미국이 '민주주의의 보루Bulwark of Democracy'라고 할 정도로 미국이 주도하는 민주주의 질서에 상징성 있는 국가이며, 지정학적으로도 중요하다. 또한 한국은 첨단 반도체 및 배터리 기술 등을 보유한, 미국에 매우 중요한 경제산업 파트너다. 이러한 측면에서 볼 때, 앞으로도 미국이 한국에 대한 핵우산을 약화시킬 가능성은 낮아 보인다. 또한, 미국의 핵우산이 견고한 상황에서 미국은 동맹국의 핵무기 개발을 막아왔고, 핵 확산국에게는 강력한 제재를 부과해왔다. 이는 한국의 무리한 핵무기 개발이 득보다는 실이 많을 것임을 의미한다.

다만 만약 중국과 러시아, 북한이 핵 연대를 한다면 미국의 입장이 바뀔 가능성도 있다. 즉, 미국이 유럽에서 영국, 프랑스와 연대를 통해 러시아를 상대로 핵억제를 하는 것과 같이, 동아시아에서 중국, 러시아, 북한이 연합하여 미국을 상대하는 상황이다. 이 경우, 유럽과 동아시아 두 지역에서 동시에 균형을 달성해야 하는 미국으로서는 불리한 상황에 처할 수 있으며, 미국 핵우산의 신뢰성이 도전받을 것이다. 이를 타개하기 위해 미국은 동맹국이 제한적 핵능력을 갖추는 것을 허용할 가능성도 있다. 이는 실제로 미국의 자제주의자Restrainers들이 꾸준히 주장하는 바다. 예를 들어, 제니퍼 린드Jennifer Lind와 다릴 프레스Daryl Press는《워싱턴 포스트Washington Post》에 기고한 글에서 점증하는 중국의 위협에 상대하기 위해 한국의 핵무장을 허용해야 한다는 주장을 했다.[160] 비슷하게 트럼프 행정부 당시 미 국방부 차관보였던 엘브리지 콜비Elbridge Colby도 한국의 핵무장을 허용하고 미국은 중국의 위협에 대응하는 데 더 집중해야 한다고 주장했다.[161] 이러한 조건이 펼쳐진다면 한국의 핵무장도 이루어질 수 있을 것이다.

그러나 필자들은 중국, 러시아, 북한의 핵 연대와 블록화가 이루어진다고 하더라도 한국의 자체 핵무장은 쉽게 이루어지지 않을 것으로 전망한다. 만약 이 국가들이 연대하는 모습이 보인다면, 미국은 이를 차단하기 위해 각국을 상대로 군비통제와 협력안보를 추구하는 '갈라치기 전략Wedge Strategy'을 구사할 가능성이 크다. 이러한 전략은 과거 미국이 소련과 중국의 연대를 방해하기 위해 각각의 국가와 데탕트를 추진했던 사례에서 잘 드러난다. 동시에 미국은 동맹국들이 독자적으로 핵무기를 개발하지 못하도록 핵우산의 신뢰성을 강화하는 데 주력할 것이다. 따라서 미국은 먼저 전략적 환경을 변화시키기 위해 노력할 것이며, 경제적·군사적 모든 방법이 소진된 후에야 동맹국의 핵무장을 허용하리라는 것이 미국 핵전략의 역사에서 얻을 수 있는 통찰이다.

●

책을 마치면서

단 한 권의 책으로 방대한 미국의 핵전략 역사와 복잡성을 완전히 담아내는 것은 어쩌면 처음부터 어려운 목표였을지도 모른다. 그럼에도 불구하고 이 길고 힘든 여정을 함께해주신 독자 여러분께 진심으로 감사의 말씀을 드린다. 이 책을 통해 느꼈을 아쉬움은 저자들의 한계와 지식의 깊이에 기인한 것임을 이해해주시길 부탁드린다.

이 책에서 다루는 미국의 핵전략은, 말하자면, 한 장면의 스냅샷에 지나지 않는다. 이는 결코 잊어서는 안 될 중요한 사실이며, 이 책 한 권으로 미국의 핵전략의 모든 것을 이해했다고 생각하지 않으셨으면 좋겠다. 그러나 미국의 핵전략에 관한 공부를 시작하는 독자들에게는 이 책의 내용이 더 깊은 내용으로 이끄는 시작점이 될 수 있을 것으로 생각한다. 이와 더불어, 오늘날 미국과의 확장억제 협력을 통해 국가안보를 지키는 데 힘쓰고 있는 대한민국의 동료들에게 이 책이 조금이나마 도움이 되기를 바라는 마음으로 이 책을 마친다.

부록

1. SLBM의 종류와 상대적 크기, 운용하는 잠수함 종류

2. PNI I / PNI II

1. SLBM의 종류와 상대적 크기, 운용하는 잠수함 종류[162]

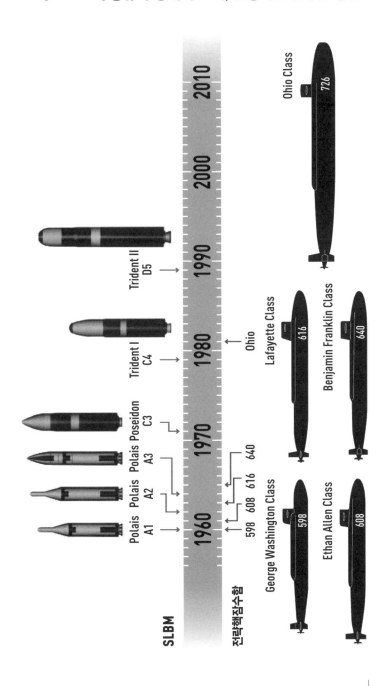

2. PNI-I / PNI-II[163]

* PNI는 Presidential Nuclear Initiatives의 약자로 대통령핵구상을 말한다.

구분	PNI-I	
	부시 (1991년 9월 27일)	**고르바초프** (1991년 10월 5일)
지상발사 NSNW (비전략핵)	• 지상발사 NSNW 폐기 • 방공 및 지뢰용 핵탄두 제거 및 소련에 대한 동참 요구	• 핵포병탄, 핵지뢰, 전술핵탄두 제거 • 방공핵탄두 집결 보관 및 일부 해체
해상발사 NSNW	• 수상함 및 공격잠수함 & 지상기반 해군 항공기에서 핵무기 제거 • 많은 수량을 파괴하고 나머지는 중앙 보관 • 상기 조치에 관해 소련의 동참 요구	• 수상함 및 다목적 잠수함에서 전술핵 제거 • 지상기반 해군 항공기 탑재 핵무기 일부 제거 후 중앙 보관 • 상호주의에 의거해 모든 해군의 전술핵 제거 제안
공중발사 NSNW	• 단거리공격미사일(SRAM)의 전술핵탄두에 관한 현대화 계획 취소	• 상호주의에 의거해 모든 전투항공기에서 핵무기 제거 및 중앙 보관 입장
ICBM	• START에 의해 폐기될 모든 ICBM 비상대기 해제. 소련의 동일 조치 요청 • 이동형 소형 ICBM 및 이동형 피스키퍼 개발 중단, ICBM 단일탄두 유지 • 단일탄두 ICBM 현대화 제한 및 모든 다탄두(MIRV) ICBM 개발계획 종료를 소련에 요구 • 다탄두 ICBM 제거에 관한 미·소 협정 체결 제안	• MIRV 탑재 134기 포함 503기 ICBM의 비상대기 임무 해제 • 이동형 소형 ICBM 개발 종료 • 철도이동형 ICBM의 증산 및 현대화 포기, 전량 영구기지 보관
전략 폭격기	• 단거리 공격미사일 대체 프로그램 취소 • 폭격기 비상대기 해제, 이에 상응하여 소련에 이동형 ICBM 기지 재배치 요구	• 폭격기용 단거리 핵미사일 개발 중단 • 폭격기 비상대기 해제
SLBM	–	• 48개 발사관을 가진 현역 전략핵잠수함 3기 제거
전략 일반	• 미 전략사령부 창설	• START 기준 이하 핵탄두 5,000기로 감축 • START 발효 후 두 배가량 감축을 위한 협상 제안 • 방어용 포함 모든 전략핵무기 운용을 위한 단일 작전사령부 창설

구분	PNI-II	
	부시 (1992년 1월 28일)	옐친 (1992년 1월 29일)
지상발사 NSNW (비전략핵)	–	• 지상 전술핵미사일, 핵포병탄, 핵지뢰 생산 종료 • 방공핵탄두 2분의 1 감축

해상발사
NSNW
	• 장거리 잠수함발사 순항미사일 생산 종료
	  및 신(新) SLCM 개발 중지
	• 상호주의에 의거해 모든 현존
	  장거리 핵탑재 SLCM 제거
	• 해상기반 전술핵의 3분의 1 감축
		–

공중발사 NSNW	–	• 공중발사 전술핵 2분의 1 감축 및 상호주의에 의거해 나머지 중앙 보관
ICBM	• 소형 ICBM 개발계획 취소 • 피스키퍼 추가 생산 중단	–
전략 폭격기	• 20기에서 B-2 생산 중단 • 개량형 순항미사일 구매 중단	• 백파이어 및 블랙잭 폭격기 생산 중단 • 현 ALCM 생산 중단 • 상호주의 원칙 하에 신형 ALCM 개발 포기 준비 • 폭격기 30기 이상 연습 참여 중단
SLBM	• 신형 SLBM 핵탄두 생산 중단	• 전략핵잠수함 전투순찰 임무 추가 감소 • 상호주의 기반 전투순찰 임무 종료 준비

전략 일반	–	• 3년 안에 배치된 핵탄두의 START 기준 충족
		• 양측의 전략핵무기를 2,500-3,000기
		  수준으로 감축 제안.
		  다른 핵보유국 동참 희망

미주(尾註)

프롤로그

1. "Thus far the chief purpose of our military establishment has been to win wars. From now on its chief purpose must be to avert them. It can have almost no other useful purpose." Bernard Brodie, "The Development of Nuclear Strategy", *International Security* 2.4(1978), p. 65.

2. 이 말은 로널드 레이건 대통령이 1988년 9월 26일 유엔(UN) 연설에서 하기도 했다. 원문: "a war in which there has been no victor or vanquished, only victims" https://2009-2017.state.gov/p/io/potusunga/207332.htm.

CHAPTER 1_핵무기, 새로운 전쟁 패러다임으로

3. 안준호, 『핵무기와 국제정치』(파주: 열린책들, 2018), p. 32.

4. Albert Einstein, "Does the inertia of a body depend upon its energy-content", Annalen der physik 18.13(1905), pp. 639-641.

5. https://www.atomicarchive.com/resources/documents /beginnings/einstein.html

6. https://www.atomicarchive.com/resources/documents /beginnings/

roosevelt.html

7. J. Robert Oppenheimer, Kai Bird, and Martin Sherwin, *American Prometheus: The Triumph and Tragedy of J. Robert Oppenheimer*(New York: Vintage Books, 2005), p. 185.

8. Ibid., pp. 185-186.

9. Robert Serber, *The Los Alamos Primer*, No. LA-1, 1943.

10. 안준호, 『핵무기와 국제정치』, p. 81.

11. Richard Rhodes, *The Making of the Atomic Bomb*(New York: Simon and Schuster, 1988), pp. 460-461.

12. 예를 들어, 우라늄-235가 분열하면 평균 2.5개의 중성자를 만들어내는 반면, 플루토늄-239는 2.7개의 중성자를 만들어낸다.

13. 이를 영어로는 쉭 하고 김이 새는 피즐(fizzle) 현상이라고 한다.

14. J. Robert Oppenheimer, Kai Bird, and Martin Sherwin, *American Prometheus: The Triumph and Tragedy of J. Robert Oppenheimer*, p. 303.

15. Ibid., p. 303.

16. Ibid., p. 304.

17. 안준호, 『핵무기와 국제정치』, p. 87.

18. J. Robert Oppenheimer, Kai Bird, and Martin Sherwin, *American Prometheus: The Triumph and Tragedy of J. Robert Oppenheimer*, p. 309.

19. 안준호, 『핵무기와 국제정치』, p. 89.

20. David McCullough, *Truman*(New York: Simon and Schuster, 1992), p. 377.

21. Ibid., p. 391.

22. https://www.history.com/topics/world-war-ii/bombing- of-hiroshima-and-nagasaki#no-surrender-for-the-japanese\

23. Fred Kaplan, *The Wizards of Armageddon*(Palo Alto: Stanford University Press, 1991), pp. 9-10.

24. https://remm.hhs.gov/zones_nucleardetonation.htm

CHAPTER 2_핵전략의 태동

25. Bernard Brodie, "The Development of Nuclear Strategy", *International Security* 2.4 (1978), pp. 65-83.

26. https://www.britannica.com/topic/Iron-Curtain-Speech

27. https://www.whitehouse.gov/omb/budget/historical-tables/

28. Michael Nacht, Michael Frank, and Stanley Prussin, *Nuclear Security*(London: Springer, 2021), p. 94.

29. David Holloway, *Stalin and the Bomb*(New Haven: Yale University Press, 2008).

30. Barton J. Bernstein, "Truman and the H-bomb", *Bulletin of the Atomic Scientists* 40:3 (1984), pp. 13-14.

31. Ibid., p. 14.

32. Barton J. Bernstein, "Truman and the H-bomb", p. 15.

33. Ibid., pp. 15-16.

34. Ibid., p. 18.

35. https://www.history.com/ this-day-in-history/truman-announces-development-of-h-bomb

36. Gregg Herken, *Brotherhood of the Bomb: The Tangled Lives and Loyalties of Robert Oppenheimer, Ernest Lawrence, and Edward Teller*(New York: Henry Holt and Company, 2002), pp. 201-210.

37. 이렇게 하는 이유는 삼중수소를 얻기가 매우 어렵고 생산한다고 하더라도 짧은 반감기(12.3년)으로 인해 금방 없어져버리기 때문이다.

38. Samuel Wells, "The Origins of Massive Retaliation", *Political Science Quarterly* 96:1 (1981), p. 47.

39. Marc Trachtenberg, *A Constructed Peace: The Making of the European Settlement, 1945-1963* (Princeton University Press, 1999), p. 181.

40. Dwight D. Eisenhower, *Mandate for change, 1953-1956 : the White House years* (New York : New American Library, 1965), pp. 445-458.

41. https://www.whitehouse.gov/omb/budget/historical-tables/

42. https://www.investopedia.com/articles /economics/08/past-recessions.asp

43. Samuel Wells, "The Origins of Massive Retaliation", *Political Science Quarterly* 96:1(1981), p. 40.

44. Economic Report of the President, JANUARY 28, 1954, https://fraser.stlouisfed.org/files/docs/publications/ERP/1954/ERP_1954.pdf

45. Gleen H. Snyder, "The New Look of 195253", In *Strategy, Politics, and Defense Budgets* (New York: Columbia University Press, 1962), pp. 379-524.

46. Ibid., p. 23.

47. Samuel Wells, "The Origins of Massive Retaliation", *Political Science Quarterly* 96:1(1981), p. 34.

48. Ibid., p. 37.

49. Federation of American Scientists(2022), https://ourworldindata.org/nuclear-weapons

50. Marc Trachtenberg, *A Constructed Peace: The Making of the European Settlement, 1945-1963*, p. 156.

51. Robert E. Osgood, *NATO: The Entangling Alliance* (Chicago: University of Chicago Press, 1962), p. 116.

52. https://en.wikipedia.org/wiki/Nuclear_artillery

53. Marc Trachtenberg, *A Constructed Peace: The Making of the European Settlement, 1945-1963*, p. 159.

54. Ibid., p. 159.

CHAPTER 3_핵전략의 신뢰성 논쟁

55. James Reston, *The New York Times*, January 17, 1954, Section 4, p. 8.

56. "The Strategy of Massive Retaliation", Speech by Secretary of State John Foster Dulles, Council on Foreign Relations, Department of State Bulletin, (January 12, 1954).

57. William Kaufmann, "The Requirements of Deterrence"(Center of International Studies, Princeton University, 1954).

58. Ibid., p. 11.

59. Bernard Brodie, "Nuclear Weapons: Strategic or Tactical", *Foreign Affairs* 32:2 (Jan. 1954).

60. Bernard Brodie, "Unlimited Weapons and Limited War", *The Reporter* 11(November 18, 1954), pp. 16-21.

61. 마찬가지로 로버트 오스굿도 미국의 전통적인 전쟁 방식이 최대한의 군사력을 사용하여 승리를 달성하는 것이라고 지적했다. Robert Osgood, *Limited War*(Chicago: University of Chicago Press, 1957), p. ix, p.13, p. 28.

62. "Hungary 1956: Reviving the Debate over US (In)action during the Revolution", National Security Archive, accessed November 14, 2023, https://nsarchive.gwu.edu/briefing-book/openness- russia-eastern-europe/2017-05-10/hungary-1956-reviving-debate-over-us

63. "Deterrence & Survival in the Nuclear Age", Security Resources Panel of the Science Advisory Committee, November 7, 1957, https://nsarchive2.gwu.edu/NSAEBB/NSAEBB139/nitze02.pdf.

64. "No Cities Speech", Secretary of Defense McNamara, July 9, 1962.

65. M.C. 43/3, Report by the Standing Group to the North Atlantic Military Committee on NATO exercises, 1955. NATO, https://archives.nato.int/uploads/r/null/1/0/104771/MC_0043_3_ENG_PDP.pdf.

66. Beatrice Heuser et al. eds., Military Exercises: Political Messaging and Strategic Impact, NATO Defense College, 2018.

67. https://www.britannica.com/topic/Flexible-Response.

68. J. Michael Legge, "Theater Nuclear Weapons and the NATO Strategy of Flexible Response"(RAND, 1983), p. 10.

69. Ibid., p. 21.

CHAPTER 4_핵 3축 체계의 개발과 확증파괴전략

70. Charles A. Sorrels, *U.S. Cruise Missile Programs: Development, Deployment, and Implications for Arms Control*(New York: McGraw-Hill, 1983), p. 27.

71. Michael Nacht, Michael Frank, and Stanley Prussin, *Nuclear Security*(London: Springer, 2021), p. 167.

CHAPTER 5_핵군비통제 전략의 기원과 교훈

72. 쿠바 미사일 위기에 대한 자세한 내용은 다음을 참고할 것. 이근욱, 『쿠바 미사일 위기』(서울: 서강대학교 출판부, 2013); 그레이엄 앨리슨 · 필립 젤리코, 김태현 옮김, 『결정의 본질』(파주: 모던아카이브, 2018); 조동준, "1962년 쿠바 미사일 위기의 실제와 영향", 지식의 지평 32(2022), pp. 123-132.

73. https://www.nti.org/atomic-pulse/ask-the-experts-the-60th- anniversary-of-the-cuban-missile-crisis/

74. Rose Gottemoeller, "U.S.-Russian Nuclear Arms Control Negotiations-A Short History", https://afsa.org/us-russian- nuclear-arms-control-negotiations-short-history.

75. Bonnie J. Austin et al., "The History of Nuclear Arms Negotiations between the United States and the Soviet Union", J. Legis 15(1988), p. 208.

76. http://dhmontgomery.com/2018/02/nuclear-tests/

77. Office of the Historian, "The Limited Test Ban Treaty, 1963", US Department of State, https://history.state.gov/ milestones/1961-1968/limited-ban

78. 같은 맥락에서 블라디슬라프 주보크(Vladislav Zubo)과 콘스탄틴 플레샤코프 (Constantine Pleshakov)는 1948년부터 1962년까지를 양극화된 벼랑 끝 정책(bipolar brinkmanship)의 시기로, 1962년부터 1989년까지를 다극화된 영구 휴전(multilateral permanent truce)의 시기로 구분한다. Vladislav Zubok and Constantine Pleshakov, Inside the Kremlin's Cold War: From Stalin to Krushchev(Harvard University Press, 1997).

79. 박병찬, "중국의 핵무기 개발과 1960년대 핵억제전략", 군사연구 147(2019), pp.259-284.

80. 황일도, "동맹과 핵공유: NATO 사례와 한반도 전술핵 재배치에 대한 시사점", 국가전략 23.1(2017), p. 12.

81. Ibid., p. 13.

82. 다국적 핵전력(MLF)과 핵확산금지조약(NPT)은 주로 다음의 논문을 참고. Hal Brands, "Progress unseen: US arms control policy and the origins of d tente, 1963-1968", Diplomatic History 30.2(2006), pp. 264-267.

83. B. Wayne Blanchard, American Civil Defense, 1945-1984(National Emergency Center, 1985), p. 6. https://www.orau.org/health-physics-museum/ files/civil-defense/cdhistory.pdf

84. B. Wayne Blanchard, American Civil Defense, 1945-1984(National Emergency Center, 1985), p. 10.

85. 미국의 미사일방어체계 역사에 대한 자료는 AT&T Archive에서 만든 영상을 참 조할 것. "AT&T Archives: A 20-year History of Antiballistic Missile Systems", https://www.youtube.com/ watch?v=ARx2-wRn9-Y.

86. Matthew J. Ambrose, The control agenda: a history of the strategic arms limitation talks(Cornell University Press, 2018), p. 18.

87. Ibid., p. 18.

88. Ibid., pp. 38-39.

89. Matthew J. Ambrose, The control agenda: a history of the strategic arms limitation talks, p. 40.

90. Ibid., p. 41.

91. Ibid., pp. 42-43.

92. Ibid., pp. 44-45.

93. Ibid., pp. 44-45.

94. Ibid., pp. 50-51.

95. Ibid., pp. 59-60.

96. Ibid., p. 72.

97. Ibid., pp. 89-90.

98. Ibid., pp. 163-164.

99. 박철균, "INF 조약과 한반도 군비통제: 조약체결의 성공 요인과 한반도에의 함의", 국가전략, vol. 27, no. 2(2021), pp. 85-113; 이근욱, "중거리 탄도미사일 조약 (INF Treaty): 미소 냉전 종식의 상징에서 미중러 전략경쟁의 도화선으로", 국제·지역연구, vol. 30, no. 2(2021), pp. 1-31.(저자 맞는지 확인 바랍니다.)

100. Kristina Spohr, "Constructing the Dual Track", The Global Chancellor: Helmut Schmidt and the Reshaping of the International Order(Oxford: Oxford University Press, 2016).

101. Nuclear Weapons Employment Policy(NSDD-13), National Security Directive No. 13, October 1981. 원래는 1급 비밀이었지만 1998년 12월 9일 부분적으로 비밀 해제됨.

102. "a war in which there has been no victor or vanquished, only victims", https://2009-2017.state.gov/p/io/potusunga/207332.htm.

103. Stansfield Turner, "The Zero Option", New York Times, December 2, 1981, https://www.nytimes.com/1981/ 12/02/opinion/the-zero-option.html.

104. David E. Hoffman, The Dead Hand: The Untold Story of the Cold War Arms Race and Its Dangerous Legacy(New York: Anchor Books, 2009), p. 280.

CHAPTER 6_냉전의 종식과 핵전략의 대전환

105. https://www.keele.ac.uk/extinction/controversy/chernobylandussr/

106. US-USSR/Russian Strategic Offensive Nuclear Forces 1945-1996.

107. Ibid.

108. 한용섭, 『핵비확산의 국제정치와 한국의 핵정책』(서울 : 박영사, 2022), p. 89.

109. https://en.wikipedia.org/wiki/Semipalatinsk_Test_Site

110. US-USSR/Russian Strategic Offensive Nuclear Forces 1945-1996, p. 91.

111. https://www.nti.org/analysis/articles/iraq-nuclear/

112. IAEA, "Report on the Twenty-Eighth IAEA on-site Inspection in Iraq under Security Council Resolution 687 (1991)", S/1995/1003, 1 December 1995, www.iaea.org; IAEA, "The Implementation of United Nations Security Council Resolutions Relating to Iraq", Report by the Director General, August 10, 2001, https://www.iaea.org/sites/default/files/gc/gc45-18_en.pdf

113. Dick Cheney, "Annual Report to the President and the Congress", Department of Defense, February 1992, p. 59.

114. US Joint Chief of Staff, "1992 Joint Military Net Assessment", August 1992, pp. 2-12.

115. Hans Kristensen, "Targets of Opportunity", *Bulletin of the Atomic Scientists*(September/October 1997), pp. 22-23; Paul Bernstein, "Post-Cold War US Nuclear Strategy", in Jeffrey A. Larsen and Kerry M. Kartchner eds., *On Limited Nuclear War in the 21st Century*(Palo Alto: Stanford University Press, 2014), pp. 82-83.

116. Brad Roberts, *The Case for U.S. Nuclear Weapons in the 21st Century* (Stanford, California: Stanford University Press, 2016), pp. 11-50; Jeffrey A Larsen & Kerry M. Kartchner, *On Limited Nuclear War in the 21st Century*(Stanford, California: Stanford University Press, 2016), pp. 80-98.

117. 1994년 9월 1994 NPR 최종 보고서가 발간되기 전 민군전문가에 의한 6가지 주제에 관한 사전 연구가 진행되었다. 6개 주제는 ①미국의 안보전략에서 핵무기의 역할, ②핵전력 구조, ③핵전력 작전, ④핵의 안전 및 보안, ⑤미 핵태세와 대확산 정책 간 관계, ⑥미 핵태세와 소련과의 위협감소정책 간 관계였다.

118. 1994 NPR은 처음부터 비밀문서로 작성되었으며, 보고서의 주요한 내용은 브리핑을 통해 알려졌다.

119. https://www.armscontrol.org/act/2011_11/Reviewing_Nuclear_Guidance_Putting_Obama_Words_Into_Action

120. 나중에 국방위협감소청(DTRA, Defense Threat Reduction Agency)으로 개청.

121. Keith B. Payne, *Deterrence in the second nuclear age*(University Press of Kentucky, 1996).

122. Ibid.

123. 앤드류 퍼터, 고봉준 옮김, 『핵무기의 정치』(서울: 명인문화사, 2016), p. 90.

124. 당시 미국 국방부는 1994 NPR에 따른 전략핵무기 배치계획에 의해 공중에서 B-2 20대와 B-52 66대, 지상에서는 500기의 ICBM, 해상에서 총 14척의 전략핵잠수함(SSBN) 운영했다.

CHAPTER 7_맞춤형 핵전략의 시대

125. M. Elaine Bunn, "Can Deterrence Be Tailored?", Strategic Forum No. 225. Institute for National Strategic Studies of the National Defense University, Jan. 2007.

126. *Deterrence Operations Joint Operational Concept*, Department of Defense, December 2006, p. 22.

127. Ibid., pp. 28-44.

128. Brad Roberts, *The Case for U.S. Nuclear Weapons in the 21st Century* (Standford, California: Standford University Press, 2016), pp. 11-50; Jeffrey A Larsen & Kerry M. Kartchner, *On Limited Nuclear War in the 21st Century*(Standford, California: Standford University Press, 2016), pp.80-98.

129. 2001 Nuclear Posture Review, p. 9.

130. Brad Roberts, *The Case for U.S. Nuclear Weapons in the 21st Century*, pp. 29-34.

131. 2009년 4월 5일 체코 프라하에서 행해진 오바마 대통령의 연설.

132. https://www.usip.org/sites/default/files/ America's_Strategic_Posture_

Auth_Ed.pdf

133. 2010 Nuclear Posture Review, pp. 15-17.

134. *Report on Nuclear Employment Strategy of the United States Speci-fied in Section 491 of 10 U.S.C.*(Presidential Decisions Directive-24), June 12, 2013.

135. 임경한, "NPR을 통해 본 미국의 핵전략 특징", 국제정치연구 제25집 4호(2022), p. 207 〈표 2〉를 참조하여 저자가 부분 수정.

136. 2018 Nuclear Posture Review, pp. 19-24.

137. "U.S. Withdrawal from the INF Treaty: What's Next?", Congressional Research Service, IN FOCUS, January 2, 2020.

138. 2018 NPR, p. 52.

CHAPTER 8_새로운 시대의 준비

139. Keir A. Lieber & Daryl G. Press, *The Myth of the Nuclear Revolution*(Ithaca: Cornell University, 2020), p. 1.

140. 카이 버드 · 마틴 셔윈, 최형섭 옮김, 『아메리칸 프로메테우스』(서울: ㈜ 사이언스 북스, 2022), p. 517.

141. Robert Jervis, *The Meaning of the Nuclear Revolution: Statecraft and the Prospect of Armageddon*(Ithaca, NY: Cornell University Press, 1989).

142. https://tnsr.org/roundtable/book-review-roundtable-the-meaning-of-the-nuclear-revolution-30-years-later/(검색일: 2024년 2월 20일)

143. Van Jackson, "Reducing or Exploiting Risk? Varieties of US Nuclear Thought and Their Implications for Northeast Asia", *Journal for Peace and Nuclear Disarmament* 5.sup1 (2022), pp. 185-198.

144. Ibid., p.189.

145. Keir A. Lieber and Daryl G. Press, "The New Era of Counterforce, Technological Change and the Future of Nuclear Deterrence", *Interna-*

tional Security 41.4 (2017), pp. 9-49.

146. "China's Emergence as a Second Nuclear Peer: Implications for U.S. Nuclear Deterrence Strategy", The Center for Global Security Research at Lawrence Livermore National Laboratory(CGSR), March 14, 2023. p. 20.

147. *2022 Nuclear Posture Review*, DOD(2022), p. 4.

148. 앤드류 퍼터, 고봉준 옮김, 『핵무기의 정치』(서울: 명인문화사, 2016), p. 162.

149. Ibid., pp. 162-163.

150. CGSR(2023), pp. 25-28.

151. Ibid., pp. 28-33.

152. Ibid., pp. 34-42.

153. Melanie W. Sisson, "Invited Perspective: Anticipating the Effects of Emerging Technologies on Nuclear Deterrence", Brookings Institution, November, 2021.

154. David Axe, "Report: China Has Tested A Nuke That Can Dodge American Radars", *Forbes*, Retrieved October 17, 2021.

에필로그

155. Keir A. Lieber and Daryl G. Press, "The New Era of Counterforce, Techno-logical Change and the Future of Nuclear Deterrence", *International Security* 41.4 (2017), pp. 9-49.

156. Alexandre Debs and Nuno P. Monteiro, *Nuclear Politics*(Cambridge: Cambridge University Press, 2017).

157. https://www.washingtonpost.com/outlook/should-south-korea-go-nuclear/2021/10/07/a40bb400-2628-11ec-8d53-67cfb452aa60_story.html

158. https://www.joongang.co.kr/article/25244983#home.

159. Daryl G. Press, Scott D. Sagan, and Benjamin A. Valentino, "Atomic aversion: Experimental evidence on taboos, traditions, and the non-use of nuclear weapons", *American Political Science Review* 107.1 (2013): pp. 188-206.

160. https://www.forbes.com/sites/theapothecary/2024/02/07/cbo-federal- interestp-ayments-now-exceed-defense-spending/?sh=7f7f08a949d3

161. https://www.brown.edu/news/2021-09-01/costsofwar

부록

162. John Gibson and Stephen Yanek, "The Fleet Ballistic Missile Strategic Weapon System", Johns Hopkins University, https://secwww.jhuapl.edu/techdigest/Content/techdigest/pdf/V29-N04/29-04-Gibsonl.pdf.

163. Graham Spinardi, From Polaris to Trident: the development of US Fleet ballistic missile technology(Cambridge University Press, 1994).

한국국방안보포럼(KODEF)은 21세기 국방정론을 발전시키고 국가안보에 대한 미래 전략적 대안을 제시하기 위해 뜻있는 군·정치·언론·법조·경제·문화 마니아 집단이 만든 사단법인입니다. 온·오프라인을 통해 국방정책을 논의하고, 국방정책에 관한 조사·연구·자문·지원 활동을 하고 있으며, 국방 관련 단체 및 기관과 공조하여 국방 교육 자료를 개발하고 안보의식을 고양하는 사업을 하고 있습니다. http://www.kodef.net

KODEF 안보총서 122

미국의
핵전략

전략적 억제와 안정의 딜레마

초판 1쇄 발행 | 2024년 6월 7일
초판 2쇄 발행 | 2024년 8월 19일

지은이 | 이만석 · 함형필
펴낸이 | 김세영

펴낸곳 | 도서출판 플래닛미디어
주소 | 04044 서울시 마포구 양화로6길 9-14, 102호
전화 | 02-3143-3366
팩스 | 02-3143-3360
블로그 | http://blog.naver.com/planetmedia7
이메일 | webmaster@planetmedia.co.kr
출판등록 | 2005년 9월 12일 제313-2005-000197호

ISBN | 979-11-87822-84-4 93390